U0180059

黄艳　总主编

变化环境下流域超标准洪水综合应对关键技术研究丛书

长江流域超标准洪水调度与风险调控关键技术

李安强　等　著

图书在版编目（CIP）数据

长江流域超标准洪水调度与风险调控关键技术 / 李安强等著.
—武汉 ： 长江出版社，2021.12
（变化环境下流域超标准洪水综合应对关键技术研究丛书）
ISBN 978-7-5492-8168-8
Ⅰ. ①长… Ⅱ. ①李… Ⅲ. ①长江流域 - 洪水调度 - 研究
②长江流域 - 洪水 - 水灾 - 风险管理 - 研究 Ⅳ. ① TV872 ② P426.616

中国版本图书馆 CIP 数据核字 (2022) 第 015437 号

长江流域超标准洪水调度与风险调控关键技术
CHANGJIANGLIUYUCHAOBIAOZHUNHONGSHUIDIAODUYUFENGXIANTIAOKONGGUANJIANJISHU
李安强等 著

选题策划：赵冕 郭利娜
责任编辑：郭利娜 江南
装帧设计：刘斯佳 汪雪
出版发行：长江出版社
地　　址：武汉市江岸区解放大道 1863 号
邮　　编：430010
网　　址：http://www.cjpress.com.cn
电　　话：027-82926557（总编室）
　　　　　027-82926806（市场营销部）
经　　销：各地新华书店
印　　刷：湖北金港彩印有限公司
规　　格：787mm×1092mm
开　　本：16
印　　张：13.75
彩　　页：4
拉　　页：10
字　　数：350 千字
版　　次：2021 年 12 月第 1 版
印　　次：2023 年 10 月第 1 次
书　　号：ISBN 978-7-5492-8168-8
定　　价：138.00 元

总前言

PREFACE

流域超标准洪水是指按流域防洪工程设计标准调度后，主要控制站点水位或流量仍超过防洪标准（保证水位或安全泄量）的洪水（或风暴潮）。

流域超标准洪水具有降雨范围广、强度大、历时长、累计雨量大等雨情特点，空间遭遇恶劣、洪水峰高量大、高水位历时长等水情特点，以及受灾范围广、灾害损失大、工程水毁严重、社会影响大等灾情特点，始终是我国灾害防御的重点和难点。在全球气候变暖背景下，极端降水事件时空格局及水循环发生了变异，暴雨频次、强度、历时和范围显著增加，水文节律非平稳性加剧，导致特大洪涝灾害的发生概率进一步增大；流域防洪体系的完善虽然增强了防御洪水的能力，但流域超标准洪水的破坏力已超出工程体系常规防御能力，防洪调度决策情势复杂且协调难度极大，若处置不当，流域将面临巨大的洪灾风险和经济损失。因此，基于底线思维、极限思维，深入研究流域超标准洪水综合应对关键科学问题和重大技术难题，对于保障国家水安全、支撑经济社会可持续发展具有重要的战略意义和科学价值。

2018 年 12 月，长江勘测规划设计研究有限责任公司联合河海大学、长江水利委员会水文局、中国水利水电科学研究院、中水淮河规划设计有限责任公司、武汉大学、长江水利委员会长江科学院、中水东北勘测设计研究有限责任公司、武汉区域气候中心、深圳市腾讯计算机系统有限公司等 10 家产、学、研、用单位，依托国家重点研发计划项目“变化环境下流域超标准洪水及其综合应对关键技术研究与示范”（项目编号：2018YFC1508000），围绕变化环境下流域水文气象极端事件演变规律及超标准洪水致灾机理、高洪监测与精细预报预警、灾害实时动态评估技术研究与应用、综合应对关键技术、调度决策支持系统研究及应用等方面开展了全面系统的科技攻关，形成了流域超标准洪水“立体监测—预报预警—灾害评估—风险调控—应急处置—决策支持”全链条综合应对技术体系和成套解决方案，相关成果在长江和淮河沂沭泗流域2020年、嫩江2021年流域性大洪水应对中发挥了重要作用，防洪减灾效益显著。原创性成果主要包括：揭示了气候变化和工程建设运用等人类活动对极端洪水的影响规律，阐明了流域超标准洪水致灾机理与损失突变和风险传递的规律，提出了综合考虑防洪工程体系防御能力及风险程度的流域超标准洪水等级划分方法，破解了流域超标准洪水演变规律与致灾机理难题，完善了融合韧性理念的超标准洪水灾害评估方法，构建了流域超标准洪水风险管理理论体系；提出了流域超标准洪水天空地水一体化应急监测与洪灾智能识别技术，研发了耦合气象—水文—水动力—工程调度的流域超标准洪水精细预报模型，提出了长—中—短期相结合的多层次分级预警指标体系，建立了多尺度融合的超标准洪水灾害实时动态评估模型，提高了超标准洪水监测—预报—预警—评估的时效性和准确性；构建了基于知识图谱的工程调度效果与风险互馈调控模型，研发了基于位置服务技术的人群避险转移辅助平台，提出了流域超标准洪水防御等级划分方法，提出了堤防、水库、蓄滞洪区等不同防洪工程超标准运用方式，形成了流域超标准洪水防御预案编制技术标准；研发了多场景协同、全业务流程敏捷响应技术及超标准洪水模拟发生器，构建了流域超标准洪水调度决策支持系统。

本套丛书是以上科研成果的总结，从流域超标准洪水规律认知、技术研发、策略研究、集成示范几个方面进行编制，以便读者更加深入地了解相关技术及其应用环节。本套丛书的出版恰逢其时，希望能为流域超标准洪水综合应对提供强有力的支撑，并期望研究成果在生产实践中得以应用和推广。

2022年5月

前言

PREFACE

“水兴则邦兴，水安则民安”，防汛抗洪事关人民群众生命财产安全，事关经济社会发展大局，是治水兴邦的重大课题。新中国成立以来，党中央、国务院高度重视防汛抗洪工作，始终秉持人民至上、生命至上的信念，适应各个时期国家中心工作需要，不断优化调整治水方针、思路和主要任务，以治水成效支撑了党和国家事业发展。党的十八大以来，习近平总书记专门就保障国家水安全发表重要讲话，并提出“节水优先、空间均衡、系统治理、两手发力”的治水思路，引领水利改革发展步入了快车道。“两个坚持、三个转变”防灾减灾新理念对做好新时期的防汛抗洪工作提出了更新和更高的使命要求，强调要对可能出现的极端情形进行科学分析研判，需从注重灾后救助向注重灾前预防转变，突出以防为主，强化工程联合调度，提高防御的主动性、防御措施的科学性、防御效果的精准性；同时防御中要密切关注流域防洪风险转移路径、防洪隐患风险累计、流域洪灾损失量级突变，在提高流域洪水整体调控能力和重点地区防洪能力的基础上，更好地协调流域与局部、重要与一般、上下游、左右岸等防洪需求，实现流域洪灾损失最小，流域风险隐患可控，流域安全底线可守。

流域超标准洪水量级没有具体上限，所谓的“超”是相对标准洪水而言，但由于防洪工程建设投资量大、建设周期长，流域防洪工程体系建设不能一蹴而就，因此存在局部河段现状防洪能力不能达到规划防洪标准，导致流域实际防洪能力无法有效防御标准洪水，造成了标准洪水“超标”的现象。对于超标准洪水的定义一直存在争议，2020 年水利部办公厅印发了《重要江河超标洪水防御预案编制要点的通知》，其中明确提出了“超标洪水是指超出现状防洪工程体系（包括水库、堤防、蓄滞洪区等在内）设防标准的洪水。因河道淤积、围堤不达标，造成行洪能力、蓄滞洪容积等与规划设计标准差别较大的，按照实际工况考虑。一般而言，水库、蓄滞洪区等工程按照规则正常调度运用后，某控制节点仍然超过堤防保证水位的，可视为该节点的超标洪水。”若流域防洪体系建设达到规划设计标准，则超标洪水就是设计标准以上洪水；若流域防洪体系建设尚未达到规划设计标准，超标洪水为超过现状防洪能力的洪水。为了便于理解，避免歧义，本书所谓的超标准洪水即为超标洪水。

经过近十年的发展，随着国家防汛抗旱指挥系统的建设和方案预案体系的逐步完善，在应对标准内洪水实践中，取得了十分显著的综合效益。流域对标准内洪水防御有明确安排，调度方式在逐年编制的《流域水工程联合调度运用计划》中得到深化，但对流域超标准洪水的防御方案，多依据流域洪水调度方案或流域防御洪水方案中明确的流域超标准洪水的调度原则和发生超标准洪水时洪水出路安排原则性指导实践。虽然随着流域防洪工程体系建设的逐步推进，流域调控能力得到显著增强，调控手段的丰富使应对流域洪水有了更多的“武器”，但流域超标准洪水致灾范围广，需投入防洪工程规模大、种类多，一旦遭遇，如何灵活应对不同水情、工情、险情条件，快速确定工程组合方案，科学安排调度次序，高效优选调度方案，在保障流域避免发生毁灭性灾难这条“底线”的前提下，充分发挥现有工程最大效用，尽可能减少洪灾损失，避免巨大的社会经济损失和长期影响是现有洪水调控技术亟须破解的难题。

超标准防御技术体系包括监测、预报预警、灾情评估、超标准风险调控、应急避险、灾后重建等内容，本书在已有相关研究成果的基础上，聚焦流域超标准洪水下防洪工程调度与风险调控问题，面对超标准洪水样本稀少、大规模防洪工程组合难、调度运用与效果互馈性差、方案比选无法适应群决策模式等技术难点，综合运用知识迁移、机器学习、智能优化等理论方法，针对如何丰富超标准洪水样本、提高防洪工程体系联合调度能力、强化调度效果与风险方案反馈优化以及实现调度方案智能推荐等方面，开展了“富本底、强联合、精调控、智寻优”等研究工作，希望为提升流域防洪工程体系的超标洪水应对能力提供理论与技术支撑。

本书共由10章组成。

第1章为绪论。介绍超标准调控技术研究背景、难题挑战、国内外研究现状、聚焦研究目标和内容。

第2章为长江流域防洪体系建设。以长江为例，介绍水系构成、洪灾特征、工程体系建设情况。

第3章为长江流域超标准洪水防御总体架构。介绍了防洪工程超标准运用空间的界定和防御超标准洪水能力的评估方法，在现有洪水防御技术储备的基础上，从丰富大洪水样本、增强水—险—灾数据关联性、高效组织复杂工程体系联动性、快速实现调控与风险的互馈作用、提升调度决策智能化等方面，构建了流域超标准洪水调度与风险调控的总体框架。

第 4 章为多场景超标准洪水随机模拟技术。聚焦“富本底”。介绍了大尺度、多区域、多站点流域洪水模拟在时空关联性上的概率组合问题，引入历史相似信息迁移学习机制，构建了基于逐层嵌套结构的流域超标准洪水模拟发生器，实现了通过深度耦合流域超标准洪水形成物理机制和随机模拟来丰富洪水样本数据的目的。

第 5 章为多位一体防洪工程体系联合调度模型。聚焦“强联合”。介绍了防洪工程规则方案和调度经验数字化解析技术，引入知识图谱方法，构建了基于统一技术架构的水工程调度规则库框架体系和防洪工程联合运用调度模型，实现了多位一体防洪工程体系联合调度模拟。

第 6 章为基于调度与效果互馈的洪水风险调控技术。聚焦“精调控”。介绍了流域超标准洪水在水工程联合调度影响下的风险传递结构特征，提出防洪减灾效益评估技术方法，并引入洪水风险与减灾效益协同调控策略，构建了流域防洪体系风险综合调控模型，实现了流域水工程超标准调度与风险调控效果的实时互馈修正。

第 7 章为流域超标准洪水风险调控方案智能优选技术。聚焦“智寻优”。介绍了流域超标准洪水调度方案优选评价指标体系，引入模糊优选理论建立了优选模型，突出了推荐方案在防洪工程体系组合、工程状态、调控能力、成灾程度等方面的差异性，辅助决策者快速识别方案差异、优选调控方案，提供了信息价值高的偏好选择。

第 8 章为防洪工程体系联合调度效益评估技术。以 2020 年长江流域性大洪水为应用案例，开展洲滩民垸行蓄洪、水库群拦蓄洪水和堤防超标运用等 3 种情景的分析计算，评估各类防洪工程在防御洪水中发挥的效益。

第 9 章为应用案例。以长江流域为例，简述水—工—险数据关系模型构建方法，剖析 1870 年洪水技术应用案例，评价应用成效。

第 10 章为结论与展望。从拓展技术普适性、提升成果效用性、强化模型适应性等方面提出了未来可深入研究的建议。

本书由李安强担任主编。前言由李安强撰写，第 1 章由李荣波撰写，第 2 章由李安强撰写，第 3 章由李荣波撰写，第 4 章由李荣波、李文俊撰写，第 5 章由李安强、喻杉、王权森撰写，第 6 章由严凌志撰写，第 7 章由张忠波撰写，第 8 章由王乐、李昌文撰写，第 9 章由喻杉、李荣波撰写，第 10 章由李安强撰写。全书由李安强主持，李荣波具体组稿、统稿。

本书内容取材于“十三五”国家重点研发计划项目“变化环境下流域超标准洪水及其综合应对关键技术研究与示范”中课题四“流域超标准洪水调度与风险调控”成果报告，并根据多年的调度实践经验总结而成。在编制过程中，得到时任长江水利委员会水旱灾害防御局局长胡向阳的支持，部分技术在2020年汛前洪水推演和防御实战中得到了检验和应用；同时也要感谢项目负责人黄艳的悉心指导和喻杉、李荣波、严凌志、李文俊、张忠波、王权森、王乐、李昌文等课题组成员在工作任务繁重的情况下，仍然能够坚持完成本书的编制，希望能为从事洪水防御的广大水利工作者给予一些启发。

由于作者时间和水平有限，书中难免存在疏漏和不足之处，欢迎广大读者批评指正。

作 者

2022年5月

目录

第1章 绪 论

1.1 挑战

洪水灾害是世界上最严重的自然灾害之一，尤其是超标准洪水，对人类赖以生存的环境造成极大破坏。洪水过境，大量农田被冲毁淹没，工厂减产、停工，交通、通信中断，正常的社会秩序会被打乱，社会的各个方面将会受到严重冲击。近些年，受全球气候变化与人类活动等因素影响，极端暴雨事件频发，发生流域性超标准洪水的概率增大，流域作为国家水安全的基本单元，保障其防洪安全，事关国家安全的全局[1]。防洪工程体系运用作为防御超标准洪水的主要手段，相比于标准内洪水，超标准洪水防御面临诸多挑战。

一是超标准洪水样本稀少，地区组成量化难，现有方法无法为工程调控提供较好的数据支撑。流域历史大洪水实测资料记录较少，有记录的或有分析成果的历史大洪水资料往往根据洪水调查资料，对若干关键控制站洪水过程进行分析计算，但由于历史洪水发生时流域监测站点少，无法对控制站以上洪水地区组成规律进行分析，因此历史大洪水期间现状已建工程所在区域河段的洪水过程无法获取，导致工程调度运用对目标河段的防洪影响难以评估，亟须创新模拟方法，夯实超标准数据本底。

二是超标准洪水风险特性发生变化，亟须系统辨识。随着流域水利与航电枢纽工程建设大规模推进，河道长距离渠化，下垫面条件改变，加速了洪水的产汇流进程，导致流域性大洪水甚至超标准洪水发生的概率增大，即流域孕灾环境发生变化；同时城镇化进程快速发展，洪灾损失由以农田为主，逐步演变为包含农田、重要基础设施、沿江临湖商业等多类型、多要素的损失构成，一旦失守会对社会经济造成重大损失，即损失构成发生变化；支流河段防洪治理工程持续开展，河道过流能力增强，支流洪水向干流汇流速度加快，且随着沿江沿湖排涝能力提升工程推进，沿江沿湖排涝泵站规模增大，入江入湖水量增加，洪水风险呈现由支流、区间向干流转移态势，干流防洪压力显著增加。为此，如何辨识新形势下洪水变化规律，评估潜在洪灾损失，揭示灾害链发展演化过程，及时调整方案，有效遏制灾害放大效应，目前尚缺乏系统分析，亟须强化相关研究，以增强应对灵活性。

三是超标准洪水调控在态势预判和防御能力评估方面有待提升。经过多年建设，各流域已建成的洪水调度系统在对流域防洪形势分析中，对超保、超警河段的空间分布、各防洪工程的运行状态均做了较好地分析统计，在研判流域防洪态势中发挥了重要作用。但在防御流域超标准洪水过程中，面临的问题是未来洪水量级大且未知，而建成工程体系能力是有限的，这一矛盾决定着工程投入组合和次序不同，防洪效果相差甚远。如何做好对预见期内已知洪水的科学调控和延伸期不确定性洪水防御能力的预留是决策难点，迫切需要强化对流域整体态势提前预判，对流域整体防御能力的科学评估。一方面对流域防洪风险的要素预测，不能仅停留在水文要素，如水位或流量，更应该反映在该水位下，对堤防安全、对一般性保护对象、对库区淹没存在什么样的潜在风险，预计损失有多大，将转移多少人口等，是对工、险、转多要素的预判；另一方面对流域防御能力，不能仅停留在对工程剩余调蓄容量的统计，如水库剩余防洪库容多少，蓄滞洪区剩余蓄洪容量多少，堤防距离保证水位甚至历史水位、堤顶高程多少，更应该对工程体系防御能力做出系统研判，回答在剩余调蓄能力下，哪些区域可确保标准内安全，哪些标准内安全无法确保，哪些地区仍有防御能力富裕，实现"雨—水—险—灾四情共御，一张图尽显流域态势"，对提升超标准洪水态势研判和防御能力评估能力至关重要。

四是超标准洪水防御涉及工程规模庞大，现有模型难以有效支撑。超标准洪水来势迅猛，危害性大，涉及流域范围广。当发生流域超标准洪水时，流域多处河段防洪形势严峻，流域与区域、区域与区域之间需要统筹协调时，如何在安全风险可控下，科学选择一定规模工程群组，协调各类别防洪工程联调，适度对工程进行超标准运用，将是一项十分复杂的任务。现有调度模型基本可实现工程调度模拟，多以"专家经验＋迭代分析"为主，无法支撑如此大规模工程集群调度和多区域防洪风险调控决策需要。因此亟须在现有洪水调度模型的基础上，结合流域与区域防洪形势、风险转移与洪灾损失大小，从尽可能减少洪灾损失角度辅助决策者提升优选工程调度方案的能力，是应对流域超标准洪水亟待解决的科学问题，也是筑牢流域防洪底线的关键问题。

五是流域空间尺度大，工程体系复杂，决策难。流域超标准洪水风险调控方案涉及复杂且繁多的属性和要素，在决策会商中如何差异化体现方案集同类属性指标对比、多属性指标对比。方案优劣的综合评价是难题。亟须建立科学评价指标体系，实现流域整体防洪减灾效益最大化，区域河段、城市损失可控，防洪保护对象弃守有序。同时，属性对比参数数量多，需充分融合人工智能等先进信息技术，对决策支持能力提档升级，实现调度方案优选的智能化。

1.2 进展

流域防洪安全是流域经济社会可持续发展的基石，立足新的发展阶段，如何践行以人民为中心的发展思想，统筹安全与发展，确保人民生命财产安全和保障流域安全，是当前水利高质量发展对流域安全保障能力提出的新要求。诸多学者在变化条件下的洪水地区组成特征、复杂工程体系调度技术、工程调控下风险灾害传播机理以及智能决策指挥等方面做了大量的基础研究和技术攻关，诸多成果在指导实际洪水调度中发挥重要作用。

1.2.1 洪水随机模拟技术研究

洪水模拟是指根据历史洪水观测资料的统计规律，通过模拟获得大量洪水的方法。模拟得到的洪水与实测洪水具有相同或较为接近的统计参数，可用于调洪演算，进一步确定防洪工程规模、制定防洪调度策略等。因此，洪水模拟对防洪规划、风险决策等具有十分重要的意义。国内外已有诸多学者对此进行了深入研究，成果较为丰硕。目前常用的研究方法可归纳为两大类：一类为物理成因法，另一类为随机模拟法。

（1）物理成因法

基本思想是分析前期影响洪水变化规律的因子特征，建立起与水文要素的定量关系，并采用基于物理机制的水文模型进行洪水序列模拟。在此理论框架下，不同学者从不同角度对洪水进行了模拟研究。例如：Susan 等[2]研究了厄尔尼诺—南方振荡（El Niño-Southern Oscillation，ENSO）与洪水要素的关系，并建立了一种基于多气象因子的预报模型，选取佛罗里达州中西部 13 个水文站点的水文数据进行预测，验证了模型的有效性；此外，Sanchez-Rubio、Johnson 等[3-5]分别深入分析了北大西洋振荡（North Atlantic Oscillation，NAO）、大西洋年代际振荡（Atlantic Multidecadal Oscillation，AMO）等现象对密西西比河、查特胡奇河洪水过程的影响。国内方面，范新岗[6]分析了前期地温与后期降水间的对应关系，并进一步揭示了夏季长江中下游的地热场持续时间与暴雨过程的定量关系，为该流域的洪水模拟提供了重要依据；章淹[7]将水文学和气象学方法相结合，论述了暴雨时空分布、大气环流形势、大气超长波等与洪水的关系；彭卓越等[8]综合考虑太阳黑子、闰月、二十四节气、立春日以及月球赤纬角等因素，通过建立天文指标模型来选取与预测年份相似的历史径流序列进行预测模拟，在大渡河流域中验证了所建模型的有效性。

(2)随机模拟法

基本思路是应用数理统计、概率论等原理和方法，以水文历史资料为输入，建立可反映模拟对象与影响因子统计规律或关系的数学模型，实现洪水随机模拟的目的。随机模拟法的核心问题之一在于影响因子的选取，视因子类别的个数可将其作进一步分类：一类统称为“单因子模拟法”，即通过挖掘水文要素自身的历史演变规律进行随机模拟。例如：邢兰辉等[9]应用周期叠加法对某流域头道沟、白吉、榆树沟和苇子峡四处水文站洪水序列进行了研究，获取了较为满意的模拟结果，同时指出周期识别技术是应用该方法的关键；甘新远[10]利用历史演变法分析了奎屯河流域水文序列的历史演变规律等。另一类称为“多因子综合模拟法”，即从众多影响因子中选出若干个关键因子，通过深入挖掘其与洪水过程的潜在关系建立模型进行模拟。例如：韩敏等[11,12]利用改进的正交奇异值分解法对水文原始数据进行自然正交分解，在获取相互正交主成分的基础上，进一步分析了多个变量场之间的相关关系，最后在三门峡站中验证了所建模型的高效性。鉴于洪水过程线与洪峰、洪量之间具有一定的相关关系，利用 Copula 函数构建多维联合分布函数模拟洪水过程成为近年来的研究热点。Chowdhary 等[13]采用 Copula 函数拟合了洪峰、洪量联合分布，并证明了其在洪水变量相依性分析中的有效性；肖义等[14]根据联合分布同时模拟洪峰与洪量并转化为洪水过程线，显著提升了模拟结果的质量。考虑到洪水过程的复杂性，Grimaldi 等[15]在洪峰、洪量的基础上引入洪水历时，构建了三维联合分布函数；高超等[35]据此进行了洪水特征量的三维随机模拟，并选取了多条典型洪水过程分别与特征量进行融合，使得模拟洪水与实测洪水更加接近。

从整体上来看，受气候变化影响，以及工程调蓄、河道下垫面变化等影响因子的复杂性和洪水过程的不确定性等原因，导致运用物理成因法在揭露其洪水成因机理方面仍存在一定难度[16]，同时该类方法依赖于多种类型的数据资料，在实际应用中会有所受限，普遍推广存在一定难度。随机模拟法对历史数据的时间性、相关性和可靠性有着较高的要求，关键技术在于影响因子及其数量的确定，但方法简洁清晰，具有较强的适用性。

1.2.2 防洪工程联合调度技术研究

随着防洪工程建设规模的不断扩大和完善，防洪调度技术经历了由简单到复杂的演化过程。在早中期主要是针对模型与算法，侧重于调度理论的研究。随着人们对洪水特性认识的不断深入、相关领域新理论与方法的不断出现以及计算机技术和信息技术的发展，前期研究所关注的模型计算速度、耗用内存大小等问题已变成次要矛盾。现阶段水库防洪调度技术的研究正在由“方法导向” 向“问题导向”转移，对成果的可操作性与实用性的要求越来越高[17-19]。为充分发挥防洪工程体系效益，很多科研院所开展了大量水工程联合调度研究，并编制了流域水工程联合调度方案和标准体系，基本实现了对流域洪水的科学调度和有效管理，明晰了防洪工程在大体系中扮演的角色和作用，并发展了多工程联合调度耦合模型构建理论。但针对流域超标准洪水联合调度研究较少，标准内洪水的防洪调度规则较为完善，衍生灾害相对可控，而流域超标准洪水来势凶猛，已超过流域安全防控设计标准，给流域防洪安全带来巨大压力，同时保护对象分布的地域性和重要性存在差异，相同分洪量在不同受灾区造成的洪灾损失具有显著区别。因此，以“经验＋分析”调度的常规手段，难以有效解决超标准洪水防御所面临的预报及风险评估的不确定性、大规模工程群组调度复杂性、大范围多发区域洪灾的目标多维性，与防洪精准调度新要求有一定差距。迫切需要对多种工程类别的联合调度规则进行有机集成，实时动态协调防洪工程体系的拦、分、蓄、排能力，增强系统调度联动性。目前，数据挖掘、机器学习、人工智能等信息化技术的迅猛发展，可为进一步提升防洪精准调度能力提供有力支撑，但鲜有成熟应用案例，仍处于探索阶段。

1.2.3 复杂工程体系下风险调控技术研究

1976 年，Lowrance[20]对“风险”进行了较为明确的定义，即“风险衡量负面影响的可能性与严重性”。之后不同学科在上述定义的基础上，又对风险的概念内涵和数学定义进行了各种延伸和修改。由于知识背景和研究角度的不同，目前关于“风险”的定义尚未形成被学者普遍接受的结论。但其核心含义大多是围绕界定不利事件、不利事件发生的可能性以及事件后果等三个因素中的两者或三者之间的关系。灾害学领域关于风险的定义，大致可分为如下两类：①概率类：将风险定义为“损失的概率”，指不利事件发生并引起损失的可能性或概率；②期望损失类：将风险定义为损失的期望值，指给定区域由于某个不利事件在相应时段内所遭受损失的期望值，数学表达为不同不利事件发生概率与引发损失的乘积之和[21,22]。

洪水风险管理则包括了信息监测和收集、风险分析、风险评估、风险调控等内容。根据Kundzewicz 等[23]于 1998 年提出的 RIBAMOD 原则，按照行事顺序，洪水风险管理措施可分为三类：①事前管理，指应在洪水发生之前提早采取的管理措施，如编制应急预案（设计转移路线、明确调度职责等）、建设和维护防洪工程、优化流域内土地空间利用规划、管制洪泛区碍洪建筑物、加强公众防洪知识教育等[24-26]；②事中管理，指当可能或已经产生洪水时（如已进入汛期）可采取的措施，如水文气象降雨预报、洪水预报、防洪工程体系调度运用、公众预警、临时转移安置等[27]；③事后管理，指当洪水灾害发生后可采取的措施，如保障灾区基本生活需求、灾后城镇重建、灾后生态环境修复、洪水成灾过程与响应行动复盘等[28]。

早期洪水风险管理研究大多针对减轻灾害持续过程中及灾害结束后的损失程度评估，有些文献以降雨为单一指标来评价区域洪水的危险性，但单一因子对洪水风险发育机理的描述难免存在偏差[29]。后来逐渐引入气象、地理信息、社会经济等学科理念，采用多因子指标体系，如使用降雨、地面高程、地质条件、坡度、土壤类型、人口、洪水淹没次数、淹没范围、淹没深度、淹没历时等指标，采用层次分析法、模糊综合评价法、主成分分析法等对指标权重赋值，从而对区域洪水风险进行综合评价[30,31]。但这种指标体系评估法通常难以反映防洪工程体系与洪水风险的互动作用，不能充分反映洪水风险的动态演变过程。

如今综合的洪水管理模式、洪水灾害及其风险与可持续发展的关系、土地利用与洪灾风险的关系、城市洪灾风险综合管理、不确定性条件下洪水风险管理和决策、气候变化与人类活动对洪水灾害及其风险的影响等问题都得到了比较广泛的关注。水工程联合防洪调度是洪水风险管理的重要手段，防洪工程体系调度对流域洪水风险的大小和传递产生显著影响。已有相关研究主要体现在两个方面：一方面是水工程联合防洪调度方案优化研究，另一方面是防洪工程系统失效模拟。前者通常以剩余防洪能力最大或灾害损失最小等为优化目标，建立水工程联合防洪调度数学模型并求解。后者主要在防洪建筑物风险率评估的基础上，考虑防洪体系内不同建筑物之间的相互作用关系，进行概率集合，建立系统风险率评估模型。关于防洪建筑物失效模拟的相关研究已比较成熟，主要是对大坝、堤防等防洪工程失事模式进行分析计算，如引入结构系统可靠性理论对防洪工程系统风险进行评估，应用蒙特卡罗法模拟洪水过程进行风险评估等[32,33]。

现有流域水工程联合调度运用计划主要针对标准内洪水，对超标准洪水的联合调度方式仍有待细化。超标准洪水一旦发生，水利工程防洪能力可能达到极限，各种紧急防护和临时救援措施随时可能失效，灾害的发展将不可抗拒，应充分发挥各类工程防洪能力，在保证工程安全的前提下适当开展超标准防洪调度，尽可能减小洪灾损失。目前相关研究主要关注水库溃坝洪水计算及风险评估，关于水库、堤防、蓄滞洪区等水工程针对超标准洪水的联合调度方式的研究较少[34]。超标准防洪调度必然涉及水工程防洪压力与洪灾损失的权衡取舍，需要研究提出一种能根据洪水调度风险和效果引导调整水工程联合调度方式的优化方法。

1.2.4 多方案多目标下智能优选技术研究

目前，国内外提出的相关评价方法很多，如专家评价法、经济分析法、运筹学，以及常用的数学方法。数学方法中应用较多的有多目标决策法、数据包络分析法、模型层次分析法、数理统计法和模糊综合评价法（Fuzzy Comprehensive Evaluation，FCE）等。其中，数理统计法包含主要成分分析、因子分析、聚类分析和判别分析等。尽管上述方法在各个领域中得到了广泛的应用，但存在着不同程度的缺陷。目前用得最为广泛的为模糊综合评价法，该方法可对涉及模糊因素的对象系统进行综合评价，适宜于评价因素众多、结构层次多的对象系统。

指标的权重是分析指标之间数量关系的纽带。各因素在系统的变化中所起作用是不同的，根据各因素的重要程度分别赋予其不同的权重，才能客观、准确地把握系统的特点，揭示不同因素之间的发展规律。常用且较为成熟的方法主要有层次分析法（AHP）和主成分分析法等。在进行洪灾风险评估综合评价时，目前常用的数学模型主要有模糊评判法、灰色关联度法和综合指数法等。鉴于评价指标体系的复杂性，一般采用两种以上的方法进行评价，然后综合对比，使结果更符合实际。在防洪调度领域，由洪水引起的损失是多方面的，各个分效应又相互作用，构成一个复杂的系统，其内部具有模糊属性。在选取评价指标时，可考虑使用模糊评判法和层次分析法进行评判，再结合其他方法进行对比分析，使评判结果更具有可靠性。

评价指标体系可把综合法和层次分析法结合起来，应用到防洪调度效果评估的综合评价中，基本思路是：分别针对自然、社会经济和技术因素 3 个子系统的各层次因素指标，应用层次分析法确定各子系统相对该层次准则目标的权重系数，得到各准则层的评价结果，然后应用到防洪调度效果目标层系统，从而得到洪灾风险度的综合评价结果。在方案评价中，不同的评价方法一般具有不同的评价体系，均应遵循完整性、非相容性、简洁性和客观性。

防洪工程体系实时调度受流域雨情、水情以及上下游水库及其他水利工程联合运行工况影响，其综合效益的充分发挥需要统筹考虑整个调度期发电、防洪、生态、航运等调度目标，均衡协调各目标之间的竞争与冲突，合理安排防洪工程体系实时调度时段水位和蓄泄过程，在不增加额外防洪风险的同时尽量最大化流域工程（主要是水库群）的综合效益。因此，防洪工程体系实时调度方案优选是一个多目标、多属性、多轮次的过程，而由于各调度目标和价值函数之间相互影响制约以及不可公度，专家意见难以量化，导致决策过程带有很强的主观性和不确定性，使得传统决策方法处理此类问题时难以挖掘方案集自身所传递的信息，决策结果鲁棒性差，可信度不高。

基于上述认识，为了更加科学合理地处理流域超标准洪水应对时防洪工程实时调度决策与方案优选问题，采用一种改进熵权计算公式确定了决策指标的客观权重。在此基础上，考虑决策过程中的主、客观偏好，以模糊集为理论指导，研究了一种可综合考虑多个目标的联合调度方案多属性决策方法，并以此方法为数学工具初步实现了流域超标准洪水调控实时调度方案的评价优选。

1.3 目标

(1)富本底

针对流域超标准洪水样本少、系列性差、灾情本底散等问题，构建流域超标准洪水模拟发生器，建立灾损数据库，丰富超标准洪水样本。

(2)强联合

针对流域防洪工程体系联合性、协调性能力挖掘不足等问题，提出流域防洪工程联合调度集成模型，挖掘工程超标运用能力，强化工程群组有序、有机联合调度。

(3)精调控

针对调控与风险耦合性不强、无法修正反馈优化方案等问题，建立风险效益与调控影响关系模型，提出防洪工程体系联合调度反馈修正策略，实现精准调控。

(4)智寻优

针对现有决策技术无法聚焦决策者与社会关切、推荐方案缺乏建设性等问题，建立洪灾评级体系，实现多方案差异对比明显、快速智能推选，辅助流域超标准洪水风险调度高效决策。

围绕超标准洪水调控面临的痛点，本书编制内容可分为一个机理研究和三个方面的应用，大致的技术路线见图1.3-1。

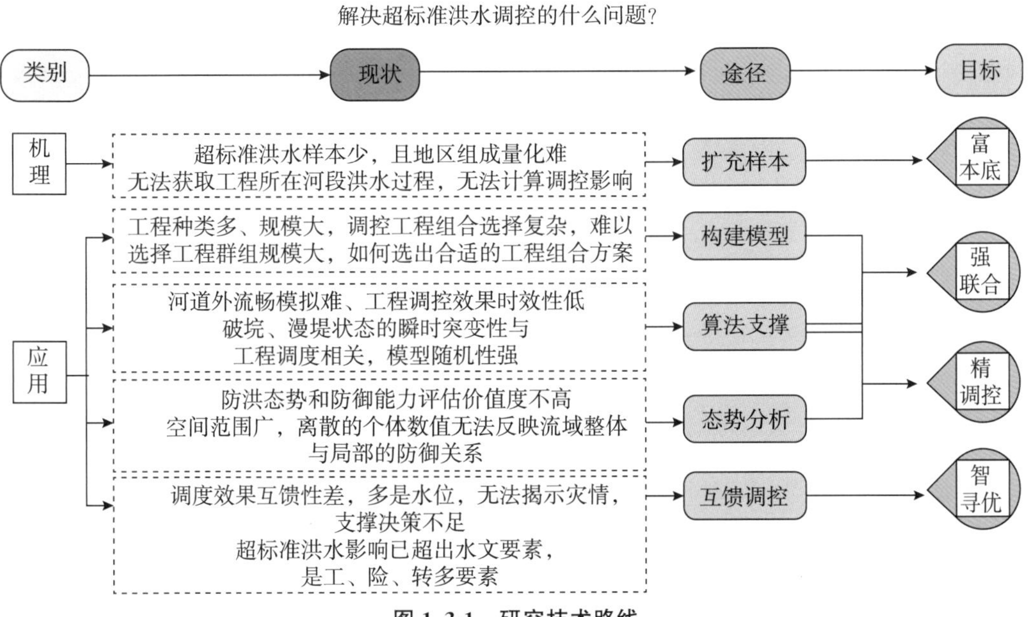

图1.3-1 研究技术路线

1.4 内容

对标所需解决的目标，本书第 3 章提出了长江流域超标准洪水调控总体架构，第 4 章至第 7 章分别针对性地阐述了有关机理原理、模型构建和求解方法。其中，第 4 章主要介绍多场景超标准洪水调控数据关系模型研究方法，解析基于逐层嵌套结构的流域超标准洪水模拟发生器的构建原理；第 5 章详细剖析了基于知识图谱的超标准洪水调度模型构建原理，并以长江流域工程体系为例，以案例学习方式，说明集水库、闸、堤、蓄滞洪区等防洪工程多位一体的调度集成模型搭建方法；第 6 章从洪水风险传递结构特征出发，介绍复杂工程体系下流域超标准洪水风险传递路径、风险调控方法、调度风险与效果互馈机制等研究成果；第 7 章阐述了流域超标准洪水调控方案评价指标体系的构建方法和相关风险型多属性决策模型和调控方案智能优选方法的应用。

为了便于广大读者理解，本书以长江流域为例，第 2 章详细介绍了长江流域防洪体系的基本情况；第 8 章介绍了防洪工程体系联合调度效益评估技术，拟将工程类别采取逐步剥离的方式，评估效益，算是一种探索，希望给读者以一定启发；第 9 章分别介绍了本书提出的模型和方法在 2020 年流域性大洪水和 1870 年上游型超标准洪水中的应用情况，并制作了防御作战图，以帮助读者更好地理解；第 10 章提炼了相关研究成果，并对超标准洪水未来研究的趋势，给出一些拙见。

需要说明的是：本书介绍内容仅为流域超标准洪水调度与风险调控中的一些关键技术，而单纯依靠这些技术是无法支撑整个超标准洪水风险调控模型运转的。为此，研发团队构建了流域超标准洪水调度与风险调控大模型，模型以防洪工程和防洪控制站为“节点”，基于水力联系、风险传递路径、调度任务，搭建同类工程相互联合、不同类工程相互协作、工程对防洪控制站调度影响、防洪控制节点之间水动力状态联动的调度“网”，技术在模型防洪态势分析、协同调控、效果互馈、评估校正等应用功能的支撑性在汛前演练中和 2020 年大洪水中得以落地检验。

第2章 长江流域防洪体系建设

2.1 水系概况

长江是中华民族的母亲河，发源于青藏高原的唐古拉山主峰各拉丹冬雪山西南侧，干流全长6300余km，总落差约5400m，横贯我国西南、华中、华东三大区，流经青海、四川、西藏、云南、重庆、湖北、湖南、江西、安徽、江苏、上海等11个省(自治区、直辖市)，最后注入东海，支流展延至贵州、甘肃、陕西、河南、浙江、广西、广东、福建等8个省(自治区)。流域面积约180万km^2，约占我国国土面积的18.8%。流域面积10000km^2以上的支流有49条，其中80000km^2以上的一级支流有雅砻江、岷江、嘉陵江、乌江、湘江、沅江、汉江、赣江等8条，重要湖泊有洞庭湖、鄱阳湖、巢湖和太湖等。

宜昌以上为上游，长约4500km，流域面积约100万km^2。宜宾以上干流大多属峡谷河段，长3464km，落差约5100m，约占干流总落差的95%，汇入的主要支流有左岸的雅砻江。宜宾至宜昌段长约1040km，沿江丘陵与阶地互间，汇入的主要支流，左岸有岷江、嘉陵江，右岸有乌江，奉节以下为雄伟的三峡河段，两岸悬崖峭壁，江面狭窄。

宜昌至湖口段为中游，长约955km，流域面积约68万km^2。干流宜昌以下河道坡降变小、水流平缓，枝城以下沿江两岸均筑有堤防，并与众多大小湖泊相连，汇入的主要支流有右岸的清江、洞庭湖水系的“四水”(湘江、资水、沅江、澧水)、鄱阳湖水系的“五河”(赣江、抚河、信江、饶河、修水)和右岸的汉江。自枝城至城陵矶河段为著名的荆江，两岸平原广阔，地势低洼，其中下荆江河道蜿蜒曲折，素有“九曲回肠”之称，右岸有松滋、太平、藕池、调弦(已建闸)四口分流入洞庭湖，由洞庭湖汇集“四水”调蓄后，在城陵矶注入长江，江湖关系最为复杂。城陵矶以下至湖口，主要为宽窄相间的藕节状分汊河道，总体河势比较稳定，呈顺直段主流摆动，分汊段主、支汊交替消长的河道演变特点。

湖口以下为下游，长约938km，流域面积约12万km^2。干流湖口以下沿岸有堤防保护，汇入的主要支流有右岸的青弋江、水阳江水系、太湖水系和北岸的巢湖水系，淮河部分水量通过淮河入江水道汇入长江。下游河段水深江阔，水位变幅较小，大通以下约600km河段受潮汐影响。

长江流域面积超保80000km^2的支流见图2.1-1，长江上、中、下游分界见图2.1-2。

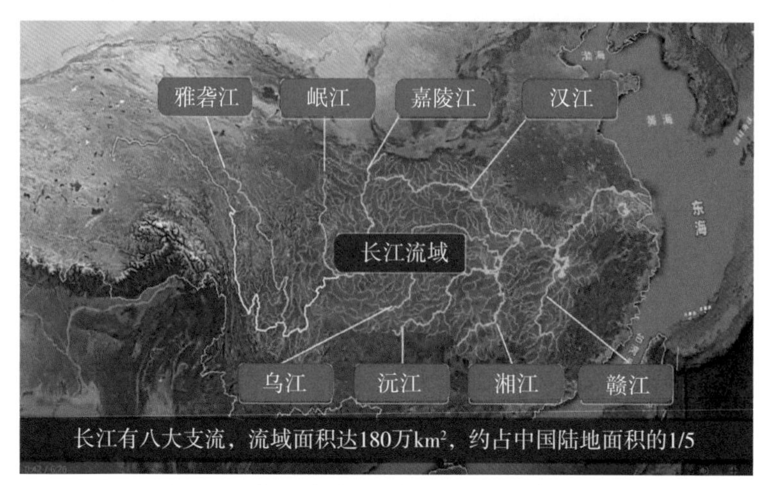

图 2.1-1　长江流域面积超保 80000km² 的支流

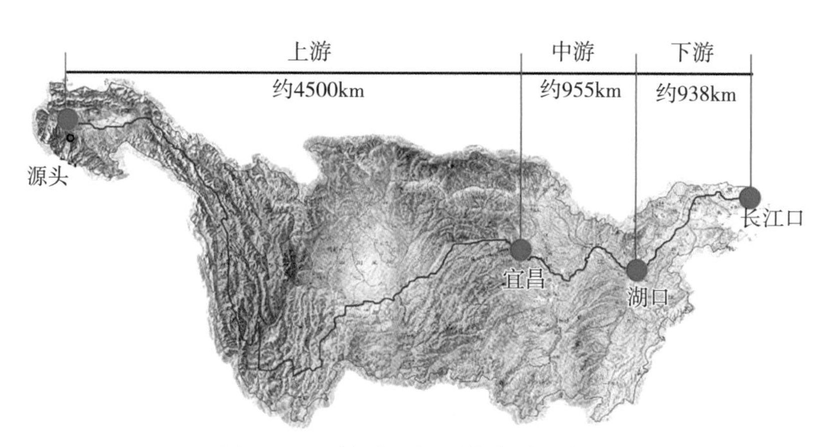

图 2.1-2　长江上、中、下游分界示意图

2.2　洪水洪灾

长江流域的洪灾基本上由暴雨洪水形成。洪水发生时间和地区分布与暴雨一致，一般是中下游早于上游，江南早于江北。如上游金沙江下游、四川盆地区域汛期一般为 7—9 月；中下游鄱阳湖水系、湘江、资水等流域汛期一般为 4—6 月；江南沅江、澧水、乌江等支流汛期一般为 5—7 月；江北汉江汛期一般为 7—10 月(图 2.1-3)。

(1)长江上游

两岸多崇山峻岭，江面狭窄，河道坡降陡，洪水汇集快，河槽调蓄能力小。上游各支流洪水依次叠加，形成峰型尖瘦的洪水。宜昌以上暴雨产生的洪水汇集到宜昌有先有后，因此宜昌洪水多为峰高量大，过程历时较长，一次洪水过程短则 7～10 天，长则可达 1 月以上(图 2.1-4)。

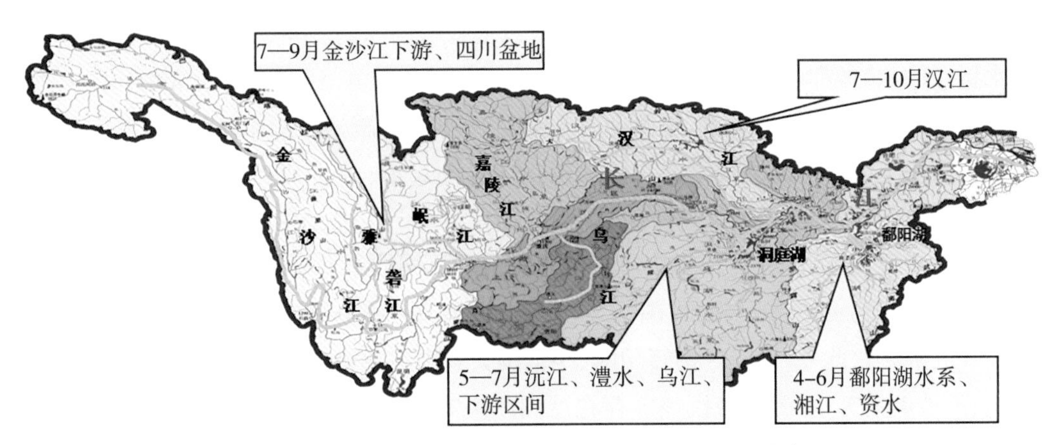

图 2.2-3　长江流域上下游、左右岸汛期时段空间分布

图 2.2-4　长江上游山区性河流示意图

(2)长江中下游

长江出三峡后，进入中下游冲积平原，江面展宽，水流变缓，河槽、湖泊调蓄量增大，洪水过程呈现先逐渐上涨，达到峰顶后，再缓慢下落的形态，但退水过程十分缓慢。退水时若遇某一支流涨水，会出现局部的涨水现象，形成多次洪峰的连续洪水，一次洪水过程往往要持续 30～60 天，到武汉、湖口、大通历时更长(图 2.2-5、图 2.2-6)。

图 2.2-5　长江武汉段

图 2.2-6　长江湖口段

长江流域洪灾分布范围广，除海拔3000m以上青藏高原的高寒、少雨区外，凡是有暴雨和洪水行经的地方，都可能发生洪灾。按暴雨地区分布和覆盖范围大小，通常将长江大洪水分为两类：一类是区域性大洪水，是由上游若干支流或中游支流洪水以及干流某些河段发生强度特别大的集中暴雨而形成洪峰高的大洪水，如1860年、1870年、1935年、1981年、1991年、2016年、2017年等年份洪水；另一类为流域性大洪水，上、中、下游干支流雨季相互重叠，形成洪水总量很大、持续时间长的全流域洪水，如1931年、1954年、1998年、2020年和历史上的1788年、1849年等年份洪水（图2.2-7至图2.2-9）。不论哪一类大洪水均会对中下游构成很大的威胁。此外，山丘区由短历时、小范围大暴雨引起的突发性洪水，往往产生山洪、泥石流、滑坡等灾害；上游高海拔地区存在冰湖溃决灾害；长江河口三角洲地带受风暴潮威胁，均严重威胁着人民生命财产的安全。

图2.2-7　1931年洪水淹没中的江汉关

图2.2-8　1998年湖北簰洲湾溃决情景

图2.2-9　2017年洞庭湖湘江橘子洲

长江中下游平原区的地面高程低于河湖洪水，是流域洪灾最频繁、最严重的地区，是长江流域防洪的重点，沿江两岸及两湖地区是我国经济社会发展的重要区域，耕地面积大，人口密集，铁路、公路、港口码头等基础设施众多，有上海、南京、合肥、南昌、武汉、长沙等重要城市。而地面高程一般低于汛期江河洪水位数米至十数米，洪水灾害频繁、严重，一旦堤防溃决，淹没时间长，损失大。1931年、1935年大洪水，长江中下游死亡人数分别为14.5万、14.2万；1954年大洪水为长江流域百年来最大洪水，长江中下游共淹农田4755万亩，死亡3万余人，京广铁路不能正常通车达100天；1998年大洪水长江中下游受灾范围遍及334个县（市、区）5271个乡镇，倒塌房屋212.85万间，死亡1562人。荆江南北两岸地势与洪水位相对关系见图2.2-10，1954年洪水淹没范围见图2.2-11。

2.3　防洪标准

国务院以国发〔2012〕220号批复的《长江流域综合规划（2012—2030年）》规定："根据长江中下游平原区的政治经济地位及19、20世纪曾经出现过的洪水及洪灾情况，长江中下游总体防洪标准为防御新中国成立以来发生的最大洪水，即1954年洪水，在发生类似1954年洪水时，保证重点保护地区的防洪安全。根据荆江河段的重要性及洪灾严重程度，确定荆江河段的防洪标准为100年一遇，即以防御枝城100年一遇洪峰流量为目标，同时对遭遇类似1870年洪水应有可靠的措施保证荆江两岸干堤不发生自然漫溃，防止发生毁灭性灾害。"

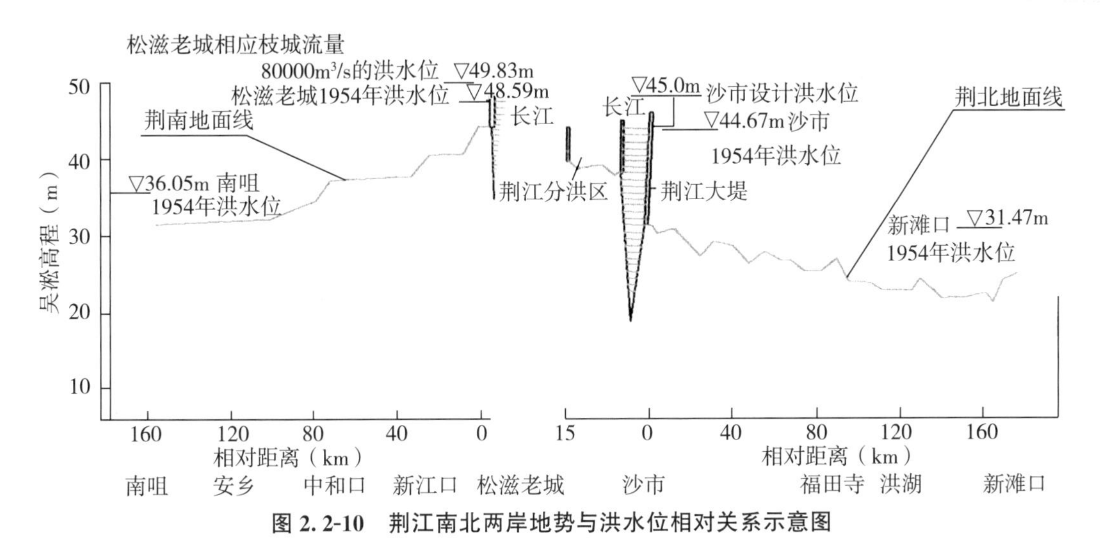

图 2.2-10　荆江南北两岸地势与洪水位相对关系示意图

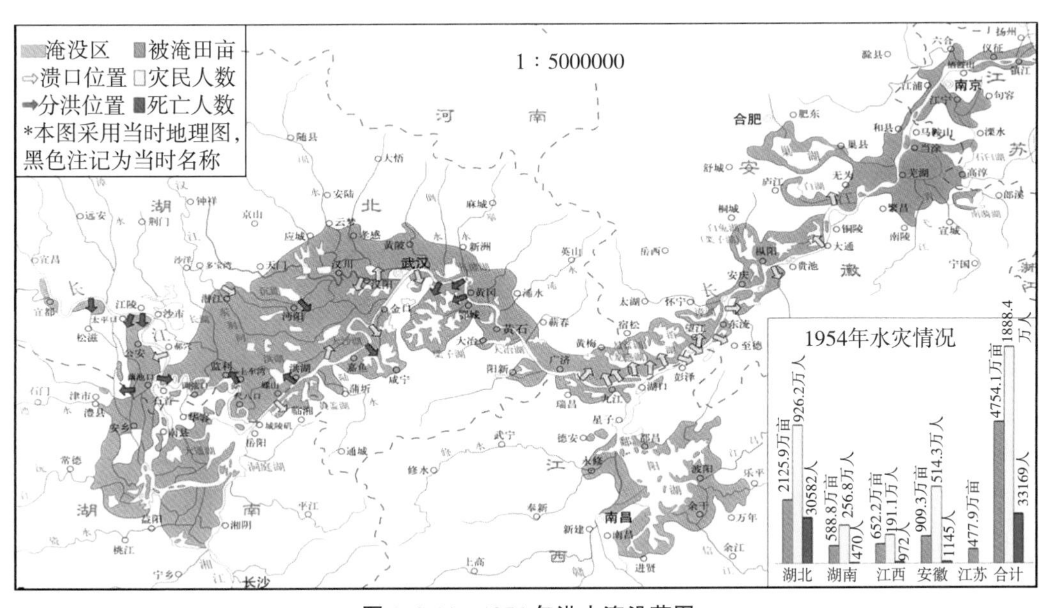

图 2.2-11　1954 年洪水淹没范围

防洪控制水位是表征河湖蓄泄能力的重要指标，该水位相应的流量反映了长江可安全下泄的洪水流量，超过上述泄流量的超额洪量，须采取计划分洪妥善处理。目前的长江中下游防洪控制水位是 1972 年、1980 年的两次长江中下游防洪规划座谈会确定的（表 2.3-1），是之后历次长江流域综合规划、防洪规划的重要依据。

2.4　建设情况

长江流域水资源丰沛，“优”于水的同时也“忧”于水。自古以来，长江水患就是中华民族的心腹之患。习近平总书记一直关心长江水灾害防治，强调“要健全长江水灾害监测预警、灾害防治、应急救援体系，推进河道综合治理和堤岸加固，建设安澜长江”。随着长江经济带

表 2.3-1　　主要防洪控制站设计水位

上游干流		中游干流		下游干流	
控制站	设计水位(m)	控制站	设计水位(m)	控制站	设计水位(m)
李庄	270.00	沙市	45.00	大通	17.10
朱沱	240.50	城陵矶	34.40	芜湖	13.40 (有台风为 13.50)
寸滩	192.12	汉口	29.73	南京	10.60 (有台风为 11.10)
		湖口	22.50		

国家战略的实施,长江安澜不仅是长江流域 4 亿多人民的福祉所系,更关系到全国经济社会可持续发展大局。

经过多年建设,长江流域基本建成了以堤防为基础,三峡工程为骨干,其他干支流水库、蓄滞洪区、河道整治相配合,平垸行洪、退田还湖、水土保持等工程措施和防洪非工程措施相结合的长江防洪减灾体系,流域防洪能力显著提高。截至目前,建成了三峡水库、丹江口水库等一大批流域控制性水利工程,干支流已建成水库 5.2 万余座,总库容约 4140 亿 m^3,堤防总长约 6.4 万 km。长江流域气象水文站网已基本控制流域降雨水情变化,流域水文气象自动测报系统、预报调度系统为防洪减灾提供了良好的技术支撑。与新中国成立时相比,长江流域年均受灾面积和受灾人口分别减少 72%、33%,长江水患频发的局面得到改观,成功抵御了 2012 年、2016 年、2017 年区域性大洪水和 2020 年流域性大洪水。

2.4.1 堤防工程

堤防是长江流域最基础的防洪设施。长江堤防大致可以分为长江上游堤防、长江中下游堤防以及长江海塘三类。

长江上游堤防,主要分布在四川盆地主要河流的中下游,长约 3100km。

长江中下游堤防是长江堤防工程的主体部分,包括长江干堤、主要支流堤防,以及洞庭湖、鄱阳湖区堤防等,总长约 6.4 万 km,是长江防洪的基础。目前,长江中下游干堤已全部完成达标建设。荆江大堤、无为大堤、南线大堤、汉江遥堤以及沿江全国重点防洪城市堤防为 1 级堤防。松滋江堤、荆南长江干堤、洪湖监利江堤、岳阳长江干堤(岳阳市城区段除外)、四邑公堤、汉南长江干堤、粑铺大堤、黄广大堤、九江大堤(九江市城区段除外)、同马大堤、广济圩江堤、枞阳江堤、和县江堤、江苏长江干堤(南京市城区段除外)等为 2 级堤防。洞庭湖区、鄱阳湖区重点圩垸堤防为 2 级,国家确定的蓄滞洪区其他堤防为 3 级。汉江下游干流堤防为 2 级(武汉市城区段除外)。长江中下游干流 1 级堤防堤顶超高一般为 2.0m,2 级及 3 级堤防堤顶超高一般为 1.5m,江苏南京以下感潮河段长江干堤堤顶超高为 2.0～2.5m,其他堤防超高一般为 1.0m,城陵矶附近长江干堤(北岸龙口以上监利洪湖江堤、南岸岳阳长江干堤)在上述标准的基础上增加0.5m的超高;洞庭湖及鄱阳湖临湖堤风浪大、吹程远,重点圩垸堤防临湖堤超高2.0m,临河堤超高1.5m,洞庭湖蓄滞洪区堤防临湖堤超高1.5m,临河堤超高1.0m,东、南洞庭湖堤防在上述标准的基础上增加0.5m的超高。

长江海塘分布在长江河口与沿海地带,全长900余km。

2.4.2 控制性水库

长江流域已建成大型水库300余座,总调节库容1800余亿m^3,防洪库容约800亿m^3。其中,长江上游(宜昌以上)大型水库112座,总调节库容约800亿m^3,预留防洪库容420亿m^3;中游(宜昌至湖口)大型水库170座,总调节库容约950亿m^3,预留防洪库容330亿m^3。根据水利部批复的《2021年长江流域水工程联合调度运用计划》(水防〔2021〕193号),纳入联合调度的控制性水库为47座,总调节库容1066亿m^3,总防洪库容695亿m^3,包括:

长江上游:金沙江梨园、阿海、金安桥、龙开口、鲁地拉、观音岩、乌东德、白鹤滩、溪洛渡、向家坝水库;雅砻江两河口、锦屏一级、二滩水库;岷江紫坪铺,大渡河猴子岩、长河坝、大岗山、瀑布沟水库;嘉陵江碧口、宝珠寺、亭子口、草街水库;乌江构皮滩、思林、沙沱、彭水水库;长江干流三峡水库,共27座。

长江中游:清江水布垭、隔河岩水库;洞庭湖水系资水柘溪,沅江凤滩、五强溪,澧水江坪河、江垭、皂市水库;陆水水库;汉江石泉、安康、丹江口、潘口、黄龙滩、三里坪、鸭河口水库;鄱阳湖水系赣江万安、峡江,抚河廖坊,修水柘林水库,共20座。

长江中下游堤防分布见图2.4-1。各水库特征参数见表2.4-1,纳入2021年联合调度的长江上中游干支流水库见图2.4-2。

2.4.3 蓄滞洪区

按照长江流域防洪总体布局,长江中下游的荆江地区、城陵矶附近区、武汉附近区、湖口附近区等地区共安排了42处蓄滞洪区(图2.4-3)。为指导蓄滞洪区建设,《长江流域综合规划(2012—2030年)》根据长江中下游防洪现状,考虑三峡工程及至规划水平年上游控制性水库建成后长江中下游防洪形势的变化,按照蓄滞洪区启用概率和保护对象的重要性,制定蓄滞洪区总体布局。

三峡工程建成后,荆江分洪区运用概率达到100年一遇,但由于其在长江流域防洪中的地位十分重要,是防御荆江地区遇类似1870年特大洪水的重要措施,由国家防汛抗旱总指挥部调度,且分洪区内的建设与管理相对完善、运用条件相对较好,确定其为重点蓄滞洪区。将除荆江分洪区以外的长江中下游蓄滞洪区分为重要蓄滞洪区、一般蓄滞洪区和蓄滞洪保留区三类。

重要蓄滞洪区为使用概率较大的蓄滞洪区,共计12处,分别为:城陵矶附近规划分蓄100亿m^3超额洪量的蓄滞洪区(即洞庭湖区的钱粮湖垸、共双茶垸、大通湖东垸3个蓄滞洪区和洪湖东分块)和洞庭湖区的围堤湖垸、民主垸、城西垸、澧南垸、西官垸、建设垸等6个蓄滞洪区,武汉附近区的杜家台蓄滞洪区,湖口附近区的康山蓄滞洪区。

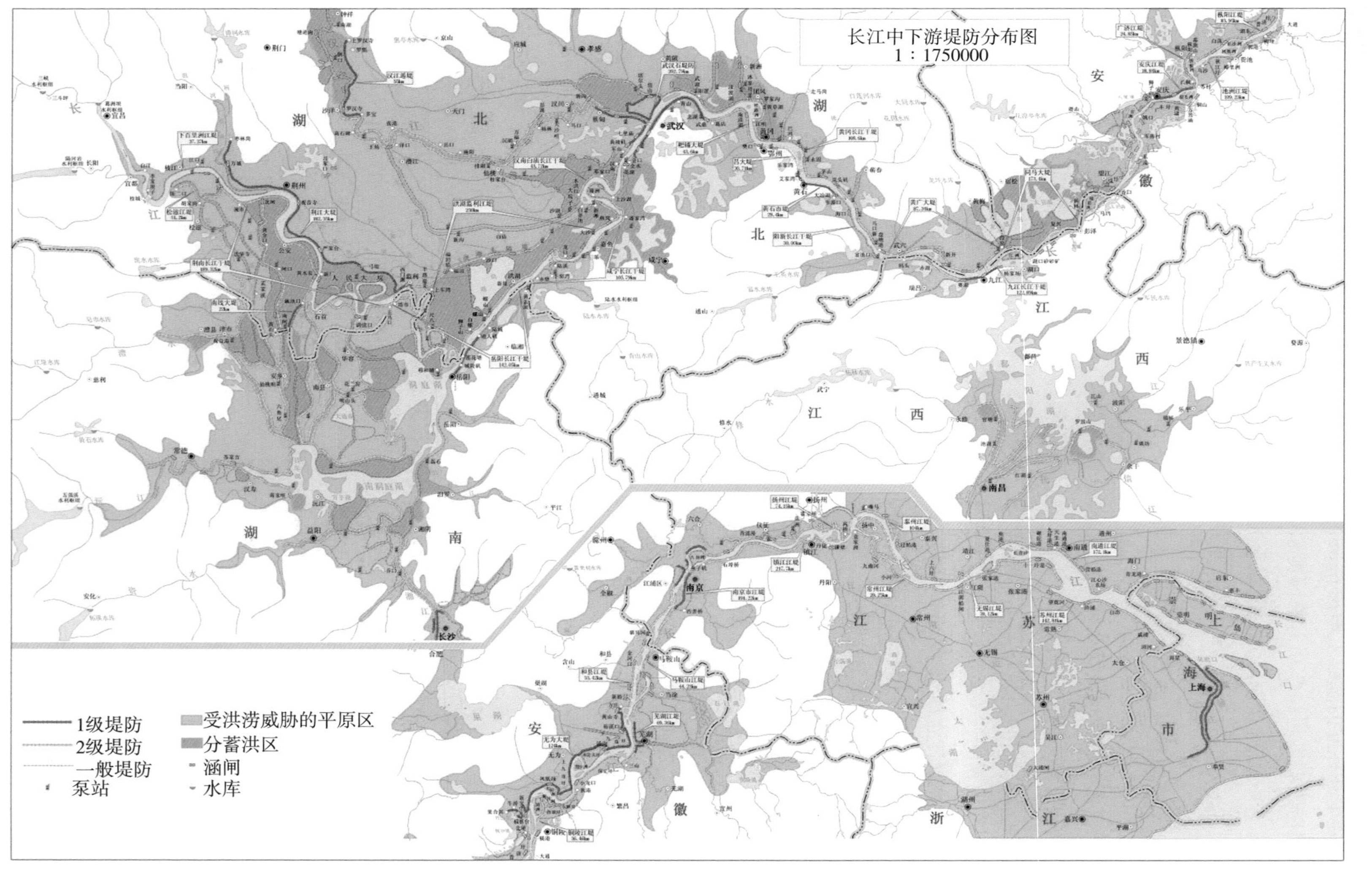

图2.4-1　长江中下游堤防分布

表 2.4-1　　纳入 2021 年联合调度的长江上中游干支流水库基本情况

水系名称	水库名称	所在河流	正常蓄水位（m）	防洪高水位（m）	汛期防洪限制水位（m）	死水位（m）	总库容（亿 m^3）	防洪库容（亿 m^3）
长江	三峡	干流	175.00	175.00	145.00	145.00	450.44	221.50
金沙江	梨园	干流	1618.00	1618.00	1605.00	1605.00	8.05	1.73
	阿海		1504.00	1504.00	1493.30	1492.00	8.85	2.15
	金安桥		1418.00	1418.00	1410.00	1398.00	9.13	1.58
	龙开口		1298.00	1298.00	1289.00	1290.00	5.58	1.26
	鲁地拉		1223.00	1223.00	1212.00	1216.00	17.18	5.64
	观音岩		1134.00	1134.00	1122.30/1128.80	1122.30	22.50	5.42/2.53
	乌东德		975.00	975.00	952.00	945.00	74.08	24.40
	白鹤滩		825.00	825.00	785.00	765.00	206.27	75.00
	溪洛渡		600.00	600.00	560.00	540.00	129.10	46.50
	向家坝		380.00	380.00	370.00	370.00	51.63	9.03
雅砻江	两河口	干流	2865.00	2865.00	2845.90	2785.00	107.67	20.00
	锦屏一级		1880.00	1880.00	1859.00	1800.00	79.90	16.00
	二滩		1200.00	1200.00	1190.00	1155.00	58.00	9.00
岷江	紫坪铺	干流	877.00	861.60	850.00	817.00	11.12	1.67
	猴子岩	大渡河	1842.00	—	1835.00	1837.00	7.06	—
	长河坝		1690.00	—	—	1680.00	10.75	—
	大岗山		1130.00	—	1123.00	1120.00	7.77	—
	瀑布沟		850.00	850.00	836.20/841.00	790.00	53.32	11/7.30
乌江	构皮滩	干流	630.00	630.00	626.24/628.12	590.00	64.54	4.00/2.00
	思林		440.00	440.00	435.00	431.00	15.93	1.84
	沙沱		365.00	365.00	357.00	353.50	9.21	2.09
	彭水		293.00	293.00	287.00	278.00	14.65	2.32
嘉陵江	碧口	白龙江	704.00	704.00	697.00/695.00	685.00	2.17	0.83/1.03
	宝珠寺		588.00	588.00	583.00	558.00	25.50	2.80
	亭子口	干流	458.00	458.00	447.00	438.00	40.67	14.40（其中非常运用库容 3.80）
	草街		203.00	203.00	200.00	202.00	22.18	1.99
清江	水布垭	干流	400.00	400.00	391.8	350.00	45.80	5.00
	隔河岩		200.00	200.00	193.6	160.00	34.31	5.00

续表

水系名称	水库名称	所在河流	正常蓄水位（m）	防洪高水位（m）	汛期防洪限制水位（m）	死水位（m）	总库容（亿 m^3）	防洪库容（亿 m^3）
洞庭湖	柘溪	资水	169.00	170.00	162.00	144.00	38.80	10.60
	凤滩	沅江	205.00	205.00	198.50	170.00	17.30	2.77
	五强溪		108.00	108.00	98.00	90.00	43.50	13.60
	江坪河	澧水	470.00	470.00	459.70	427.00	13.66	2.00
	江垭		236.00	236.00	210.6	188.00	17.41	7.40
	皂市		140.00	143.50	125.00	112.00	14.40	7.83（正常蓄水位以上 1.80）
陆水	陆水	干流	55.00	56.00	54.00/53.00	45.00	7.06	1.13/1.63
汉江	石泉	干流	410.00	410.00	405.00	400.00	3.72	0.98
	安康		330.00	330.00	325.00	305.00	32.00	3.60
	丹江口		170.00	171.70	160.00/163.50	150.00	319.50	110.200/80.53
	潘口	堵河	355.00	358.40	347.60	330.00	23.37	6.10
	黄龙滩		247.00	247.00	—	226.00	9.45	—
	三里坪	南河	416.00	416.00	403.00/412.00	392.00	4.99	1.21/0.41
	鸭河口	唐白河	177.00	179.10	175.70	160.00	13.39	2.95
鄱阳湖	万安	赣江	96.00	93.60	85.00	85.00	22.16	5.70
	峡江		46.00	49.00	43.00	44.00	11.87	6.00
	廖坊	抚河	65.00	67.94	61.00	61.00	4.32	3.10
	柘林	修水	65.00	68.82	63.50	50.00	79.20	17.12

一般蓄滞洪区为防御 1954 年洪水除重要蓄滞洪区外，还需要启用的蓄滞洪区，共有 13 处，分别为：城陵矶附近区的洪湖中分块和洞庭湖区的屈原垸、九垸、江南陆城垸、建新垸蓄滞洪区，武汉附近区的西凉湖、武湖、张渡湖、白潭湖蓄滞洪区，湖口附近区的珠湖、黄湖、方州斜塘和华阳河蓄滞洪区。

蓄滞洪保留区为用于防御超标准洪水或特大洪水的蓄滞洪区，共有 16 处，分别为荆江地区的涴市扩大分洪区、人民大垸分洪区、虎西备蓄区，城陵矶附近的君山垸、集成安合垸、南汉垸、安澧垸、安昌垸、北湖垸、义合垸、安化垸、和康垸、南顶垸、六角山垸等 14 个蓄滞洪区及洪湖西分块，武汉附近区的东西湖蓄滞洪区。

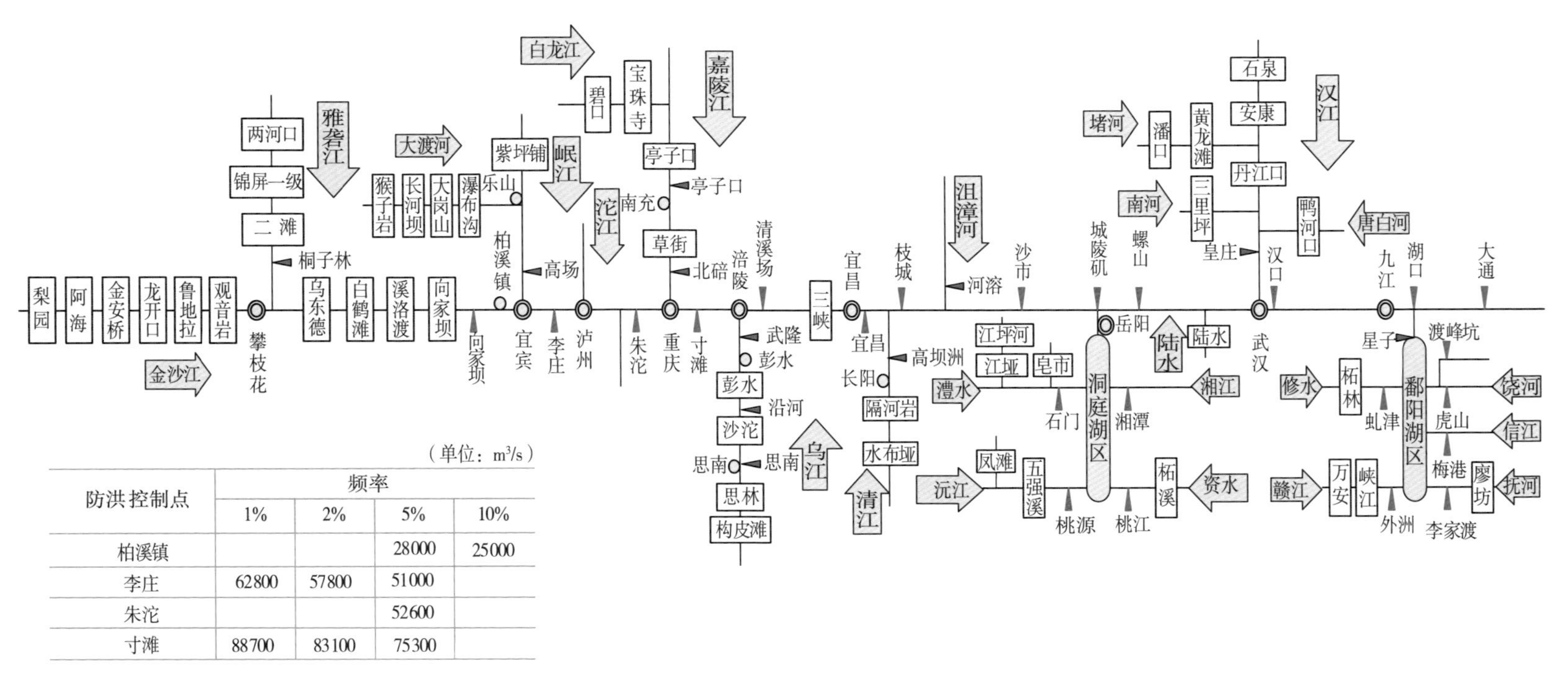

（单位：m^3/s）

防洪控制点	频率			
	1%	2%	5%	10%
柏溪镇			28000	25000
李庄	62800	57800	51000	
朱沱			52600	
寸滩	88700	83100	75300	

图2.4-2　纳入2021年联合调度的长江上中游干支流水库示意图

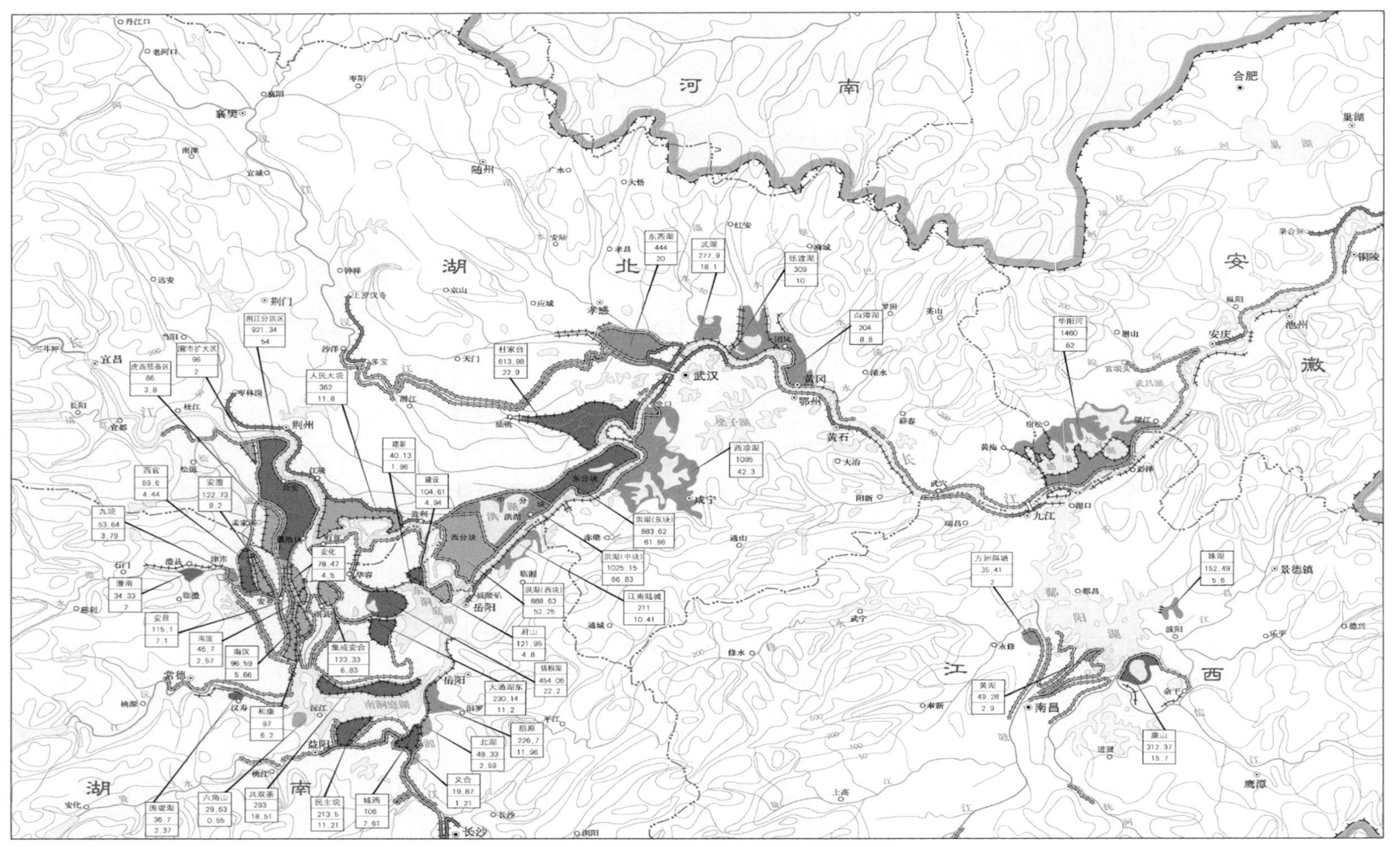

图2.4-3　长江流域蓄滞洪区现状

长江中游42处蓄滞洪区总面积为1.24万km^2，扣除安全区占用容积后总有效蓄洪容积约为590亿m^3。按蓄滞洪区现状分类划分：重点蓄滞洪区1处，总有效蓄洪容积约为54亿m^3；重要蓄滞洪区12处，总有效蓄洪容积约为181亿m^3；一般蓄滞洪区13处，总有效蓄洪容积约215亿m^3；蓄滞洪保留区16处，总有效蓄洪容积140亿m^3。其中荆江地区蓄滞洪区总有效蓄洪容积约72亿m^3；城陵矶附近区蓄滞洪区总有效蓄洪容积约338亿m^3；武汉附近区蓄滞洪区总有效蓄洪容积约130亿m^3；湖口附近区蓄滞洪区总有效蓄洪容积约50亿m^3。

自20世纪50年代以来，国家和地方政府开展了大规模的蓄滞洪区建设。截至目前，蓄洪工程建设取得了较大进展，围堤加固工程已经完成的蓄滞洪区33处，已建分洪闸的蓄滞洪区5处，安全建设基本完成的4处。党的十八大以后，立足新发展阶段，将根据长江上游干支流控制性水库建设进程、上游控制性水库与三峡水库联合调度情况以及中下游河道冲刷和江湖关系演变的情况，对部分蓄滞洪区类别和安全区面积进行适当调整，以适应新防洪形势和新防洪要求，在此不再赘述。

2.4.4 河道整治工程

多年以来，为了保障河势稳定及防洪安全，国家及各级政府不间断地开展了长江中下游河道治理工作，20世纪50—60年代对重点堤防和重要城市江段的岸坡实施了防护。60—70年代，在下荆江实施了系统裁弯工程，对部分趋于萎缩的支汊如安庆的官洲西江、扁担洲右夹江、玉板洲夹江，铜陵河段的太阳洲、太白洲水域，南京的兴隆洲左汊进行了封堵。80年代至90年代中期，开展了界牌、马鞍山、南京、镇扬等河段的系统治理。据不完全统计，到1998年前，长江中下游累计完成抛石量6687万m^3，沉排约410m^2，累计完成护岸长度1189km。

1998年大水后，国家投巨资开展防洪工程建设，在水利部1998年批复的《长江中下游干流河道治理规划报告》的指导下，对直接危及重要堤防安全的崩岸段和少数河势变化剧烈的河段进行了治理。2003年三峡水库蓄水运用后，中下游干流河道崩岸强度与频度明显大于水库蓄水运用前。为保障防洪安全、维护河势稳定，长江委及地方水利部门组织实施了部分河段河势控制应急工程。1998—2010年长江中下游干流河道完成治理长度约720km，2011—2013年完成治理长度约310km。

另外，为充分发挥长江中下游"黄金水道"的航运功能，交通运输部对长江中下游干流河道的碍航河段也开展了不间断的治理。20世纪90年代以来，开展长江中下游航道治理工作，长江中游实施了界牌、碾子湾、张家洲等水道的治理，2000年以来，宜昌至城陵矶河段又开展了枝江—江口、沙市、瓦口子、马家咀、周天、藕池口、碾子湾和窑监等共8个水道的治理；城陵矶—武汉河段开展了陆溪口、嘉鱼、武桥等水道的治理；武汉—安庆开展了罗湖洲、戴家洲河段、牯牛沙、武穴、新九、张家洲、马垱、东流等水道的治理；安庆—南京实施了安庆、太子矶、土桥、黑沙洲、乌江等水道的治理；南京—太仓实施了落成洲、口岸直、福姜沙、通州沙、白茆沙等水道的治理；长江口实施了深水航道一、二、三期工程，南港北槽12.5m深水航道于2011年正式贯通。长江中下游干流河道整治见图2.4-4。

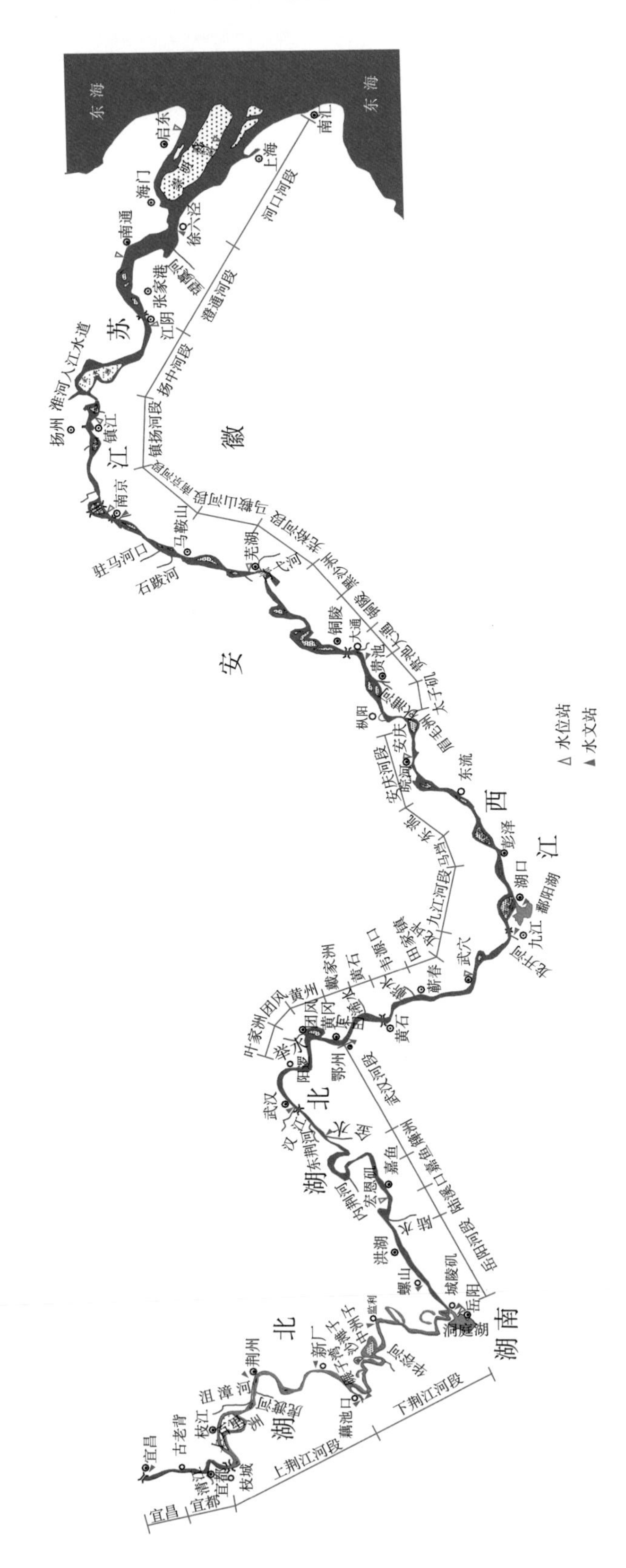

图2.4-4　长江中下游干流河道整治示意图

2.4.5 平垸行洪、退田还湖

长江中下游洲滩民垸是防洪体系的重要组成部分，具有扩大河道泄流能力、增加河湖调蓄空间的重要功能。1998 年长江大洪水后，对长江中下游干堤之间严重阻碍行洪的洲滩民垸、洞庭湖区及鄱阳湖区部分洲滩民垸实施了平垸行洪、退田还湖，按照“单退”和“双退”两类，共平退 1442 个圩垸，恢复调蓄容积约 178 亿 m^3。目前，长江中下游干流河道及洞庭湖区、鄱阳湖区已形成封闭保护圈的洲滩民垸共约 700 个，总人口约 260 万人，蓄洪容积约 174 亿 m^3。在 2020 年长江流域性大洪水中，大量洲滩民垸行蓄洪运用，大大减轻了中下游防洪压力，特别是鄱阳湖区 185 个单退圩堤全部运用，成功控制了湖口站水位不超保证水位，因此洲滩民垸行蓄洪功能必须长期维持。

但由于长江中下游洲滩民垸一直缺乏有针对性的防洪治理投入，洲滩民垸堤身普遍单薄、堤基质量较差，在遭遇一般洪水时洲滩民垸堤防险情频发，一旦溃堤决口，将造成巨大的人员伤亡和财产损失，并导致洲滩民垸内大量居民因洪返贫；同时洲滩民垸缺乏相应的管理政策和制度，长期无序发展，洲滩民垸内有大量人口居住和重要基础设施，甚至部分单退民垸出现人口返迁的情况，少数规模较大的洲滩民垸引入大量工矿企业，增加了行蓄洪运用的风险损失，且民垸内安全台、转移道路等安全设施普遍缺乏，遇大洪水时行蓄洪功能得不到充分发挥。因此洲滩民垸防洪治理目前已成为长江流域防洪体系的突出短板。

随着上中游控制性防洪工程逐步建成投入运行和中下游堤防达标建设等，长江中下游地区整体防洪能力显著提高，洪水调度灵活性和主动性显著增强，遇一般洪水年条件下，洲滩民垸行蓄洪运用概率大为减小，为解决长江中下游地区洲滩民垸防洪治理问题提供了有利条件。因此立足于长江中下游防洪形势的新变化，加强洲滩民垸防洪工程建设，因地制宜地确定洲滩民垸行蓄洪运用标准，全面有效发挥洲滩民垸在关键时刻的行蓄洪作用，方可实现“小水保安全，大水能行洪”。

表 2.4-2 给出了长江中下游干流不同类型洲滩民垸基本情况，具体位置如附图 5 至附图 9。

[illegible]2.4-2　　长江中下游干流不同类型洲滩民垸基本情况

[illegible]垸类型	个数	人口(万人)	面积(km^2)	蓄洪容积(亿 m^3)
双[illegible]	44	0.6	55.0	1.5
单退垸(已[illegible]	166	16.4	723.6	28.6
单退垸(未实[illegible]	11	21.5	427.4	22.8
其他垸	64	50.7	882.3	32.2
合计	285	89.2	2088.3	85.1

2.4.6 排涝泵站

据统计，长江中下游沿江涝区已建排涝泵站共2600余座，设计排涝流量约22900m^3/s，干流和两湖地区对江、对湖直排泵站总设计流量约20000m^3/s。其中，长江中游河段（含洞庭湖区、鄱阳湖区）沿江农田涝片排涝能力大于100m^3/s的泵站共25座，设计排涝流量约4100m^3/s。2020年汛期泵站对江、对湖总排水量约796亿m^3，排涝能力提高的同时，排涝增加的入江、入湖水量也加重了干流河槽的蓄泄压力。沿江泵站分河段排涝能力统计见表2.4-3。长江中下游沿江排涝泵站分布见图2.4-5。

表2.4-3　沿江泵站分河段排涝能力统计

序号	河段	合计		其中：设计流量≥50m^3/s	
		泵站个数	设计流量（m^3/s）	泵站个数	设计流量（m^3/s）
1	宜昌至城陵矶（含洞庭湖区）河段	1148	5928.0	14	1240.5
2	城陵矶至汉口河段	84	2980.8	17	2076.9
3	汉口至湖口（含鄱阳湖区）河段	592	5064.3	20	1845.4
4	湖口至大通河段	154	992.1	0	0.0
5	大通至南京河段	227	1874.4	5	527.5
6	南京至徐六泾河段	424	2561.8	7	932.0

2.4.7 防洪非工程措施

（1）水文气象监测

长江流域基本建成集卫星、雷达、水文气象报汛站等空天地于一体的全覆盖立体监测体系，地面测站数近30000个，水情信息采集、处理与集成、传输与接收等环节全面实现自动化。

（2）洪水预报

以流域大型水库、重要水文站、防汛节点等为关键控制断面，已构建基本覆盖全长江流域的预报体系。水情预报精度和时效性显著提高，长江上游1～3天、中下游1～5天预见期的预报具有较高精度。

（3）洪水预警

以干流主要站防洪控制水位作为特大洪水特征水位，考虑各站短期洪水预报精度，提出长江不同河段控制站特大洪水预警标准。

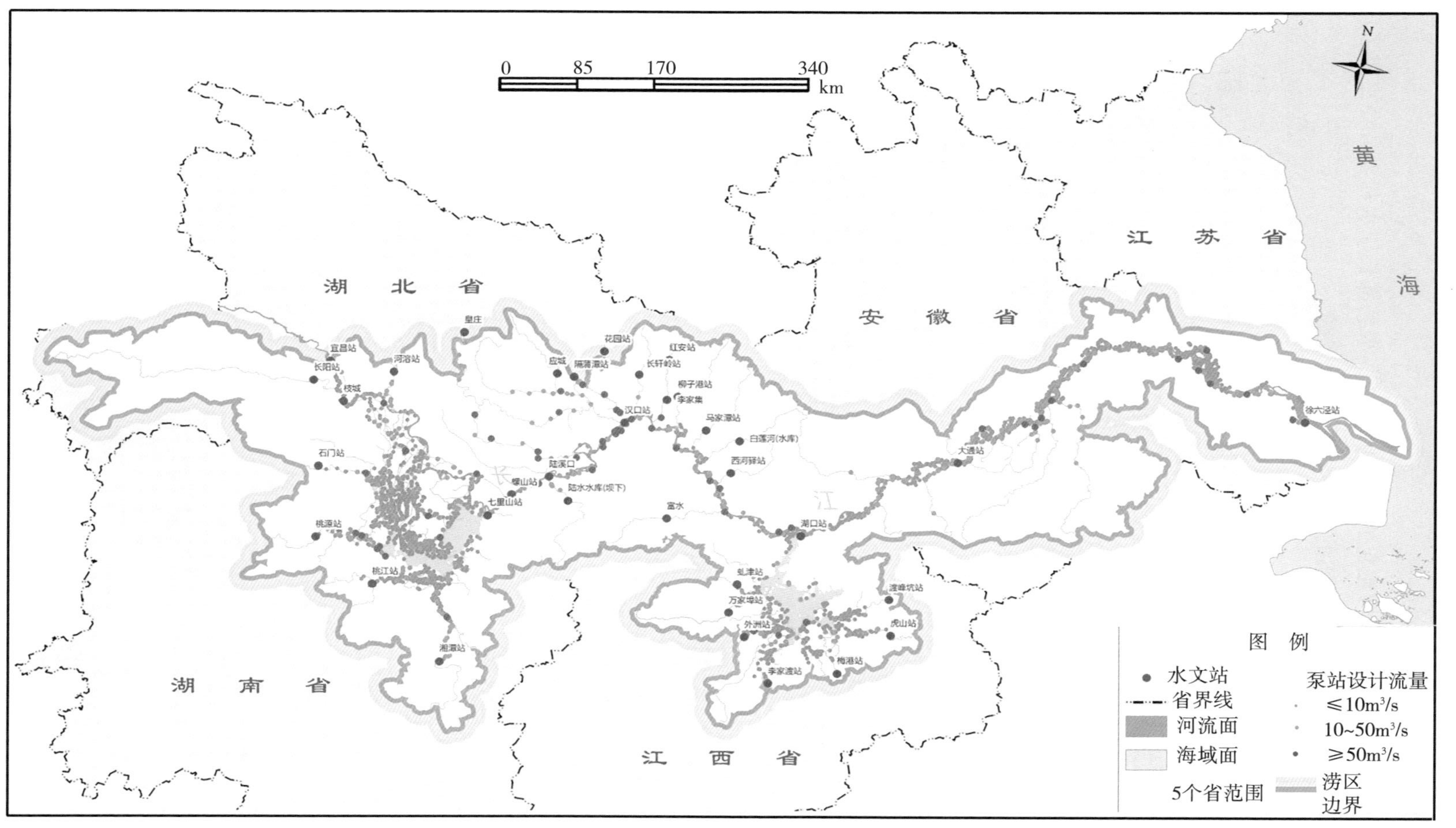

图2.4-5 长江中下游沿江排涝泵站分布

(4)防汛指挥系统

各省级水行政主管部门均建立了防洪调度系统,水利部长江水利委员会完成了国家防汛指挥系统二期建设,为方案预案的推演提供了技术支撑。

(5)方案预案

流域洪水调度方案与防御预案体系不断完善,编制完成《长江防御洪水方案》《长江洪水调度方案》《长江流域水旱灾害防御预案(试行)》以及嘉陵江、乌江、汉江、水阳江、滁河等跨省际支流洪水调度方案;及时根据流域变化,完善重要、一般蓄滞洪区运用预案,并逐年编制水工程联合调度运用计划。

第3章 长江流域超标准洪水调控总体架构

3.1 流域超标准洪水风险调控的新需求

流域超标准洪水的调度和风险调控与标准以内洪水调度有着本质区别，标准以内洪水要在工程安全的前提下，通过科学调度保障流域内防洪保护对象防洪安全。而流域超标准洪水调控，需要挖掘工程运行潜力，如水库超标准运用、堤防的抬高水位运行等，调控的重点在于保障流域重要防洪对象和基础设施安全，并尽量减少损失，需要协调不同区域之间的守与弃问题。目前已编制的洪水调度方案、枢纽工程调度规程等，虽明晰了标准以内洪水和超标准洪水在调度原则及思路上的差异，但超标准洪水研究基础相对薄弱，调度方案不够细化，流域超标准洪水风险调控技术水平有待提升，主要体现在以下几个方面。

(1)灾害数据的关联需求

流域超标准洪水灾害本质上是多种因素共同作用的结果，历史数据可反映对已有情景洪灾的调控效果，但受气候变化和人类活动影响，流域超标准洪水演变机理发生变化，对洪水的属性需求从自然单一属性发展为耦合自然、社会和工程的复杂属性。现有数据中，关于流域超标准洪水样本较少，且样本数据本身与流域水工程调度影响、流域受灾淹没分布等信息间的关联性不强。流域超标准洪水数据样本不足和属性关联性缺失，无法有效构建“水情—工情—灾情”关联结构，以支撑快速获取未知场景下的洪水映射关系，为制定合理的调控决策方案提供基本算据需求。“水情—工情—灾情”关联结构是在不同水情不同工程组合运用条件下，流域遭受洪灾影响程度，并用关系模型展示出来，实现“由水及险，由险触灾”的快速响应。因此，在现有数据关系模型的基础上有序扩展，实现洪水数据样本的多样化和系统化是适应新时期防汛业务综合需求亟待解决的问题。

(2)工程体系的联动需要

流域覆盖地域广，水系组成复杂，经过多年建设，基本上构建了水库、蓄滞洪区、堤防和涵闸泵站等流域防洪工程体系。流域超标准洪水调控运用工程规模大，工程类别多，需要构建多类别工程的调度规则，明晰运用次序及其工程群组间的配合关系，以支撑复杂调控模型的算法需要。近年来，为充分发挥工程效益，对水工程联合调度开展了大量研究，并编制了诸多调度方案和标准体系，如水库群调度方案、洪水调度方案、防御洪水方案等，实现了对流域洪水的科学调度和有效管理，明晰了防洪工程在大体系中扮演的角色和作用，并发展了多工程联合调度耦合模型构建理论，但尚无法对多类别工程的联合调度规则进行有机集成，动态协调防洪工程体系的拦、分、蓄、排能力，因此工程调度体系缺乏联动性。

(3)智能调控的互馈要求

工程调控为流域超标准洪水灾害演变提供了缓冲区，但洪水风险依然存在。标准洪水的防洪调度规则较为完善，衍生灾害相对可控，而流域超标准洪水来势凶猛，已超过流域安全可控能力，对流域安全产生巨大压力，调度目标是保障流域重要对象防洪安全，追求流域洪灾影响程度的最小化。但受灾区的地域性和重要性存在差异，相同分洪量在不同受灾区造成的洪灾损失具有显著区别，需要结合洪水发生、发展、致灾、消退等不同阶段演变规律，实时评估灾害影响程度、时空分布，慎重权衡“保与弃”，对方案与效果互馈及时性、多方案比选和决策指挥方案及时推送等能力具有较高要求，需迫切从流域层面构建综合评价指标体系，融合智能技术，以改善流域超标准洪水风险调控方案评价的适应能力，这也是新阶段水利高质量发展提出的新要求。

流域超标准洪水风险调控新需求见图 3.1-1。

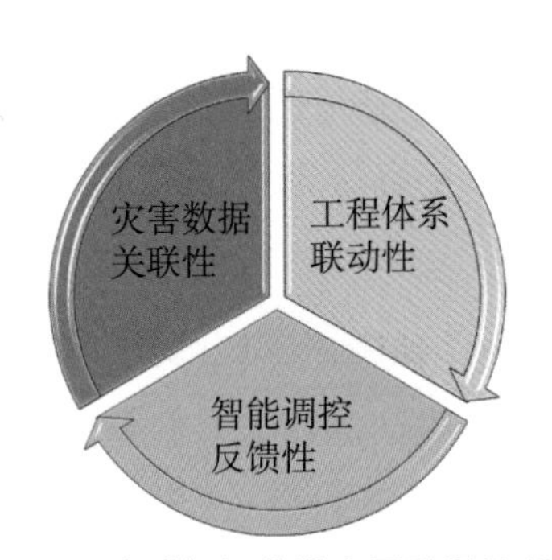

图 3.1-1　流域超标准洪水风险调控新需求

3.2　超标准洪水调控基本规则

①保障人民生命安全作为评判调控成效的决定因素，在基础上最大限度减轻洪灾损失。

②充分发挥河道泄流能力，确保工程安全运用，最大限度保证流域防洪安全，处理好流域与区域、全局与局部、上下游、左右岸、干支流、单个工程与多个工程联合调度的关系。

③流域超标准洪水联合调度方案应优先保障流域重点保护对象防洪安全。

④工程超标准运用应遵循防洪任务，分级制定保障目标，实施分级调度。

⑤工程所承担河段防洪形势不紧张时，可提出此类工程协调流域防洪的运行方式。

3.3　流域超标准洪水调度与风险调控总体架构

实现流域超标准洪水调度与风险调控需在原有标准洪水调度的基础上，综合运用知识迁移、机器学习、智能优化等新理论和新方法，以满足灾害数据的关联性、工程体系的联动性、智能调控的互馈性等三大新需求为根本要求，围绕“富本底、强联合、精调控、智寻优”四大目标开展研究工作。

流域超标准洪水调控的特点是风险大、决策难，因此提升调度的灵活性和调控效果反馈的高效性是核心关键。人类思考决策的过程，是在自己脑海里构建了一个独立于外部真实世界而存在的认知世界，并在脑海里虚拟演绎世界发展的变化过程，所有的思考和决策都是在这个大脑的认知世界里完成的，而这个认知世界就是“逻辑认知”。做出决策后，行为需要作用于外界真实的世界，接受外界真实世界运行变化规律的检验，以不断修正认知，提高与客观世界演绎的一致性，这个过程叫作“互馈检验”。模仿人类思考的过程，我们建立了流域超标准洪水智能调控架构（图 3.3-1），以防洪工程为“细胞节点”，并依据水力联系信息、工程群组联合与协作关系搭建调度“神经网”，从形势演变、潜力分析、效果评估等环节构建“逻辑大脑”，结合可接受度、关注度和影响度分析调控方案价值信息，形成“效果互馈”。从功能上主要服务于调度场景模拟、防洪态势分析、风险和效果反馈控制和智能决策等。

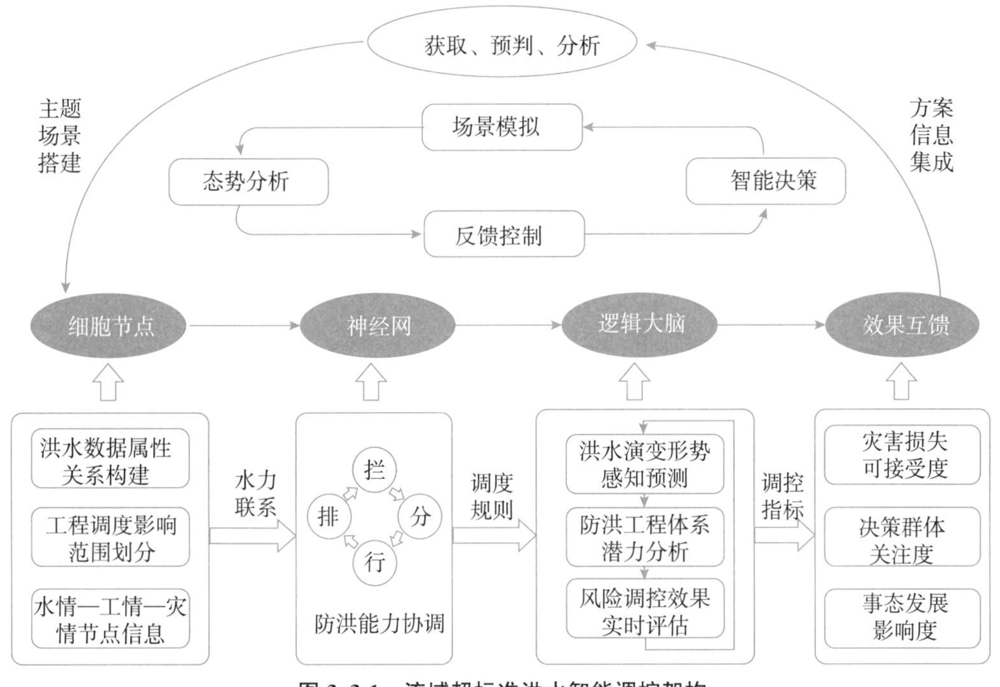

图 3.3-1 流域超标准洪水智能调控架构

(1)场景模拟

通过对洪水大数据信息的综合处理与挖掘，构建数据结构关系模型，实现对流域超标准洪水发展及水工程运行态势的场景模拟，为调控方案的制定提供洪水样本基础数据源。

(2)态势分析

实现对流域防洪安全态势的准确掌控，包括工程防洪调度影响分析、流域防洪风险薄弱点诊断、洪水演变实时分析等，为后续反馈控制和智能决策提供洪灾风险信息。

(3)反馈控制

基于调度后的灾害实时评估及调度效果，在出现致灾时间、致灾区域和致灾损失等异常情况时，依靠流域水工程的防洪影响关系、多工程联合调度关系以及工程体系余留防洪保障能力、后续可能的防洪风险等关键信息，进行实时工程联合调度的反馈调控，最大限度地降低洪灾影响。

(4)智能决策

采用人机交互方式，以提升流域防灾减灾能力为目标，结合调度业务流程，建立评价指标体系以表征不同调控方案总体价值属性，并快速提取有效价值信息，实现多方案的智能推优，显著提升决策效率。

第4章　多场景超标准洪水随机模拟技术

聚焦“富本底”。数据是调度的根本，要提高流域超标准洪水调度手段水平，流域超标准洪水数据样本建设是首要任务。国家防汛抗旱指挥系统数据库中涵盖了有记录以来的多次流域大洪水，但关于流域超标准洪水数据样本依然很少。现有大洪水数据样本主要依据历史调查，并以少量站形式孤立存在，无法与已建点多面广的流域控制站匹配；同时模拟方法较为粗放，多以峰、量控制进行随机模拟，较少考虑复杂的洪水地区组成和遭遇组合等特性。本章引入基于历史相似信息的迁移学习机制，提出了流域大洪水模拟发生器的建模思路及技术方法，实现了流域大洪水地区组成物理成因机制和数值模拟有机耦合，改善了采用时空关联性概率组合模拟中所忽略的洪水地区组合失真问题，解决了未知场景下快速获取流域多站点洪水属性映射关系的技术难题，为解决点多面广、组成复杂的流域超标准洪水模拟提供了一种新途径，可为制定合理的调控决策方案提供可靠的数据支撑。

4.1　洪水特性分析

4.1.1　遭遇特性分析

洪水样本形成需研究分析重点控制断面洪水地区组成、时间分布等特性，为形成洪水样本提供参数。长江流域洪水的主要出路安排以堤防行洪、以三峡为核心的水库群拦蓄、蓄滞洪区分洪为主要通道。其中，上游水库群建设规模较大，洪水主要受工程调蓄影响；中下游工程调蓄能力较弱，主要受河湖槽蓄影响。考虑到三峡坝址控制了流域近 100 万 km^2 的集雨面积，是长江干流的总阀门，则选取了三峡坝址作为重要分析断面，长江上游干支流断面分别以干支流最末级控制性防洪水库作为代表站(表 4.1-1)。

选取资料翔实的 1931 年、1935 年、1954 年、1968 年、1969 年、1980 年、1983 年、1988 年、1996 年和 1998 年等 10 场历史典型大洪水过程作为分析对象，运用统计学方法，对金沙江、雅砻江、大渡河、岷江、嘉陵江、乌江各占三峡来水的比重进行分析，统计了最大 7 天、15 天、30 天洪量占三峡最大 7 天、15 天、30 天洪量的比重情况，成果见表 4.1-2。

表 4.1-1　　长江上游主要干支流代表断面

河流	金沙江中游	雅砻江	金沙江下游	大渡河	岷江	嘉陵江	乌江	长江
水库所在断面	观音岩	二滩	向家坝	瀑布沟	紫坪铺	草街	彭水	三峡
控制流域面积(万 km^2)	25.65	11.64	45.88	6.85	2.27	15.61	6.9	100

统计三峡以上干支流各控制站不同历时来水占三峡洪水比重，分析洪水地区组成特性。对于三峡坝址洪水，雅砻江 7 天、15 天、30 天洪量占比为 7.5%～15.1%；金沙江干流（向家坝站）7 天、15 天、30 天洪量占比为 22.9%～42.1%，各统计历时洪量占比非常稳定，因此金沙江干流、雅砻江来水是三峡水库来水的基础组成部分；大渡河、岷江 7 天、15 天、30 天洪量占比为 8.6%～18.7%，在与长江干流过程遭遇时，具有一定增幅作用，嘉陵江 7 天、15 天、30 天洪量占比为 6.7%～40.1%，乌江 7 天、15 天、30 天洪量占比为 7.9%～30.7%，两支流不同统计历时洪量占比差别较大，因此当支流发生大洪水并与干流遭遇时，会快速拉高干流洪峰。

统计三峡以上干支流各控制站最大洪峰出现时间，分析三峡洪水各组成的时间分布。三峡大洪水洪峰出现时间集中于 7 月和 8 月，9 月上旬也出现过 3 次洪峰过程，分别是 1969 年、1983 年、1988 年；雅砻江洪峰集中于 7—8 月，金沙江集中于 7 月中旬至 9 月；大渡河洪峰集中于 7 月，岷江干流在 6—8 月均有洪峰出现，主要集中于 7 月和 8 月；嘉陵江集中于 7—9 月，乌江集中于 6—7 月。三峡以上干支流各控制站洪峰出现频次统计见表 4.1-3。

4.1.2　洪水形成机理识别

不同区域洪水在流域关键控制站中的组成存在差异，合理识别上游干流及主要支流在控制站洪水形成过程中的功能定位，有助于提高对流域超标准洪水形成机理的认知。本节提出基于时变梯度系数的流域洪水分区功能识别方法对各区域洪水功能进行量化分析，结合实测典型洪水过程进行定性分析，综合提出各区域洪水的定位作用。这种功能定位可以概括理解为：某一区域洪水在控制站洪水中“扮演”着基流作用，或造峰作用（图 4.1-1）。

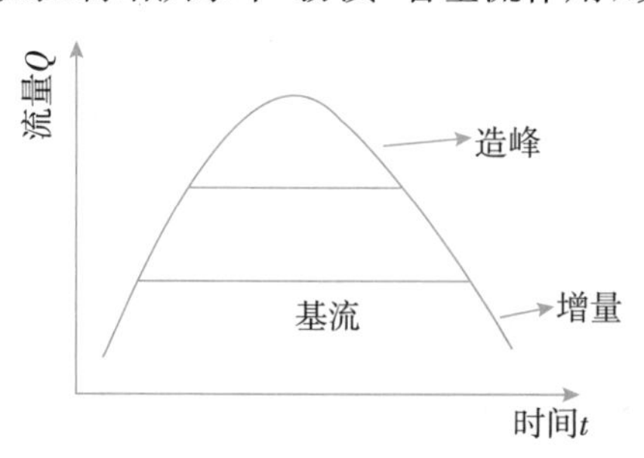

图 4.1-1　洪水定位作用示意图

表 4.1-2　　不同典型年 7 天、15 天、30 天洪量占比统计　　（单位：亿 m^3）

河流		金沙江中游		雅砻江		金沙江下游		大渡河		岷江		嘉陵江		乌江		长江
水库		观音岩		二滩		向家坝		瀑布沟		紫坪铺		草街		彭水		三峡
典型年	类别	洪量	占三峡比例(%)	洪量	占三峡比例(%)	洪量	占三峡比例(%)	洪量	占三峡比例(%)	洪量	占三峡比例(%)	洪量	占三峡比例(%)	洪量	占三峡比例(%)	洪量
1931	W_{7d}	29	8.4	29	8.4	89	26.0	33	9.5	11	3.2	25	7.3	35	10.1	343
	W_{15d}	50	8.3	50	8.3	165	27.2	64	10.5	21	3.5	41	6.7	52	8.6	607
	W_{30d}	87	8.4	87	8.4	282	27.1	105	10.1	35	3.3	75	7.2	82	7.9	1040
1935	W_{7d}	32	10.6	32	10.6	98	32.6	36	11.9	12	3.9	32	10.7	27	9.0	302
	W_{15d}	56	11.0	56	11.0	195	37.9	61	11.9	20	3.9	55	10.8	44	8.5	514
	W_{30d}	96	11.8	96	11.8	340	41.6	93	11.4	31	3.8	84	10.3	79	9.7	817
1954	W_{7d}	45	11.6	35	9.0	124	32.3	24	6.3	10	2.5	78	20.3	80	20.8	385
	W_{15d}	93	11.8	68	8.7	240	30.6	49	6.3	18	2.3	110	14.0	148	18.9	785
	W_{30d}	174	12.5	120	8.7	449	32.4	96	6.9	31	2.2	207	14.9	211	15.2	1387
1968	W_{7d}	30	10.6	29	10.1	99	34.7	21	7.6	9	3.0	102	35.9	59	20.7	284
	W_{15d}	62	11.5	54	10.0	181	33.6	42	7.8	16	3.0	171	31.8	87	16.1	538
	W_{30d}	113	11.6	103	10.6	346	35.5	75	7.7	29	3.0	246	25.3	136	14.0	974
1969	W_{7d}	30	13.7	30	14.0	82	37.7	25	11.4	7	3.1	82	37.5	53	24.5	217
	W_{15d}	63	15.2	62	15.1	168	40.8	48	11.6	14	3.3	89	21.6	96	23.2	412
	W_{30d}	112	15.6	108	15.1	288	40.2	78	11.0	25	3.5	131	18.2	175	24.4	716
1980	W_{7d}	43	14.3	41	13.6	105	35.0	21	6.8	8	2.7	89	29.7	31	10.3	301
	W_{15d}	83	15.2	76	14.0	201	36.8	42	7.7	17	3.1	112	20.5	55	10.1	546
	W_{30d}	143	15.4	130	14.0	336	36.1	77	8.3	28	3.0	181	19.5	100	10.7	931

续表

河流		金沙江中游		雅砻江		金沙江下游		大渡河		岷江		嘉陵江		乌江		长江
水库		观音岩		二滩		向家坝		瀑布沟		紫坪铺		草街		彭水		三峡
典型年	类别	洪量	占三峡比例(%)	洪量	占三峡比例(%)	洪量	占三峡比例(%)	洪量	占三峡比例(%)	洪量	占三峡比例(%)	洪量	占三峡比例(%)	洪量	占三峡比例(%)	洪量
1983	W_{7d}	23	8.7	20	7.5	61	22.9	25	9.5	8	3.2	107	40.1	40	14.9	268
	W_{15d}	47	9.6	38	7.8	123	25.0	48	9.9	18	3.6	164	33.4	67	13.7	491
	W_{30d}	88	9.8	69	7.7	236	26.1	87	9.7	32	3.6	274	30.3	107	11.9	902
1988	W_{7d}	26	10.0	30	11.5	83	31.5	22	8.5	18	6.8	80	30.4	30	11.4	262
	W_{15d}	55	10.2	62	11.5	168	31.0	45	8.3	29	5.4	131	24.2	59	11.0	541
	W_{30d}	108	11.9	107	11.8	307	33.8	78	8.6	55	6.0	209	23.0	94	10.4	909
1996	W_{7d}	33	14.3	30	13.0	98	42.1	21	8.8	13	5.6	30	12.9	71	30.7	233
	W_{15d}	67	14.1	58	12.2	176	36.8	40	8.4	19	4.1	44	9.3	111	23.3	477
	W_{30d}	129	13.8	113	12.0	322	34.5	76	8.1	31	3.4	77	8.3	192	20.6	935
1998	W_{7d}	60	17.3	42	12.0	132	37.9	27	7.9	13	3.8	91	26.1	39	11.3	348
	W_{15d}	110	15.2	79	10.9	270	37.1	49	6.7	21	2.9	152	20.8	78	10.8	728
	W_{30d}	202	14.6	151	10.9	522	37.8	93	6.8	33	2.4	213	15.4	139	10.0	1380
平均值	W_{7d}		11.9		10.8		33.0		8.7		3.7		24.3		15.8	
	W_{15d}		12.2		10.7		33.4		8.7		3.4		19.0		14.2	
	W_{30d}		12.5		10.8		34.3		8.6		3.3		17.0		13.2	
最大值	W_{7d}		17.3		14.0		42.1		11.9		6.8		40.1		30.7	
	W_{15d}		15.2		15.1		40.8		11.9		5.4		33.4		23.3	
	W_{30d}		15.6		15.1		41.6		11.4		6.0		30.3		24.4	
最小值	W_{7d}		8.4		7.5		22.9		6.3		2.5		7.3		9.0	
	W_{15d}		8.3		7.8		25.0		6.3		2.3		6.7		8.5	
	W_{30d}		8.4		7.7		26.1		6.8		2.2		7.2		7.9	

表 4.1-3 三峡以上干支流各控制站洪峰出现频次统计

河流	水库	项目	6月			7月			8月			9月		
			上旬	中旬	下旬	上旬	中旬	下旬	上旬	中旬	下旬	上旬	中旬	下旬
金沙江中游	观音岩	次数(次)				1	2	6	3	7	4	3		
		占比/%				4	8	23	12	27	15	12		
雅砻江	二滩	次数(次)			1	2	2	3	3	5	1	4	1	
		占比(%)			5	9	9	14	14	23	5	18	5	
金沙江下游	向家坝	次数(次)			1		4	2	2	6	3	5	1	
		占比(%)			4		17	8	8	25	13	21	4	
大渡河	瀑布沟	次数(次)		1		4	3	3		2			2	
		占比(%)		7		27	20	20		13			13	
岷江	紫坪铺	次数(次)	1	3	2	5	3	3	3	3	2		2	
		占比(%)	4	11	7	19	11	11	11	11	7		7	
嘉陵江	草街	次数(次)		1		4	1	4	3	2	4	1	2	1
		占比(%)		4		17	4	17	13	9	17	4	9	4
乌江	彭水	次数(次)	2	3	6	2	6	2	2	1	1	1	1	
		占比(%)	7	11	22	7	22	7	7	4	4	4	4	
长江	三峡	次数(次)				3	4	6	4	2	5	3		
		占比(%)				11	15	22	15	7	19	11		

基于时变梯度系数的流域洪水分区功能识别方法的主要步骤包括：

①计算站点 i 在时间尺度 j 的洪量 $W_{i,j}$ 占主站洪量 $W_{主,j}$ 的比例系数：

$$m_j = W_{i,j} / W_{主,j} \tag{4.1-1}$$

②获取站点 i 相邻时间尺度比例系数差值：

$$\Delta\alpha_{i,j} = m_{j+1} - m_j \tag{4.1-2}$$

③确定站点 i 的时变梯度系数：

$$\Delta\beta_{i,j} = \Delta\alpha_{i,j+1} - \Delta\alpha_{i,j} \tag{4.1-3}$$

从图 4.1-2 中可以看出，方法的关键在于时变梯度系数 $\Delta\beta$ 划分标准的确定，需结合实际情况进行分析（表 4.1-4）。以长江流域寸滩站为关键控制站为例，定量评估金沙江、岷江、沱江、嘉陵江及未控区间在寸滩站洪水形成过程中的定位作用。计算结果见图 4.1-3 至图 4.1-7。

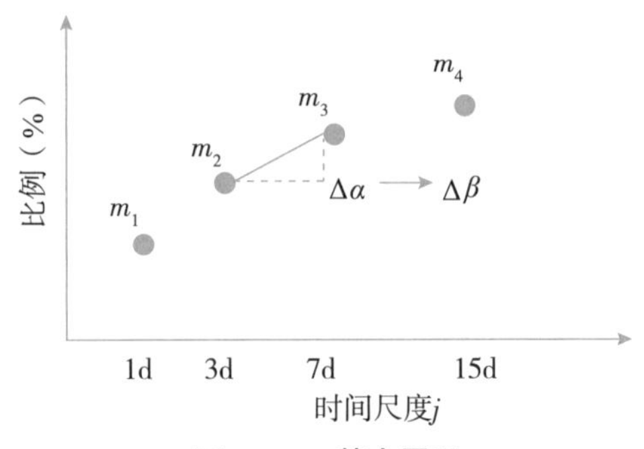

图 4.1-2　基本原理

表 4.1-4　寸滩站以上各区域时变梯度系数

流域	站点	$\Delta\beta_1$(%)	$\Delta\beta_2$(%)	$\Delta\beta_3$(%)
金沙江下游	屏山	2	6	6
岷江	高场	−3	0	1%
沱江	李家湾	−1	−1	0
嘉陵江	北碚	−1	−6	−6
—	未控区间	3	2	0

结果显示，屏山站时变梯度系数随时间尺度的变化较为敏感，$\Delta\beta_2$ 和 $\Delta\beta_3$ 均为 6%，过程线也呈显著的上升趋势，屏山站洪量在寸滩站中的比例随着统计时间尺度的增加而增大，表明屏山站洪水是寸滩站洪水基流的重要组成。若以 $|\Delta\beta|>5\%$ 为评价标准，北碚站具备类似特点，不同的是，北碚站洪量在寸滩站中的比例随着统计时间尺度的增加而降低，表明北碚站洪水在寸滩站洪水形成过程中起着造峰作用。其余站点对时间尺度变化的敏感性较弱，表明洪量相对比较稳定，大概率上会与其他区域洪水形成遭遇情形。

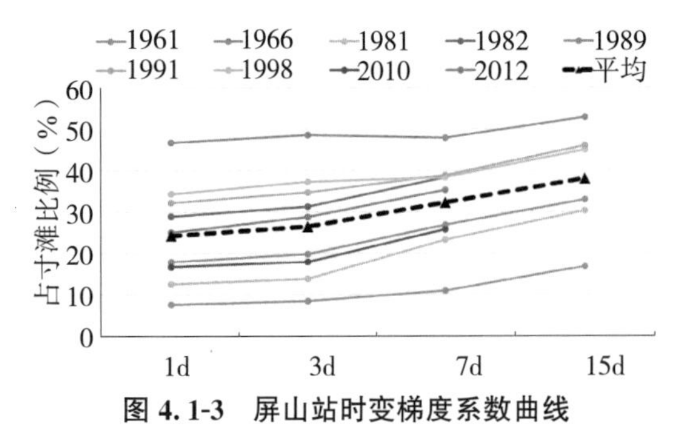

图 4.1-3　屏山站时变梯度系数曲线

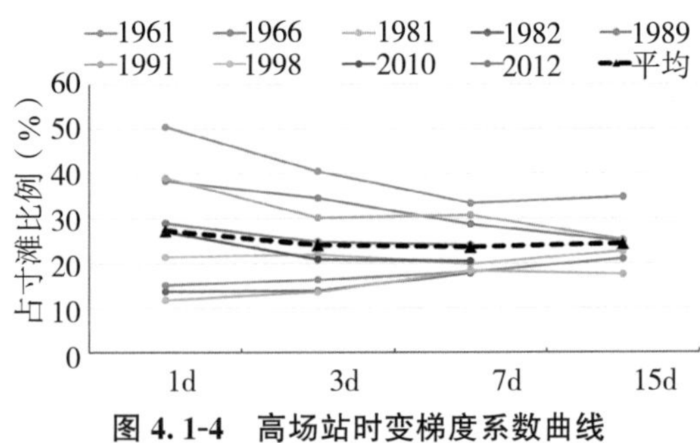

图 4.1-4　高场站时变梯度系数曲线

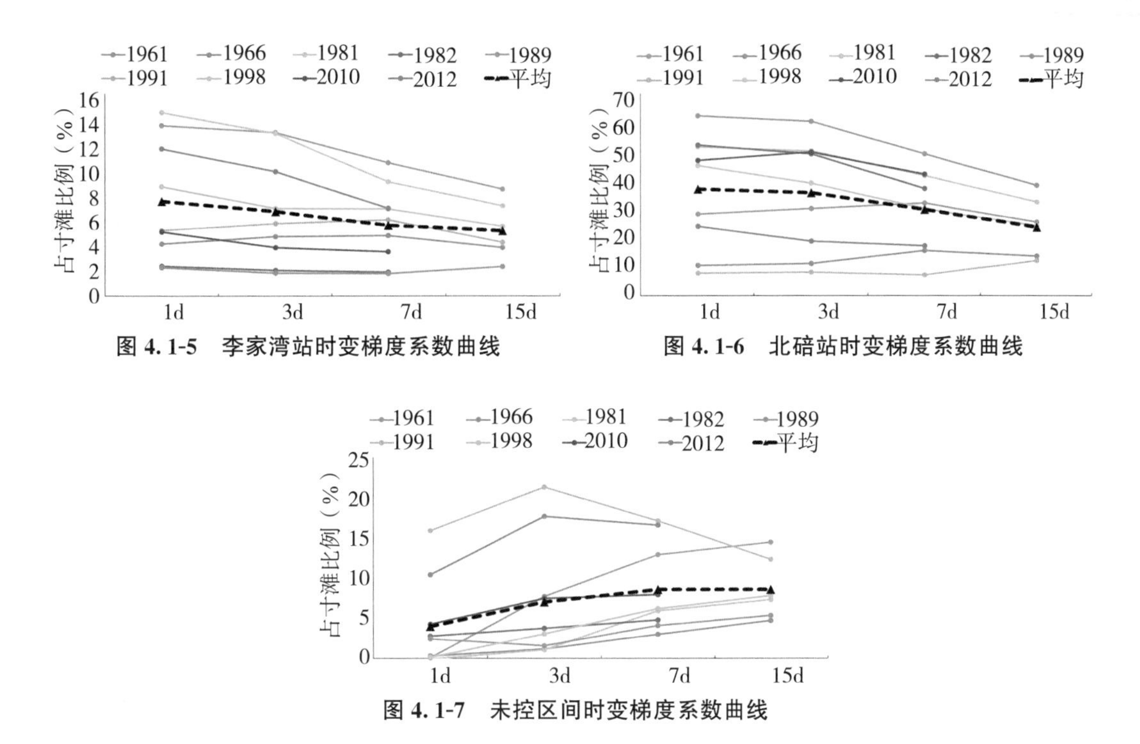

图 4.1-5 李家湾站时变梯度系数曲线

图 4.1-6 北碚站时变梯度系数曲线

图 4.1-7 未控区间时变梯度系数曲线

(1)1931 年分析

1931 年洪水地区组成分布见图 4.1-8,1931 年不同时段不同控制站洪量及其占三峡比例见表 4.1-5。

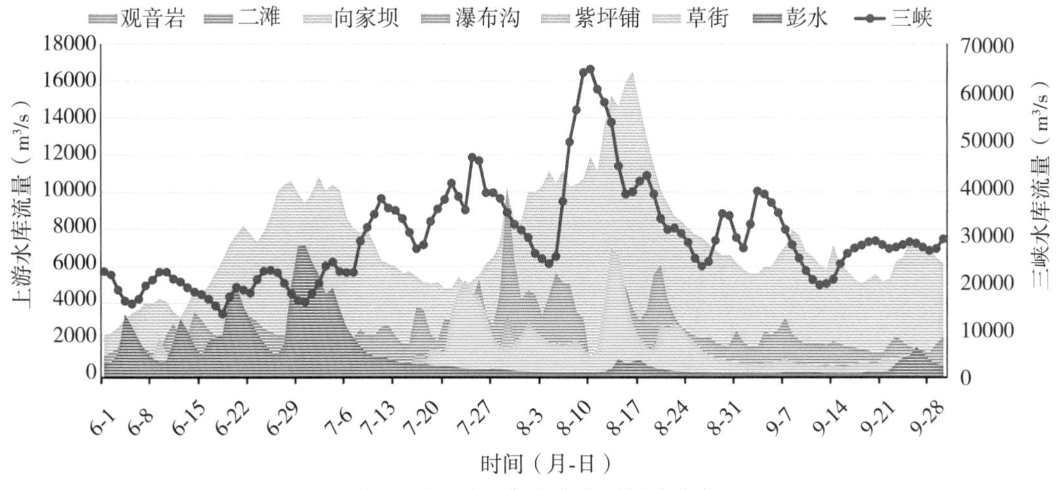

图 4.1-8 1931 年洪水地区组成分布

表 4.1-5 1931 年不同时段不同控制站洪量及其占三峡比例

水库	类别	6 月	7 月	8 月	9 月	合计
观音岩	洪量(亿 m^3)	64	62	87	51	264
	占三峡比例(%)	13.3	7.3	8.8	7.3	8.8

续表

水库	类别	6月	7月	8月	9月	合计
二滩	洪量(亿 m^3)	64	62	87	51	264
	占三峡比例(%)	13.3	7.3	8.8	7.3	8.8
向家坝	洪量(亿 m^3)	152	189	281	162	785
	占三峡比例(%)	31.4	22.5	28.5	23.0	26.0
瀑布沟	洪量(亿 m^3)	59	89	85	48	280
	占三峡比例(%)	12.1	10.6	8.6	6.8	9.3
紫坪铺	洪量(亿 m^3)	19	30	28	16	93
	占三峡比例(%)	4.0	3.5	2.8	2.2	3.1
草街	洪量(亿 m^3)	20	51	63	20	154
	占三峡比例(%)	4.1	6.1	6.4	2.9	5.1
彭水	洪量(亿 m^3)	66	40	10	12	127
	占三峡比例(%)	13.6	4.8	1.0	1.6	4.2

1931 年,金沙江下游向家坝以上(含雅砻江)对三峡洪水基础作用比较大,是三峡入库洪水的主要组成部分,占 26%;同时,向家坝洪水过程与三峡洪水过程吻合度较高。大渡河在 6、7 月对三峡洪量产生了影响。受水流滞时影响,乌江 6 月下旬对三峡 7 月上旬出现的洪峰产生了作用。

(2)1935 年分析

1935 年洪水地区组成分布见图 4.1-9,1935 年不同时段不同控制站洪量及其占三峡比例见表 4.1-6。

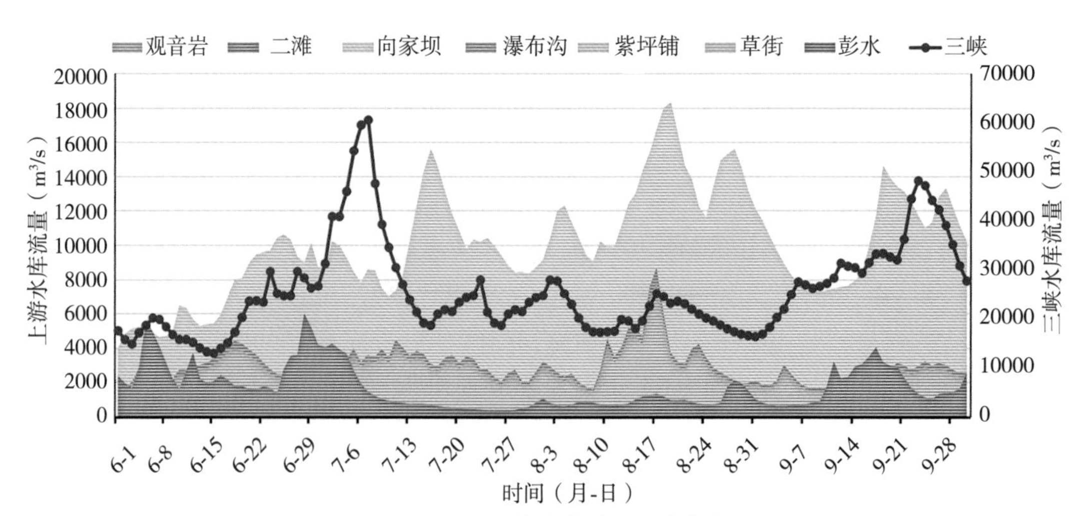

图 4.1-9　1935 年洪水地区组成分布

表 4.1-6　　1935 年不同时段不同控制站洪量及其占三峡比例

水库	类别	6 月	7 月	8 月	9 月	合计
观音岩	洪量(亿 m^3)	70	94	86	73	323
	占三峡比例(%)	13.5	11.8	15.6	8.9	12.0
二滩	洪量(亿 m^3)	70	94	86	73	323
	占三峡比例(%)	13.5	11.8	15.6	8.9	12.0
向家坝	洪量(亿 m^3)	184	265	347	266	1061
	占三峡比例(%)	35.7	33.0	62.7	32.6	39.5
瀑布沟	洪量(亿 m^3)	78	84	94	64	319
	占三峡比例(%)	15.1	10.4	17.0	7.8	11.9
紫坪铺	洪量(亿 m^3)	26	28	31	21	105
	占三峡比例(%)	5.0	3.4	5.6	2.6	3.9
草街	洪量(亿 m^3)	70	75	84	57	287
	占三峡比例(%)	13.6	9.4	15.3	7.1	10.7
彭水	洪量(亿 m^3)	73	32	27	47	178
	占三峡比例(%)	14.1	4.0	4.8	5.7	6.6

1935 年,金沙江下游向家坝以上(含雅砻江)对三峡洪水基础作用比较大,占 39.5%。大渡河在 6 月和 8 月对三峡洪量产生了影响,相应时段占三峡洪量比例分别为 15%和 17%。受水流滞时影响,嘉陵江、乌江在 6 月对三峡洪峰的出现产生了作用。

(3)1954 年分析

1954 年洪水地区组成分布见图 4.1-10,1954 年不同时段不同控制站洪量及其占三峡比例见表 4.1-7。

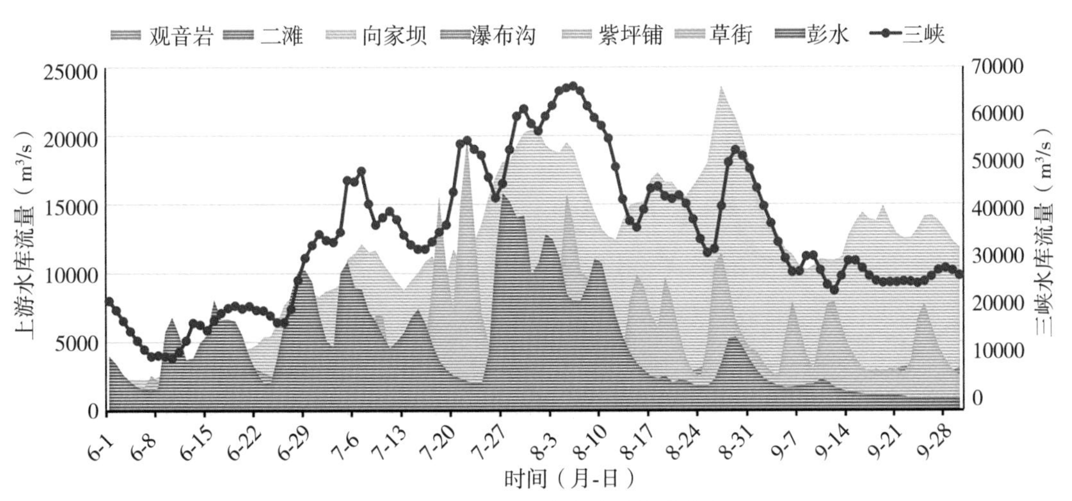

图 4.1-10　1954 年洪水地区组成分布

表 4.1-7　　1954 年不同时段不同控制站洪量及其占三峡比例

水库	类别	6 月	7 月	8 月	9 月	合计
观音岩	洪量(亿 m^3)	44	132	175	113	465
	占三峡比例(%)	9.2	11.3	13.2	14.9	12.4
二滩	洪量(亿 m^3)	39	105	107	59	311
	占三峡比例(%)	8.2	9.0	8.1	7.8	8.3
向家坝	洪量(亿 m^3)	111	329	464	330	1233
	占三峡比例(%)	23.1	28.1	35.0	43.3	33.0
瀑布沟	洪量(亿 m^3)	59	92	88	62	301
	占三峡比例(%)	12.4	7.9	6.6	8.1	8.1
紫坪铺	洪量(亿 m^3)	27	28	24	20	99
	占三峡比例(%)	5.7	2.4	1.8	2.7	2.7
草街	洪量(亿 m^3)	45	150	190	114	500
	占三峡比例(%)	9.3	12.8	14.4	15.0	13.4
彭水	洪量(亿 m^3)	126	187	152	36	501
	占三峡比例(%)	26.3	16.0	11.5	4.7	13.4

1954 年，三峡洪水出现多峰特点，洪水过程基本受金沙江干流影响，金沙江下游向家坝以上对三峡洪量贡献为 33%。大渡河、岷江在 6 月对三峡洪量产生了影响。嘉陵江、乌江在 7、8 月对三峡洪峰的形成作用明显。

(4)1968 年分析

1968 年洪水地区组成分布见图 4.1-11，1968 年不同时段不同控制站洪量及其占三峡比例见表 4.1-8。

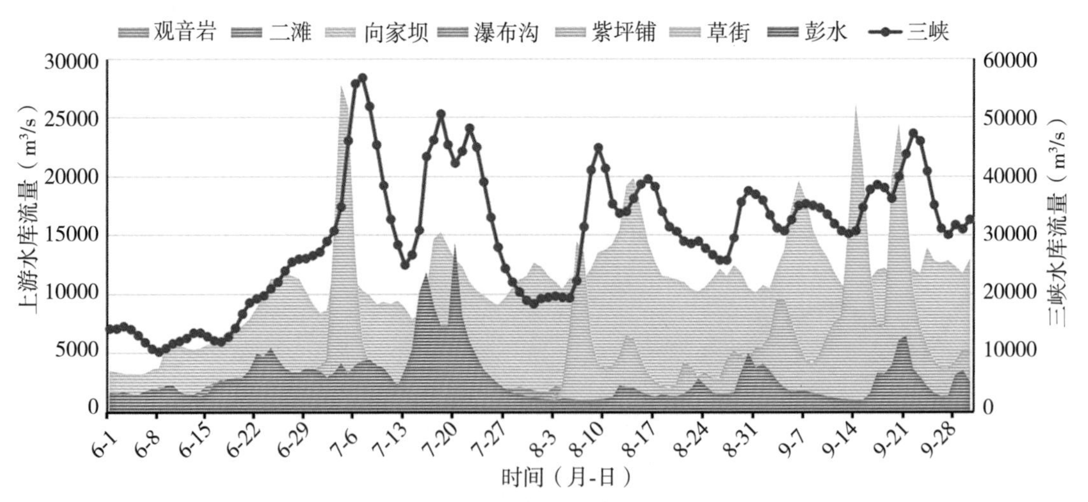

图 4.1-11　1968 年洪水地区组成分布

表 4.1-8　　1968 年不同时段不同控制站洪量及其占三峡比例

水库	类别	6月	7月	8月	9月	合计
观音岩	洪量(亿 m^3)	64	99	103	95	361
	占三峡比例(%)	15.3	10.2	12.4	10.4	11.5
二滩	洪量(亿 m^3)	67	96	93	103	359
	占三峡比例(%)	16.0	9.8	11.2	11.3	11.4
向家坝	洪量(亿 m^3)	174	286	335	329	1124
	占三峡比例(%)	41.6	29.4	40.4	36.1	35.9
瀑布沟	洪量(亿 m^3)	57	68	54	73	253
	占三峡比例(%)	13.6	7.0	6.6	8.0	8.1
紫坪铺	洪量(亿 m^3)	17	21	22	29	89
	占三峡比例(%)	4.2	2.2	2.7	3.1	2.8
草街	洪量(亿 m^3)	28	134	118	244	524
	占三峡比例(%)	6.6	13.8	14.2	26.8	16.7
彭水	洪量(亿 m^3)	68	127	46	63	304
	占三峡比例(%)	16.3	13.0	5.5	6.9	9.7

1968 年，三峡洪水过程波动性较大，金沙江下游向家坝以上(含雅砻江)对三峡洪水基础作用比较大，占 36%。大渡河、岷江在 6 月对三峡洪量产生了影响。嘉陵江在 7、8、9 月对三峡洪水的造峰作用明显，乌江在 6、7 月对三峡洪水起到一定加帽造峰作用。

(5)1969 年分析

1969 年洪水地区组成分布见图 4.1-12，1969 年不同时段不同控制站洪量及其占三峡比例见表 4.1-9。

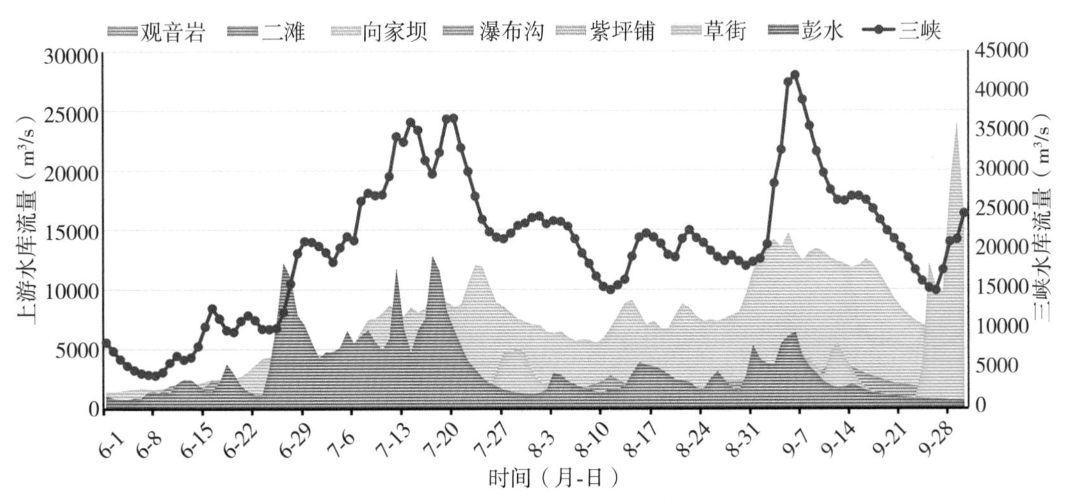

图 4.1-12　1969 年洪水地区组成分布

表 4.1-9　　1969 年不同时段不同控制站洪量及其占三峡比例

水库	类别	6 月	7 月	8 月	9 月	合计
观音岩	洪量(亿 m^3)	32	81	84	105	303
	占三峡比例(%)	12.7	11.3	15.9	16.1	14.0
二滩	洪量(亿 m^3)	23	76	66	96	261
	占三峡比例(%)	9.2	10.6	12.5	14.7	12.1
向家坝	洪量(亿 m^3)	69	213	197	275	755
	占三峡比例(%)	27.7	29.6	37.1	42.1	35.0
瀑布沟	洪量(亿 m^3)	43	76	51	62	232
	占三峡比例(%)	17.2	10.6	9.6	9.4	10.8
紫坪铺	洪量(亿 m^3)	20	22	15	15	72
	占三峡比例(%)	8.1	3.1	2.8	2.3	3.4
草街	洪量(亿 m^3)	19	72	37	131	258
	占三峡比例(%)	7.5	10.0	7.0	19.9	12.0
彭水	洪量(亿 m^3)	78	140	63	56	336
	占三峡比例(%)	31.1	19.4	11.8	8.5	15.6

1969 年，金沙江下游向家坝以上(含雅砻江)对三峡洪水基础作用比较大，占 35%，向家坝洪水过程与三峡洪水过程基本保持一致；大渡河对三峡洪量的产生发挥了作用，占 11%；乌江在 6、7 月发挥了造峰作用。

(6)1980 年分析

1980 年洪水地区组成分布见图 4.1-13，1980 年不同时段不同控制站洪量及其占三峡比例见表 4.1-10。

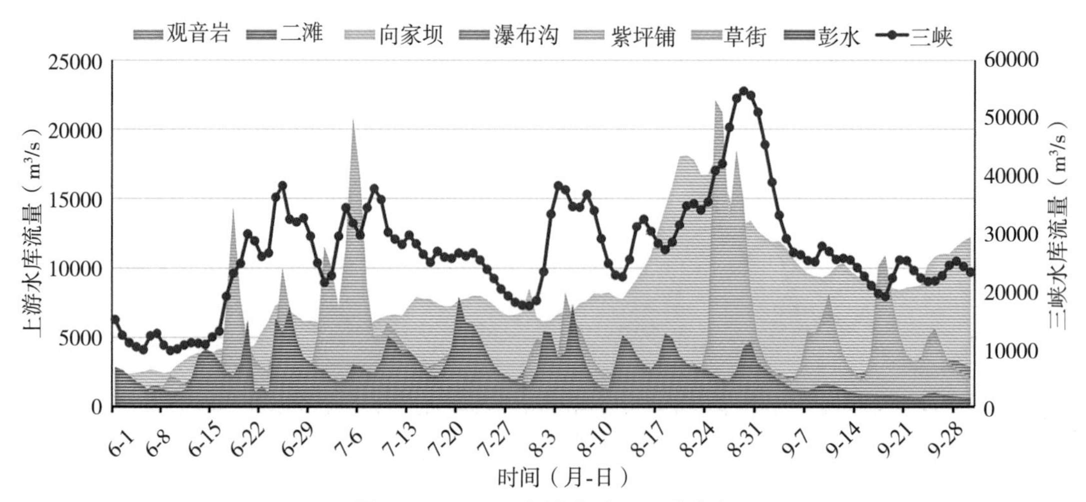

图 4.1-13　1980 年洪水地区组成分布

表 4.1-10　　1980年不同时段不同控制站洪量及其占三峡比例

水库	类别	6月	7月	8月	9月	合计
观音岩	洪量(亿 m^3)	46	81	138	107	371
	占三峡比例(%)	9.0	11.5	14.6	16.1	13.2
二滩	洪量(亿 m^3)	37	63	116	102	319
	占三峡比例(%)	7.4	9.0	12.4	15.4	11.4
向家坝	洪量(亿 m^3)	109	181	310	261	860
	占三峡比例(%)	21.5	25.8	32.9	39.4	30.6
瀑布沟	洪量(亿 m^3)	45	68	67	77	257
	占三峡比例(%)	8.9	9.7	7.2	11.6	9.2
紫坪铺	洪量(亿 m^3)	17	28	15	20	80
	占三峡比例(%)	3.4	3.9	1.6	3.0	2.8
草街	洪量(亿 m^3)	87	142	158	113	500
	占三峡比例(%)	17.2	20.3	16.8	17.0	17.8
彭水	洪量(亿 m^3)	73	88	94	29	283
	占三峡比例(%)	14.5	12.5	10.0	4.3	10.1

1980年，金沙江、雅砻江、大渡河、岷江在三峡洪水中发挥了“增量”作用，约占42%。嘉陵江造峰作用明显，特别在6月中旬至7月上旬、8月下旬，嘉陵江起到了加帽造峰作用。

(7)1983年分析

1983年洪水地区组成分布见图4.1-14，1983年不同时段不同控制站洪量及其占三峡比例见表4.1-11。

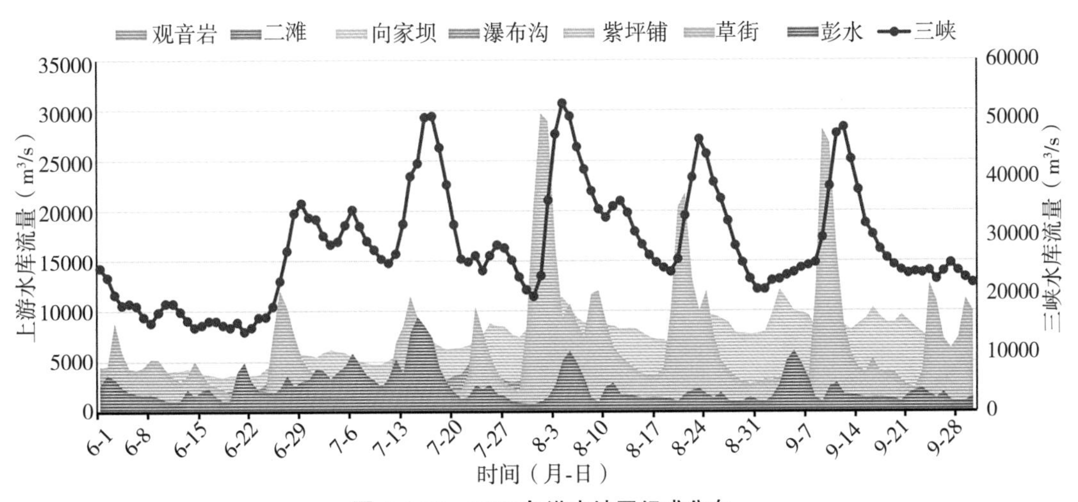

图 4.1-14　1983年洪水地区组成分布

表 4.1-11　　1983 年不同时段不同控制站洪量及其占三峡比例

水库	类别	6 月	7 月	8 月	9 月	合计
观音岩	洪量(亿 m^3)	46	82	83	61	272
	占三峡比例(%)	9.4	9.9	9.0	8.5	9.2
二滩	洪量(亿 m^3)	30	58	65	64	217
	占三峡比例(%)	6.1	7.0	7.1	8.8	7.3
向家坝	洪量(亿 m^3)	105	173	228	222	729
	占三峡比例(%)	21.3	20.9	24.9	30.9	24.6
瀑布沟	洪量(亿 m^3)	55	89	62	51	257
	占三峡比例(%)	11.0	10.7	6.8	7.1	8.7
紫坪铺	洪量(亿 m^3)	23	32	18	15	88
	占三峡比例(%)	4.6	3.8	2.0	2.1	3.0
草街	洪量(亿 m^3)	116	138	256	192	702
	占三峡比例(%)	23.5	16.6	28.0	26.7	23.8
彭水	洪量(亿 m^3)	58	96	52	51	258
	占三峡比例(%)	11.7	11.6	5.7	7.1	8.7

1983 年，三峡洪水过程波动性较大，出现多个洪峰。金沙江、雅砻江、大渡河、岷江在三峡洪水中发挥了“增量”作用，约占 36%。嘉陵江在 7—9 月造峰作用明显，乌江在 6、7 月起到了加帽造峰作用。

(8)1988 年分析

1988 年洪水地区组成分布见图 4.1-15，1988 年不同时段不同控制站洪量及其占三峡比例见表 4.1-12。

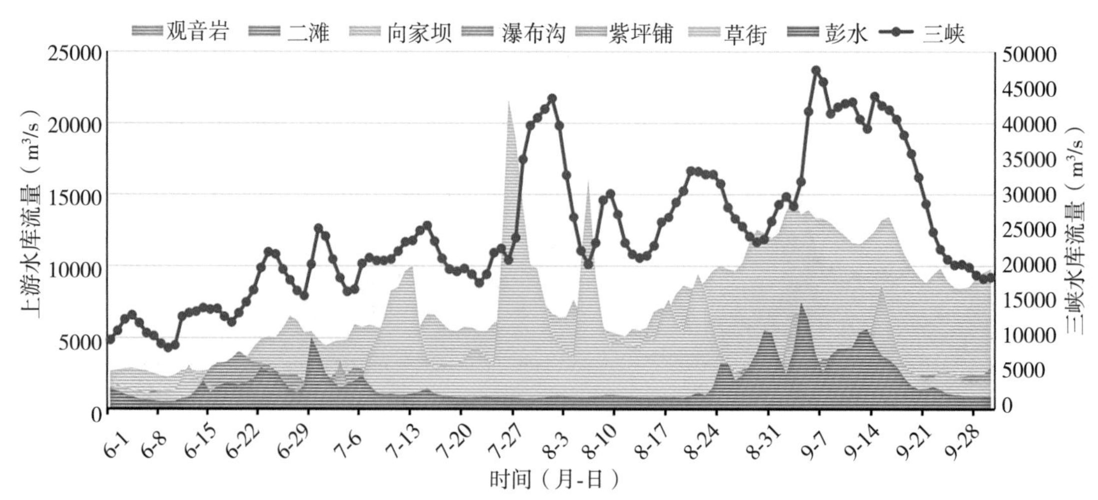

图 4.1-15　1988 年洪水地区组成分布

表 4.1-12 1988 年不同时段不同控制站洪量及其占三峡比例

水库	类别	6月	7月	8月	9月	合计
观音岩	洪量(亿 m^3)	40	61	93	95	288
	占三峡比例(%)	10.5	9.8	12.5	11.1	11.1
二滩	洪量(亿 m^3)	33	58	64	105	261
	占三峡比例(%)	8.9	9.3	8.7	12.3	10.0
向家坝	洪量(亿 m^3)	93	156	211	294	754
	占三峡比例(%)	24.6	25.0	28.5	34.4	29.0
瀑布沟	洪量(亿 m^3)	56	70	63	77	266
	占三峡比例(%)	14.9	11.2	8.5	9.0	10.2
紫坪铺	洪量(亿 m^3)	15	44	43	25	126
	占三峡比例(%)	4.1	7.0	5.7	2.9	4.9
草街	洪量(亿 m^3)	39	166	147	93	444
	占三峡比例(%)	10.3	26.6	19.8	10.9	17.1
彭水	洪量(亿 m^3)	41	30	42	76	190
	占三峡比例(%)	10.8	4.8	5.7	8.9	7.3

1988 年,金沙江、雅砻江、大渡河、岷江在三峡洪水中发挥了“增量”作用,约占 44%。嘉陵江在 7、9 月起到了造峰作用,乌江在 9 月与干流洪水遭遇起到了一定加帽造峰作用。

(9)1996 年分析

1996 年洪水地区组成分布见图 4.1-16,1996 年不同时段不同控制站洪量及其占三峡比例见表 4.1-13。

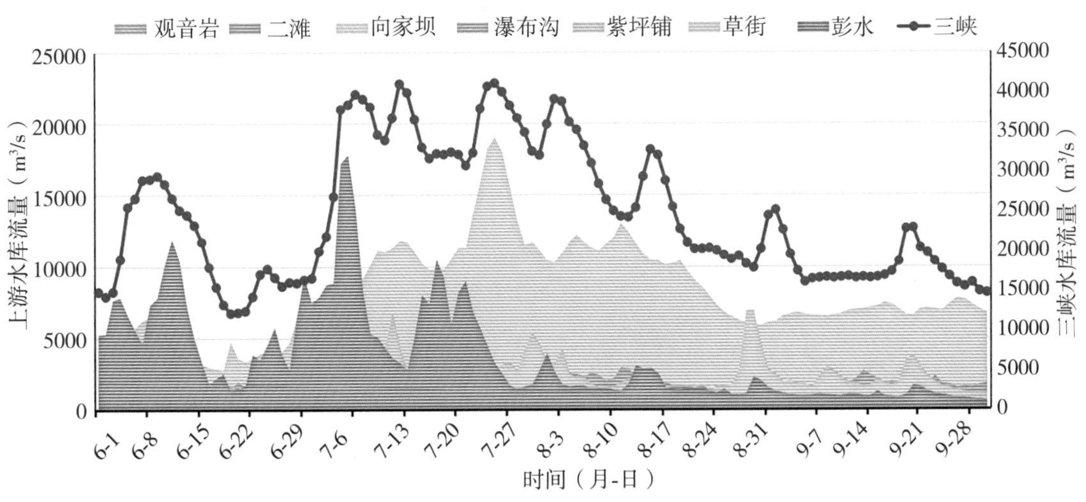

图 4.1-16 1996 年洪水地区组成分布

表 4.1-13　　1996 年不同时段不同控制站洪量及其占三峡比例

水库	类别	6 月	7 月	8 月	9 月	合计
观音岩	洪量(亿 m^3)	45	110	112	79	345
	占三峡比例(%)	9.0	11.8	15.9	17.0	13.3
二滩	洪量(亿 m^3)	38	113	78	63	292
	占三峡比例(%)	7.6	12.1	11.1	13.8	11.3
向家坝	洪量(亿 m^3)	96	304	258	179	837
	占三峡比例(%)	19.1	32.8	36.7	38.9	32.3
瀑布沟	洪量(亿 m^3)	47	77	55	45	224
	占三峡比例(%)	9.3	8.3	7.8	9.9	8.7
紫坪铺	洪量(亿 m^3)	11	25	30	14	80
	占三峡比例(%)	2.3	2.6	4.3	3.0	3.1
草街	洪量(亿 m^3)	53	68	62	51	235
	占三峡比例(%)	10.7	7.3	8.8	11.1	9.0
彭水	洪量(亿 m^3)	142	174	47	26	389
	占三峡比例(%)	28.2	18.8	6.7	5.6	15.0

1996 年，三峡洪峰集中于 6、7 月。金沙江下游向家坝以上(含雅砻江)对三峡洪水基础作用比较大，占 32.3%，向家坝洪水过程与三峡洪水过程吻合度较高。乌江在 6 月和 7 月对三峡洪水的造峰作用明显。

(10)1998 年分析

1998 年洪水地区组成分布见图 4.1-17，1998 年不同时段不同控制站洪量及其占三峡比例见表 4.1-14。

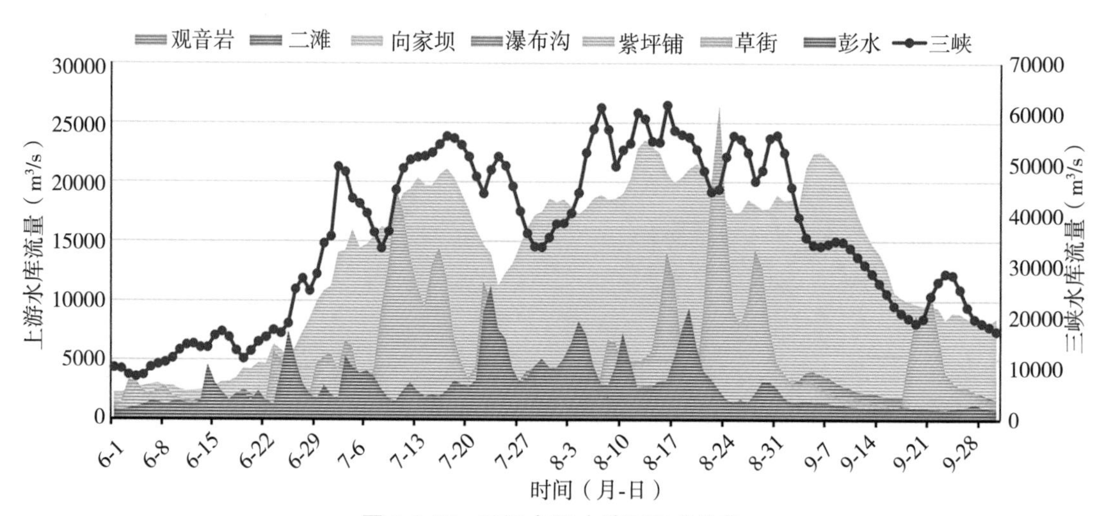

图 4.1-17　1998 年洪水地区组成分布

表 4.1-14　　1998 年不同时段不同控制站洪量及其占三峡比例

水库	类别	6 月	7 月	8 月	9 月	合计
观音岩	洪量(亿 m^3)	52	149	184	147	533
	占三峡比例(%)	12.7	12.2	13.2	20.0	14.2
二滩	洪量(亿 m^3)	42	133	146	102	423
	占三峡比例(%)	10.3	10.9	10.4	13.8	11.2
向家坝	洪量(亿 m^3)	109	442	521	359	1430
	占三峡比例(%)	26.5	36.3	37.3	48.6	38.0
瀑布沟	洪量(亿 m^3)	45	91	86	63	284
	占三峡比例(%)	11.1	7.4	6.1	8.5	7.6
紫坪铺	洪量(亿 m^3)	11	28	33	16	88
	占三峡比例(%)	2.7	2.3	2.3	2.2	2.3
草街	洪量(亿 m^3)	61	204	214	84	562
	占三峡比例(%)	14.9	16.7	15.3	11.3	14.9
彭水	洪量(亿 m^3)	55	102	111	28	296
	占三峡比例(%)	13.4	8.4	7.9	3.9	7.9

1998 年，三峡出现 8 次超 50000m^3/s 的洪峰过程。金沙江下游向家坝以上(含雅砻江)是三峡洪量的重要组成部分，约占 38%。嘉陵江在 7 月和 8 月对三峡洪水的造峰作用明显。

梳理不同典型年不同地区洪水在三峡洪水过程中的作用(表 4.1-15)，可以看出，雅砻江、金沙江干流来水较为稳定，对三峡洪水基础作用比较大，是三峡洪水洪量的重要组成部分，起着显著的底水作用；嘉陵江、乌江常常起到加帽造峰作用；岷江在遭遇时可起增量作用，造峰作用不明显，分析结果与定量评估结果一致。

表 4.1-15　　不同洪水地区定位分析

典型年	月份	金沙江中游	雅砻江	金沙江下游	大渡河	岷江	嘉陵江	乌江
		观音岩	二滩	向家坝	瀑布沟	紫坪铺	草街	彭水
1931 年	6 月	量	量	量	量			峰
	7 月	量	量	量	量			
	8 月	量	量	量				
	9 月	量	量	量				
1935 年	6 月	量	量	量	量		峰	峰
	7 月	量	量	量				
	8 月	量	量	量	量			
	9 月	量	量	量				

续表

典型年	月份	金沙江中游	雅砻江	金沙江下游	大渡河	岷江	嘉陵江	乌江
		观音岩	二滩	向家坝	瀑布沟	紫坪铺	草街	彭水
1954年	6月	量	量	量	量	量		
	7月	量	量	量	量		峰	峰
	8月	量	量	量	量		峰	峰
	9月	量	量	量	量			
1968年	6月	量	量	量	量	量	峰	
	7月	量	量	量				峰
	8月	量	量	量			峰	
	9月	量	量	量			峰	
1969年	6月	量	量	量	量			峰
	7月	量	量	量	量		峰	峰
	8月	量	量	量	量			峰
	9月	量	量	量	量		峰	
1980年	6月	量	量	量			峰	
	7月	量	量	量			峰	
	8月	量	量	量			峰	
	9月	量	量	量				
1983年	6月	量	量	量	量			峰
	7月	量	量	量	量		峰	峰
	8月	量	量	量			峰	
	9月	量	量	量			峰	
1988年	6月	量	量	量	量			
	7月	量	量	量	量	量	峰	
	8月	量	量	量	量	量		峰
	9月	量	量	量	量		峰	峰
1996年	6月	量	量	量	量		峰	峰
	7月	量	量	量	量		峰	峰
	8月	量	量	量	量			
	9月	量	量	量	量			
1998年	6月	量	量	量	量			
	7月	量	量	量	量		峰	峰
	8月	量	量	量	量		峰	峰
	9月	量	量	量	量			

4.2 基于 Copula 函数的洪水随机模拟技术

4.2.1 技术原理

洪水包括洪峰、洪量与洪水过程线三要素，其中洪峰、洪量为水文量，而洪水过程线为由一系列随时间变化的流量组成的水文过程。在洪峰与洪量间存在较强相关关系的情况下，通过单独模拟洪峰、洪量得到洪水过程的方法存在不足。Copula 函数适用于解决复杂的多变量联合分布问题，引入 Copula 函数构建洪峰—洪量二元联合分布函数，通过随机模拟洪峰、洪量并采用典型洪水过程放大的方法生成洪水过程。关键环节包括选取洪水特征变量、确定边缘分布函数和联合分布函数、特征变量随机模拟和洪水过程放大等(图 4.2-1)。

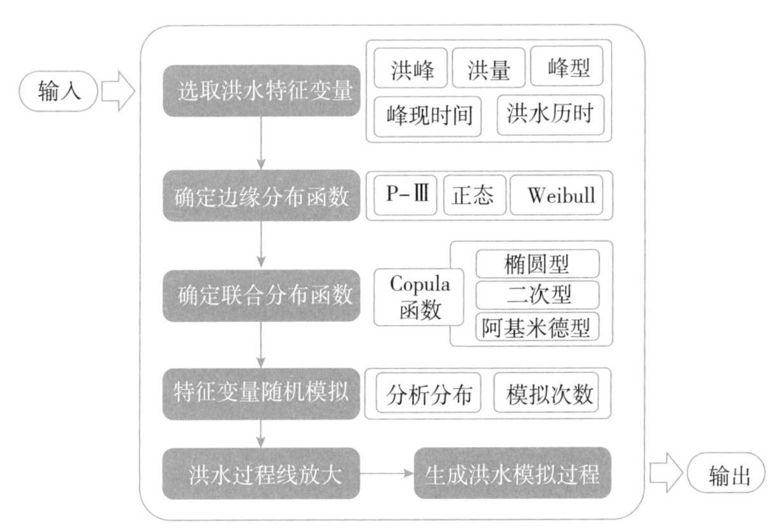

图 4.2-1 技术原理

4.2.2 关键环节

(1)洪水特征变量

洪水特征变量主要包括洪峰、洪量、洪水历时、峰现时间等，研究中主要选取洪峰和洪量进行建模。

(2)洪水特征变量联合分布

Copula 函数最早由 Sklar 提出，其可将多个变量的边缘分布与联合分布联系起来。设 $X_1, X_2, \cdots, X_n$ 为 n 个连续的随机变量，其边缘分布函数分别为 $F_1(x_1), F_2(x_2), \cdots, F_n(x_n)$，联合分布函数为 $F(x_1, x_2, \cdots, x_n)$，则存在唯一的 n 维 Copula 函数 C，使得

$$F(x_1, x_2, \cdots, x_n) = C[F_1(x_1), F_2(x_2), \cdots, F_n(x_n)] \tag{4.2-1}$$

常用的 Copula 函数一般可分为三类：椭圆型、二次型和阿基米德型。阿基米德 Copula 函数包括对称型和非对称型两种。其中，对称型阿基米德 Copula 函数具有结构简单、参数量少、求解方便等特性，因此被广泛应用于各领域的研究中，阿基米德 Copula 分布函数的表达式为：

$$C(u_1,u_2,\cdots,u_n)=\begin{cases}\varphi^{-1}(\varphi(u_1)+\varphi(u_2)+\cdots+\varphi(u_n))] & (\sum_{i=1}^{n}\varphi(u_i)\leqslant\varphi(0)) \\ 0 & (\text{其他})\end{cases} \tag{4.2-2}$$

式中：u_i——第 i 个变量的边缘分布；

$\varphi(u_i)$——阿基米德 Copula 函数的生成元；

$\varphi^{-1}(u_i)$——$\varphi(u_i)$的反函数。

当生成元唯一确定时，阿基米德 Copula 函数的类型也就唯一确定。常用的阿基米德 Copula 函数类型有：Gumbel Copula 函数、Frank Copula 函数以及 Clayton Copula 函数，其生成元分别为：$(-\ln u_i)^{\theta}$，$-\ln(\frac{e^{\theta u_i}-1}{e^{-\theta}-1})$，$\frac{u_i^{-\theta}-1}{\theta}$；$\theta$ 为 Copula 函数的参数。

采用对称型阿基米德 Copula 函数求解洪水特征变量的联合分布：首先，根据实测洪水拟合各特征变量的分布函数；其次，将各特征变量的分布函数代入式(4.2-2)，并采用最大似然法求解参数 θ；最后，通过拟合优度检验选取最优函数类型，并确定 Copula 函数形式。

(3)洪水特征变量随机模拟

在已知洪水特征变量 $X_1,X_2,\cdots,X_n$ 的 n 维联合分布后，各特征变量的随机模拟步骤如下：

步骤 1，根据 X_1 的分布随机模拟得到 x_1。产生服从[0,1]分布的随机数 r_1，令 r_1 为 X_1 的不超过概率，即 $F_1(x_1)=r_1$，根据 $x_1=F_1^{-1}(r_1)$得到 x_1。

步骤 2，根据 x_1 以及 X_1、X_2 的联合分布随机模拟得到 x_2。根据 X_1、X_2 的联合分布 $F(x_1,x_2)$求得已知 X_1 时 X_2 的条件分布 $F_{2|1}(x_2|x_1)$，产生服从[0,1]分布的随机数 r_2，令 r_2 为 X_2 的不超过概率，即 $F_{2|1}(x_2|x_1)=r_2$，根据 $x_2=F_{2|1}^{-1}(r_2|X_1=x_1)$得到 x_2。

步骤 3，同步骤 2，根据 $x_1,x_2,\cdots,x_{i-1}$ 的联合分布随机模拟得到 x_i，直至 $i=n$，一次随机模拟完成。

步骤 4，重复步骤 1～3 共 H 次，即可得到 H 组相关联的洪水特征变量，即洪峰 q 和洪量 w。

(4)洪水过程放大

以模拟的洪峰和洪量值(q,w)为控制，对选择的实测洪水过程进行放大处理，得到模拟洪水过程。

对上述步骤重复多次，即可得到若干条随机模拟的洪水序列。

4.3 基于逐层嵌套结构的流域超标准洪水模拟发生器

针对实测大洪水过程少、洪水样本需要丰富的问题，综合考虑地区组成、时间分布和定位分析，基于逐层嵌套结构，引入迁移学习机制提取历史洪水资料库信息，耦合 Copula 函数构建站点间峰、量联合分布函数，研发了基于逐层嵌套结构的流域超标准洪水模拟发生器，可根据需要，选取不同模拟参数，获取控制站不同组合的模拟洪水。

4.3.1 迁移学习机制

迁移学习(Transfer Learning)是一种人性化的机器学习方法，其目的是把一个领域(即源领域)的知识迁移到另外一个领域(即目标领域)，使得目标领域能够取得更好的学习效果，即使用以前解决相似任务时获得的信息来帮助解决新问题。目前迁移学习已广泛应用于图形识别、文本分类、网页分类等诸多领域。但是，将迁移学习应用于洪水模拟中，相关研究仍然很少。

引入迁移学习机制(图 4.3-1)，重点对历史洪水资料库的洪峰、洪量及洪水过程进行优化学习，从已知悉的洪水资料库中找到与资料欠缺区域匹配的历史信息，将历史信息对应的知识迁移到区域控制站的峰型选择及遭遇组合求解中，以此反映洪水形成的物理特性规律。

建模方法的设计原则为：建立模拟场景洪水与历史场景洪水资料库的匹配学习模型，约束模拟场景洪水与历史场景资料库在特征指标中的差异。构建迁移学习模型本质上是一个多指标的匹配优化问题。不可能存在两场一样的大洪水过程，因此在对历史样本的迁移学习上，可以将某个洪水特性指标(暴雨时空规律、地区洪水遭遇规律等)的差异度最小作为主目标进行多样本的选择，不同的样本迁移将生成不同的洪水模拟过程。

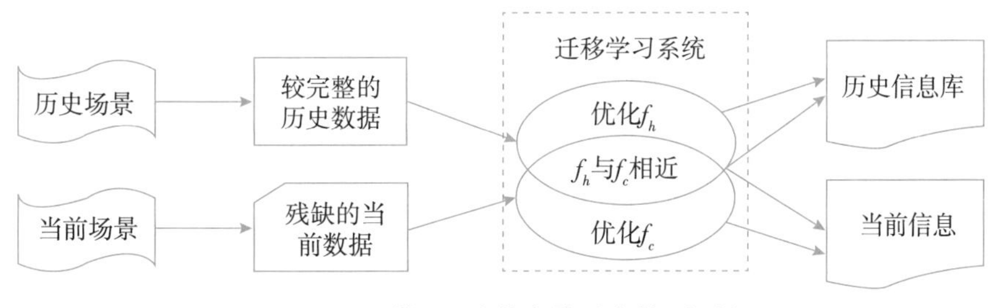

图 4.3-1 基于历史信息的迁移学习机制

4.3.2 模型构建

流域中干支流众多，上游站点流量是下游站点流量的重要来源。在模拟流域超标准洪水时，可根据逐层嵌套的思想，将流域大系统（按水流方向，从上到下依次命名为“节点”“从站”“主站”）看成是由一个“主站—从站”子系统和多个节点控制站组成，而将“主站—从站”子系统又看成是由一个主站和多个从站组成。经过如此逐层分解处理，模拟大尺度、多区域、多站点流域超标准洪水的基本思路为：假定超标准洪水频率 P，先研究流域主站的以典型年为基础的超标准洪水模拟过程（该过程视为层级 1），以从站与主站在洪峰、洪量上的联合分布规律为基础，引入基于历史信息的迁移学习机制，以此推算上一级控制站（从站）相应的超标准洪水模拟过程（该过程视为层级 2）；将从站视为最末级，以此类推，推算获取各节点相应的超标准洪水模拟过程（该过程视为层级 3）。由此，将一个复杂的大系统整合为具有嵌套结构特征的多层级子系统，每次只需进行子系统中少数站点洪水模拟问题的求解。基于逐层嵌套结构的流域超标准洪水模拟发生器模型结构见图 4.3-2。

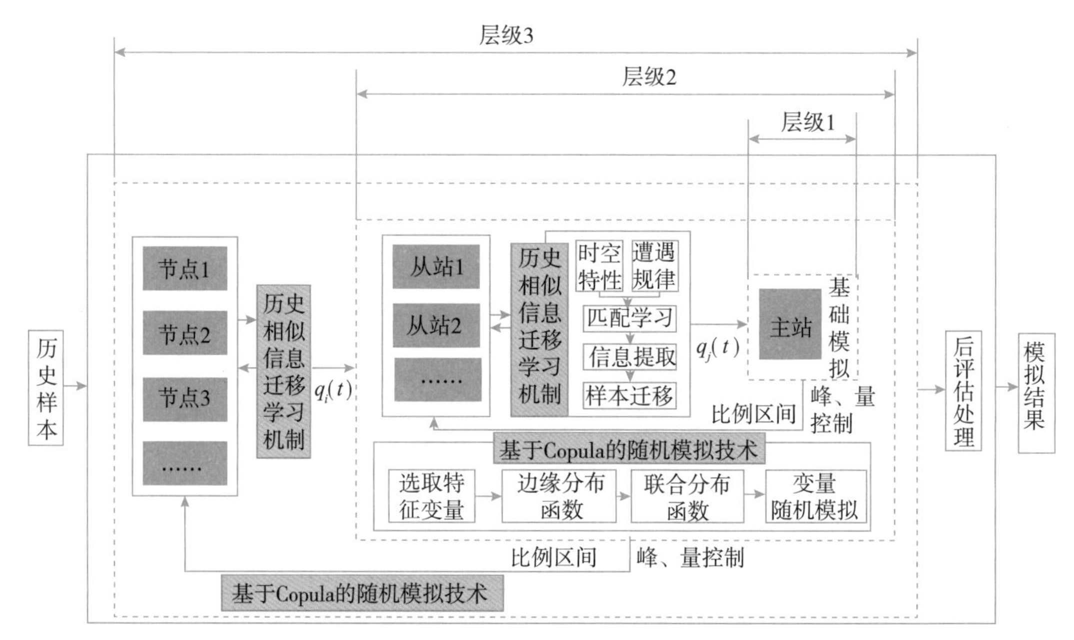

图 4.3-2　基于逐层嵌套结构的流域超标准洪水模拟发生器模型结构

模型构建流程见图 4.3-3，具体步骤包括：

步骤 1　提取流域控制站点，根据拓扑结构和水流关系依次确定发生器主要构件，即“节点”“从站”“主站”。定义干流最末一级控制站为主站，洪水直接汇入主站的为从站，洪水直接汇入从站的为节点。

步骤 2　运用数理统计法，分析不同区域洪水地区组成。

步骤 3　明确各从站在主站洪水形成中的作用（基流或造峰），以及各节点在从站洪水形成中的作用（基流或造峰）。

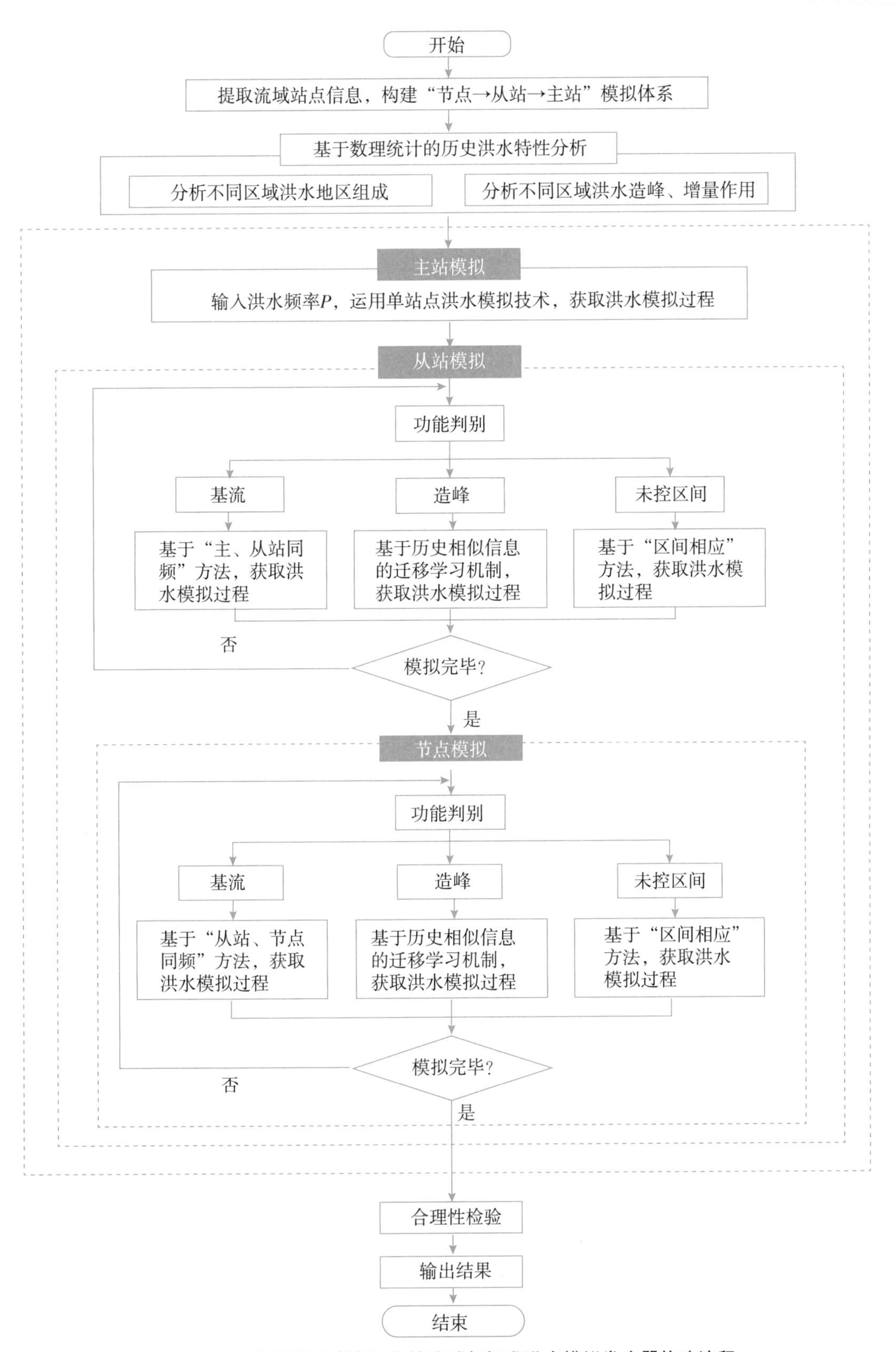

图 4.3-3　基于逐层嵌套结构的流域超标准洪水模拟发生器构建流程

步骤 4　利用成熟的单站点洪水模拟技术，设定某一超标准洪水频率 P，获取流域主站以典型年为基础的超标准洪水模拟过程。

步骤 5　对于“基流”作用显著的从站，采用从站与主站洪水同频率方法，获取以典型年为基础的从站相应洪水过程。

步骤 6　对于造峰作用显著的从站，利用基于历史相似信息的迁移学习机制对历史洪水资料库的洪峰、洪量及洪水过程进行优化学习，基于时序上的关联性、地区上的组合遭遇规律相似原则，从已知悉的洪水资料库中找到与之匹配的历史信息，将历史信息对应的知识迁移到区域控制站的峰型选择及遭遇组合求解中，获取从站的样本洪水过程 $Q_{样本}$，以此反映洪水形成的物理特性规律。主要包括：

步骤 6.1　记第 j 年的历史洪水数据序列为 d_j，由此建立的历史场景洪水资料库为 $D=f(d_j)$；记在模拟场景 i 中的洪水数据为 Q_i。

步骤 6.2　分析历史洪水数据 d_j 的时空分布特性 x_1、洪水遭遇规律 x_2 等重要信息指标，建立历史信息库 $X=\{x_r \mid n=1,2,\cdots,R\}$，$d_j$ 与 x 存在映射关系 $f_1:d_j \rightarrow X$。

步骤 6.3　基于模拟场景给定的信息指标 $Y=\{y_m \mid m=1,2,\cdots,M\}$，建立 Y 与 X 的匹配学习模型 $f_2=diff(Y, X)$，用于评估 Y 与 X 在信息指标上的差异度。

步骤 6.4　对 f_2 进行寻优处理，找到综合差异度最小时对应的历史洪水样本 d^*，将其迁移为模拟 Q_i 的典型样本(记为 $Q_{样本}$)，并输出。

步骤 6.5　利用 Copula 函数构建主站和从站间的洪峰—洪量联合分布函数，获取从站对应的洪峰 q、洪量 w 模拟参数集合 $Z(q,w)$。以 $Z(q,w)$ 为控制，对选择的样本洪水过程 $Q_{样本}$，采用变倍比方法构建逐时段流量映射函数，见式(4.3-1)，得到从站的模拟洪水过程：

$$\begin{cases} Q_i(t)=\dfrac{(Q_{样本}(t)-Q_{样本,\max})\times(\bar{Q}-q)}{\bar{Q}_{样本}-Q_{样本,\max}}+q \\ \bar{Q}=w/T, \quad \bar{Q}_{样本}=W_{样本}/T \end{cases} \tag{4.3-1}$$

式中：$Q_i(t)$——从站 i 在 t 时刻的模拟洪水流量；

$Q_{样本}(t)$——样本洪水在 t 时刻的流量；

$Q_{样本,\max}$——样本洪水的洪峰流量；

$W_{样本}$——样本洪水在历时 T 内的洪量；

$\bar{Q}_{样本}$——样本洪水在历时 T 内的平均流量；

$\bar{Q}$——模拟洪水在历时 T 内的平均流量。

步骤 7　对于未控区间，采用“区间相应”方法，获取未控区间洪水过程。

$$K_Y=(Z_p-\Delta t\cdot\sum_{i=1}^{n}Q_i)/Y_C \tag{4.3-2}$$

式中：K_Y——流量缩放系数；

Z_p——主站指定频率 P 的洪量；

Δt——时间；

Q_i——前述求得的各从站模拟洪水流量；

n——从站个数；

Y_C——主站所选典型年相应的未控区间洪量。

步骤8　重复步骤5～步骤7，获取不同从站的若干条随机模拟洪水过程。

步骤9　“主站—从站”子系统置换为“从站—节点”子系统，重复步骤5～步骤8，获取不同节点的若干条随机模拟洪水过程。

步骤10　运用数理统计法，对节点→从站→主站多组合洪水模拟过程进行地区组成等方面的合理性检验，剔除失真情形，输出多站点流域超标准洪水模拟结果。

4.3.3 应用分析

以长江上游为例，构建物理世界镜像与所建“发生器”模型世界镜像的孪生场景，见图4.3-4。依据前述原则，确定宜昌站为主站，乌江武隆站、嘉陵江北碚站、金沙江屏山站等为从站，雅砻江桐子林站、金沙江攀枝花站等为节点。

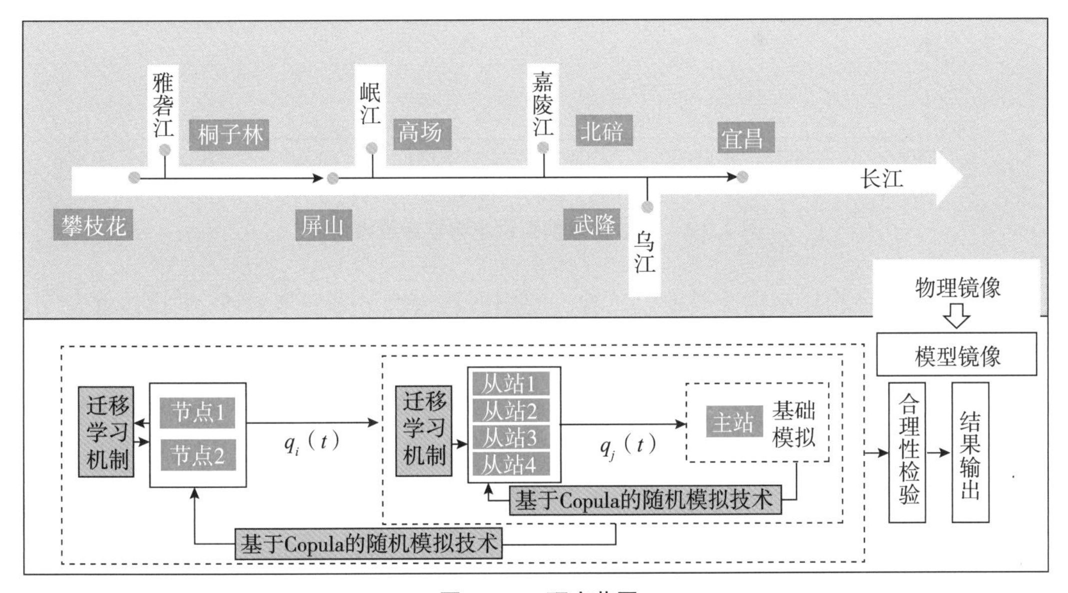

图4.3-4　研究范围

1870年洪水是荆江河段典型的超标准洪水，历史洪水灾害严重。大洪水是上游各支流及区间洪水相互遭遇而形成的区域性特大洪水，造成长江上游、荆江两岸、汉江中下游、洞庭湖区遭受空前罕见的灾害，宜昌出现了自1153年以来数百年未有的特大洪水，荆江河段南岸堤防溃决，汉江宜城以下江堤尽溃，两湖平原一片汪洋，宜昌至汉口的平原地区受灾范围3万余 km^2，损失惨重。

但1870年洪水实测资料缺乏，三峡工程初步设计阶段采用洪水调查资料对宜昌站洪水过程进行了分析计算，但无上游金沙江及支流洪水成果。在以往调查分析成果的基础上，运用所建模型模拟分析长江上游主要控制站洪水过程。

4.3.3.1 主站模拟

选取三峡水库1931年、1935年、1954年、1968年、1969年、1980年、1983年、1988年、1996年、1998年等10场典型大洪水(6月1日至9月30日)进行应用计算。图4.3-5反映了三峡水库洪峰和洪量的相关性，经分析，洪峰、洪量两组变量相关系数为0.80，相关性较强。将样本数据分成两组：第一组，运用1968年等7年数据进行模型参数率定；第二组，运用1931年、1935年、1954年进行模型验证。

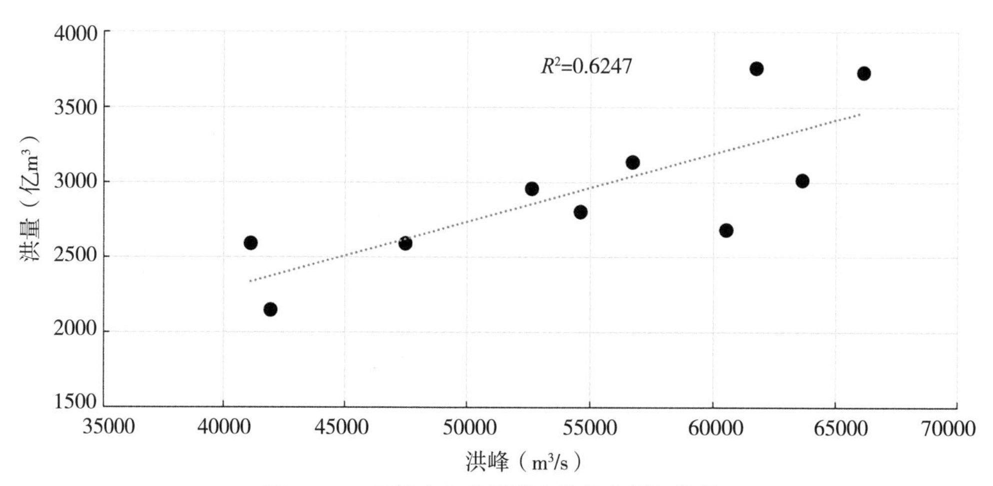

图4.3-5 三峡水库典型洪水特征变量相关性

根据前述模型构建步骤开展模拟试验。应用所建模型分别获取洪峰、洪量边缘分布函数(图4.3-6)。通过对比可以发现，洪峰的经验分布与Weibull分布比较接近，因此选择Weibull分布作为洪峰的边缘分布；洪量的经验分布与Log-Logistic分布比较接近，因此选择Log-Logistic分布作为洪量的边缘分布。

洪峰Weibull分布表达式为：

$$f(x \mid a,b)=\frac{b}{a}\left(\frac{x}{a}\right)^{b-1}e^{-(x/a)^b} \qquad (x \geqslant 0) \tag{4.3-3}$$

式中：a——比例参数；

b——形状参数。

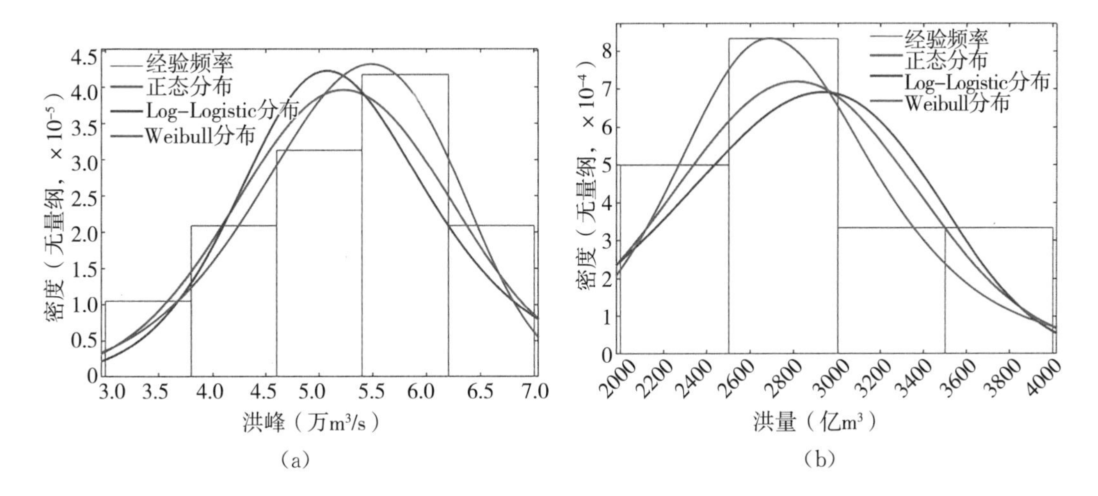

图 4.3-6　洪峰与洪量边缘分布函数

洪量 Log-Logistic 分布表达式为：

$$f(x \mid \mu,\sigma)=\frac{1}{\sigma}\frac{1}{x}\left(\frac{e^{z}}{(1+e^{2})^{2}}\right) \qquad (x \geqslant 0) \tag{4.3-4}$$

式中，μ——对数值的均值；

σ——对数值的形状参数。

在此基础上，利用 Copula 函数确定两变量联合分布函数。通过洪峰—洪量理论分布频数直方图（图 4.3-7）可以看出，其具有两端对称，且中间高、两边低的特征，与二元 Frank Copula 函数特征类似，因此选择 Frank Copula 函数作为洪峰—洪量联合分布函数。

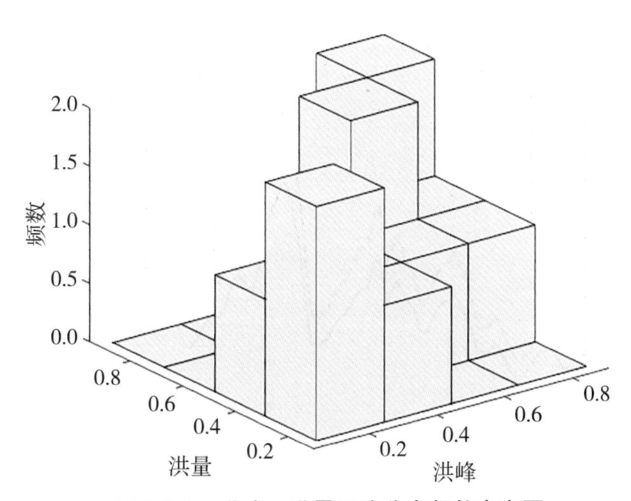

图 4.3-7　洪峰—洪量理论分布频数直方图

利用 Matlab 得到 Frank Copula 函数的联合分布函数图和密度函数图，见图 4.3-8、图 4.3-9。

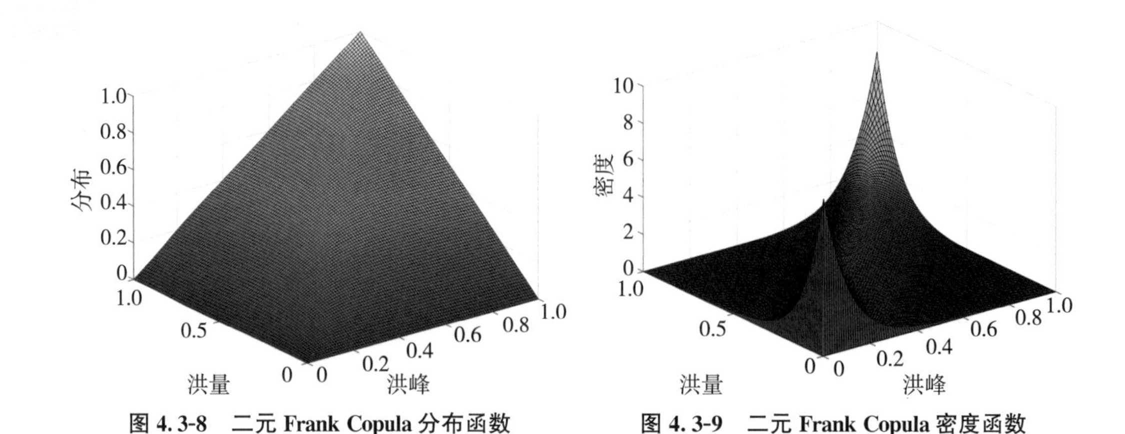

图 4.3-8　二元 Frank Copula 分布函数　　图 4.3-9　二元 Frank Copula 密度函数

其中 Frank Copula 函数的参数估计值 θ 为 10.1214。相应的分布函数和密度函数表达式分别为：

$$C(u,v;\theta)=\frac{1}{\theta}\ln\left[1+\frac{(e^{\theta u}-1)(e^{-\theta v}-1)}{e^{-\theta}-1}\right] \tag{4.3-5}$$

$$c(u,v;\theta)=\frac{-\theta(e^{-\theta}-1)e^{-\theta(u+v)}}{[e^{-\theta}-1]+(e^{-\theta u}-1)(e^{-\theta v}-1)]^2} \tag{4.3-6}$$

根据所得联合分布函数，利用所提方法随机模拟 100 组洪水特征量。选取 1931 年(图 4.3-10)、1935 年(图 4.3-11)和 1954 年(图 4.3-12)三种典型洪水过程进行放大。1931 年型主峰靠后，1935 年型主峰靠前，1954 年型主峰时间居中且整体偏"矮胖"。可以看出，考虑洪峰、洪量相关性的模拟方法，能提取天然洪水过程特征，一定程度上反映了实际洪水发生规律，可确保模拟结果的精确性。

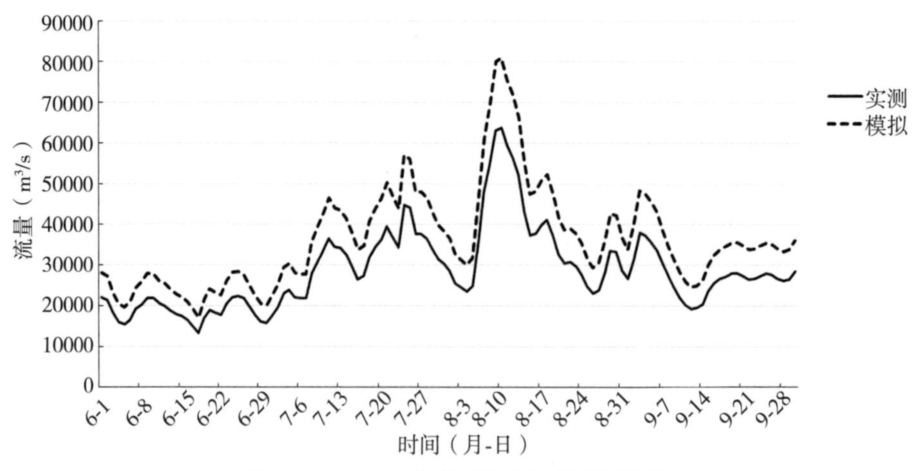

图 4.3-10　1931 年典型洪水过程模拟结果

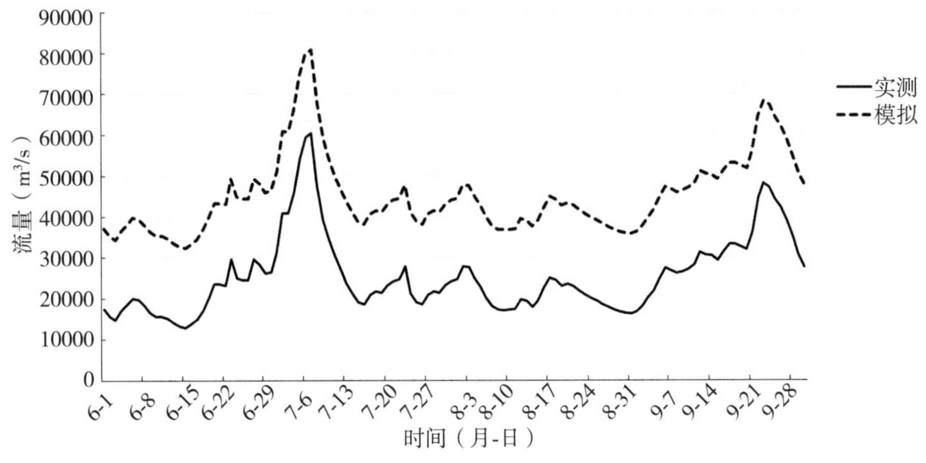

图 4.3-11 1935 年典型洪水过程模拟结果

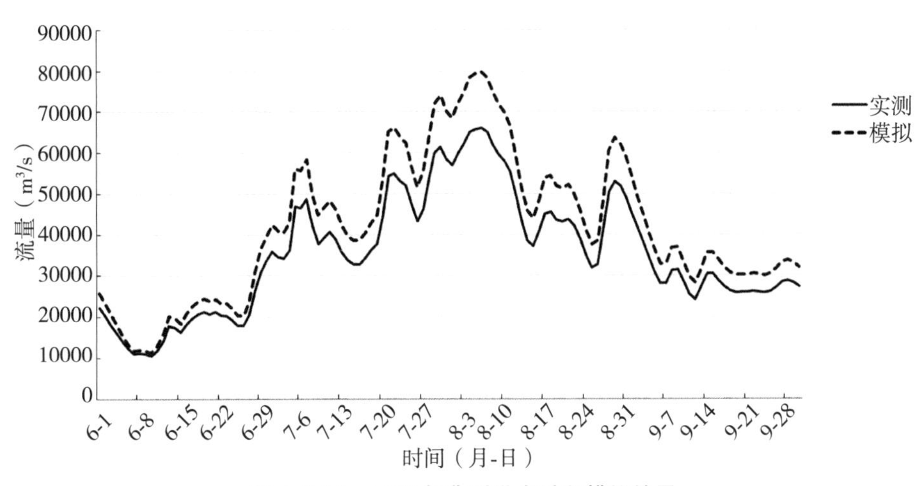

图 4.3-12 1954 年典型洪水过程模拟结果

4.3.3.2 从站模拟

(1)1870 年洪水物理情景还原

1）暴雨特征

1870 年 7 月上、中旬长江上游发生了连续暴雨，尤其 7 月 13—19 日川东嘉陵江地区和长江干流重庆至宜昌区间暴雨特别大。这次大暴雨主要位于嘉陵江中下游和大巴山南坡。

据文献记载，1870 年长江上游特大暴雨发生的前期，流域内雨量较丰。6 月在南岭以北、长江以南的广大地区连续降雨，江苏、江西 6 月上、中旬阴雨连绵，沅江上游、资水大雨，汉江上游暴雨成灾，潜江地区荆河两岸堤溃。6 月中、下旬，暴雨已进入长江上游地区，如涪江遂宁已有大水反映。

7 月，长江上游雨区扩大，暴雨强度增强，雅砻江西昌地区“大雨时行”，赤水桐梓也连续降雨，沱江资宁“六月十二日大雨”，特别是嘉陵江的蓬安、南充、广安、仪陇、营山、遂宁、铜梁、合川等地均有大雨。对雨情的记述有:南充“六月大雨”,合川“六月既望(十六日),猛雨数昼夜”“雨如悬绳,连三昼夜”更是对该地区特大暴雨的形象描述;江北、长寿、忠县均为“六月大雨”,《万县采访事实》记有“(六月)十九日夜子时,大雨澈宵……经两日雨止”;此外还有“川东连日大雨”的概括性记述。在调查资料中,自重庆至宜昌干流区间的江北、长寿、忠县、万县、云阳、秭归、宜昌等地下了大雨三日夜、七天七夜、八日夜等传说,与文献相互印证,说明上游干流区间和嘉陵江区间均为特大暴雨区。

据雨、水灾情资料分析,长江上游的暴雨可大致划分为7月13—17日及18—19日两次过程:第一个过程主要集中在嘉陵江中下游地区;第二个过程主要集中在川东南及长江干流重庆至宜昌区间。暴雨大致自西向东移动,13日暴雨在涪江,14—16日在嘉陵江中下游及川东地区稳定少动,17—19日暴雨移至川东和万县地区,并延续到汉江,又东移至长江干流宜昌至汉口及洞庭湖滨湖地区。在移动过程中,暴雨强度逐渐有所减弱直至基本结束。

2) 洪水特征

6月下旬至7月初,随着雨区向西北方向发展,嘉陵江遂宁“五月大水”“五月间汉水又发”,汉江中游白河“五月二十四日水高数丈,沿河田房冲毁无数”,并致汉江下游荆河堤溃。7月初,“湖北襄水横贯荆河。遏阻川水东下,荆川诸水倒漾入湘,湖河因以并涨”,致洞庭湖滨湖地区“被水情形较之去岁尤重”。

7月中旬以后,上自金沙江,下至长江中游,大面积暴雨洪水成灾。蓬安、南充、仪晚、营山、遂宁、铜梁、合川等处均有暴雨洪水,嘉、渠、涪三江洪水汇集于合川,合川城几乎全城淹没,实为数百年罕见的大洪水。

在干流江津以上地区,雅砻江九龙附近的乌拉溪“出龙”,河道被洪水拉直改道;西昌地区大雨时行,河水奔腾,桥梁倒塌;牛栏江上游邻近的曲靖、沾益两地大水月余;岷江支流青衣江的雅安附近“沫水出蛟”;赤水河仁怀江涨,桐梓大水;上游各江洪水汇集到江津,7月17日大水入城,三日乃退,县志记有“六月几江大水,津邑及幼所并被水淹”。洪水下泄至重庆,与嘉陵江特大洪水相遇,形成长江干流特大洪水。至重庆以下,又与重庆至宜昌区间洪水相遭遇,如大洪河、龙溪河、渠溪河、磨刀溪均为第一位洪水,小江上游也为首位洪水,乌江虽为一般来水情况,但其上游遵义地区仍有“六月大水”的反映。宜昌至汉口以汉江洪水为最大,文献载“江汉并溢”,汉江连续出现洪峰,并和长江上游洪水遭遇;长江中游干流区间和洞庭湖滨湖地区也有相应洪水,洞庭湖“四水”地区黔阳“夏久雨”、吉首“淫雨”、安化大水、永兴大水等文献资料可考,因洪水反映地区不多,量级不大,总体来说为一般偏丰洪水,并和长江洪水有所遭遇。汉口以下沿江城镇有大水反映,主要是由上游洪水所造成的,该地区雨水不大。

总体情况是长江上游北岸和干流区间洪水发生了恶劣遭遇,酿成了重庆至宜昌的特大洪水。宜昌至汉口，前期来水较大，尤其是汉江中下游地区多处溃口，湖泊洼地蓄水较高，因而调蓄能力减小。长江上游洪水下泄至中游时，该区有相应的洪水发生，且汉江和中游干流区间洪水较大，与上游洪水遭遇，酿成了中游地区大范围的严重洪灾，波及下游沿江城镇。

(2)模型情景搭建

如前所述，依据大量历史文献、石刻题记、洪水调查及实测年份大暴雨洪水资料，综合分析了1870年洪水的雨情、形成洪峰的特大暴雨动态及暴雨的影响系统，推算了干支流主要河段的洪峰及洪水过程，见表4.3-1。

表4.3-1　　长江1870年洪水主要测站调查洪峰流量

站名	北碚	寸滩	万县	宜昌
集水面积(km^2)	156142	866559	1036121	1005501
洪峰流量(m^3/s)	57300	100000	108000	105000
出现日期(月．日)			7.18	7.20

在分析研究了长江实测各场次大暴雨洪水规律的基础上，为使模拟的暴雨洪水符合1870年历史洪水的时空动态规律，模拟组合时，不仅考虑时序上的联系特点，更看重地区上的组合遭遇规律，即暴雨发生时间在6月下旬至7月下旬，暴雨洪水的分布、走向与1870年洪水相似，所选暴雨天气系统符合1870年暴雨影响系统分析的特点。洪量控制上要符合各主要干支流河段调查洪水成果(如嘉陵江北碚站、金沙江屏山站等)，以使模拟成果更加符合主要干支流地区分布规律。

以嘉陵江为例，1870年洪水嘉陵江造峰作用显著，采用基于历史相似信息的迁移学习机制进行样本迁移。在历史资料库中，根据洪水地区组成，嘉陵江洪水主要可分为两种类型：一种类型是因暴雨笼罩面积大，流域上、中、下游暴雨发生时段趋同，干流与多条支流洪水遭遇，形成的流域性洪水，造成流域上下游、干支流多地严重灾害，1981年洪水即属此类；另一种类型是由某些支流或干流某一河段发生强度特别大的集中暴雨，形成的区域性洪水，造成某些支流或干流局部河段的洪水灾害，1956年、1973年、1982年、2010年、2018年、2020年洪水即为此类。因此，可从上述样本库中选择某一场或者多场洪水进行随机模拟。据前述统计分析，金沙江来水是三峡入库洪水的重要组成，乌江来水较为稳定，采用“主从同频”方法进行控制，区间相应，模拟结果见图4.3-13至图4.3-17。

4.3.3.3 节点模拟

以屏山为控制站，运用基于历史相似信息的迁移学习机制，同样遵循与1870年暴雨时空分布和洪水遭遇规律相似的原则，进行雅砻江桐子林站、金沙江攀枝花站2个节点的洪水过程模拟(图4.3-18、图4.3-19)。

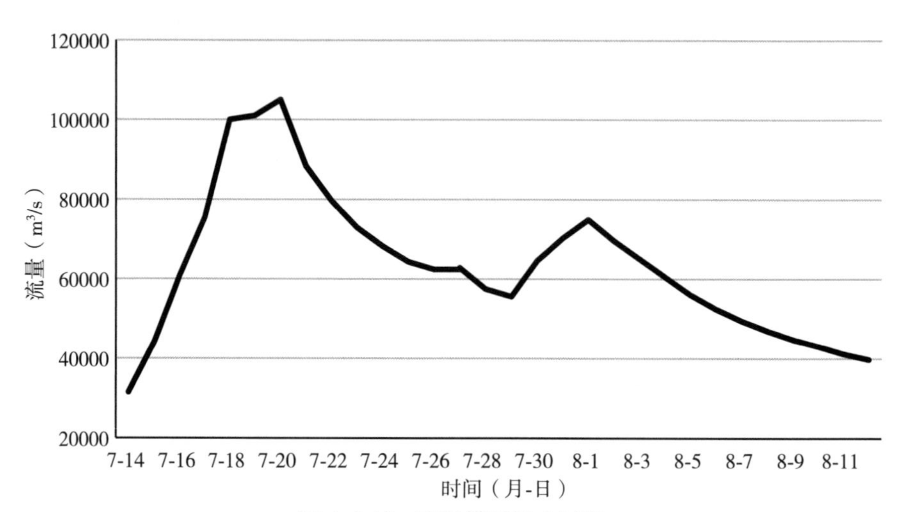

图 4. 3-13　宜昌模拟洪水过程

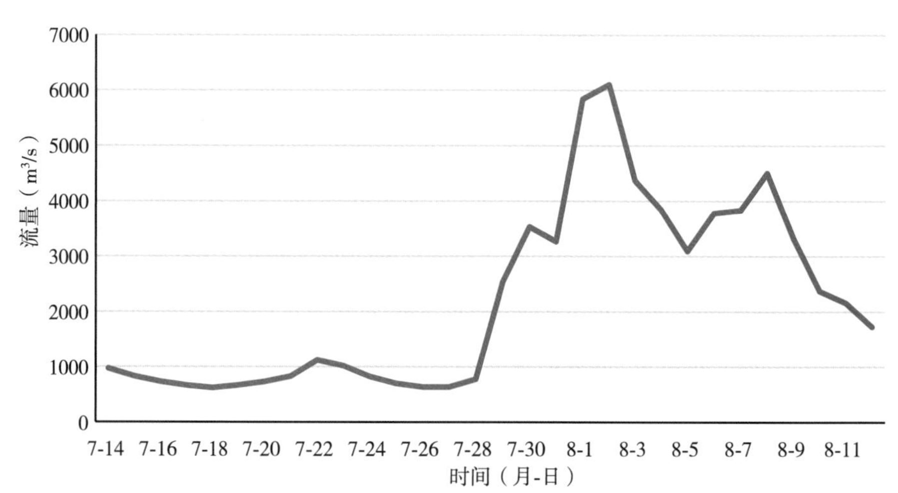

图 4. 3-14　武隆模拟洪水过程

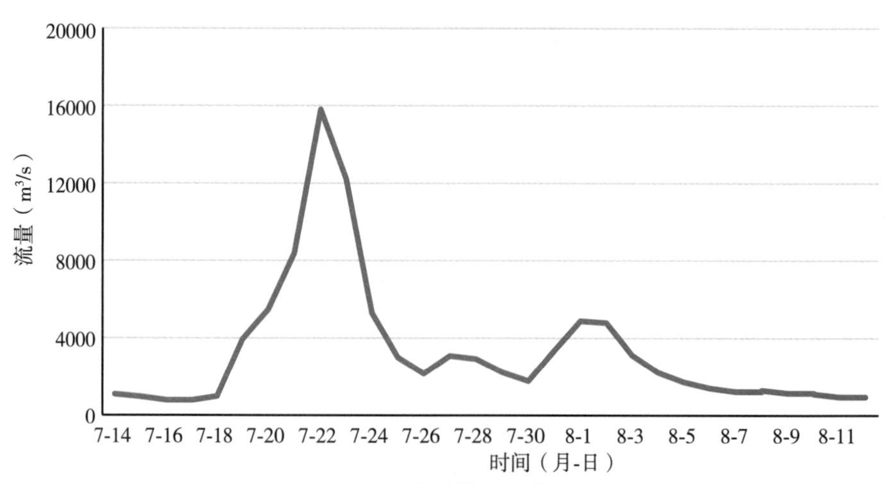

图 4. 3-15　北碚模拟洪水过程

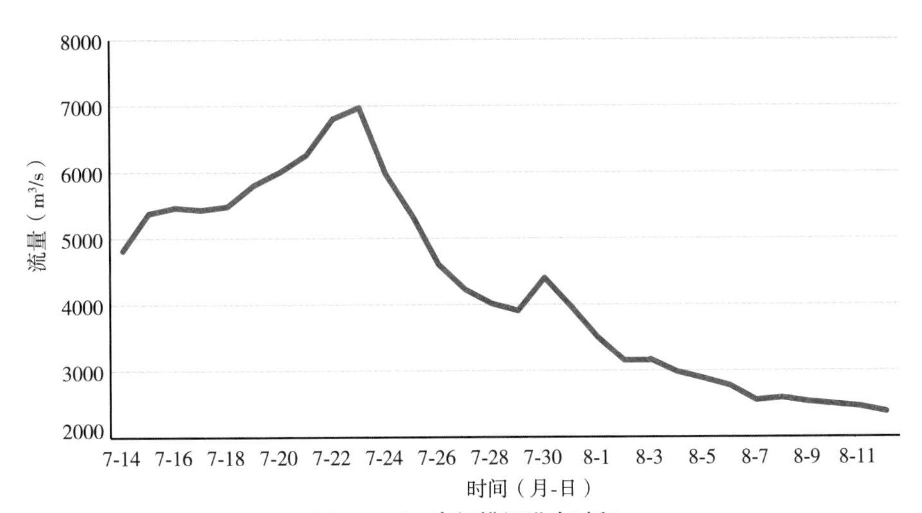

图 4.3-16 高场模拟洪水过程

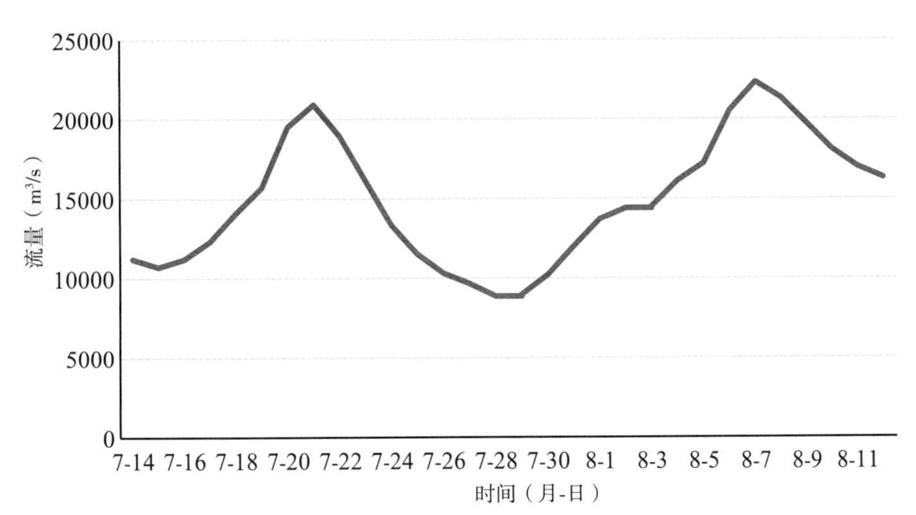

图 4.3-17 屏山模拟洪水过程

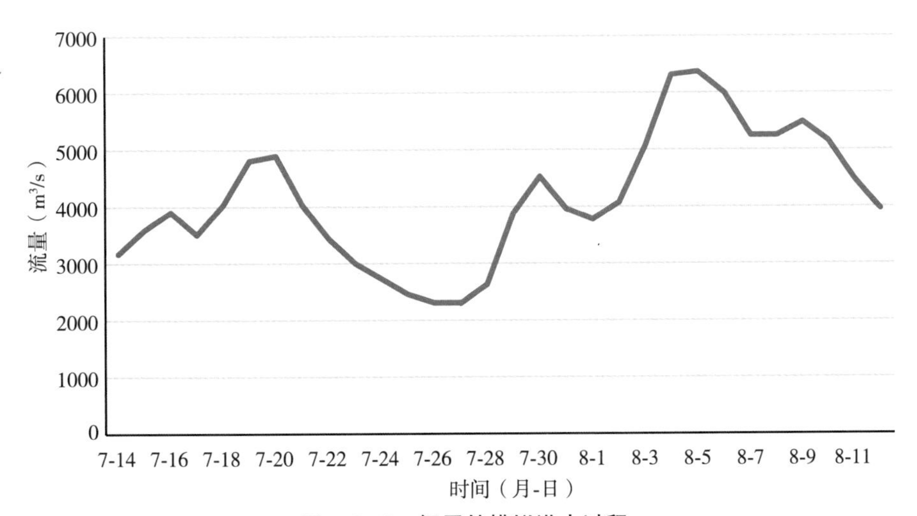

图 4.3-18 桐子林模拟洪水过程

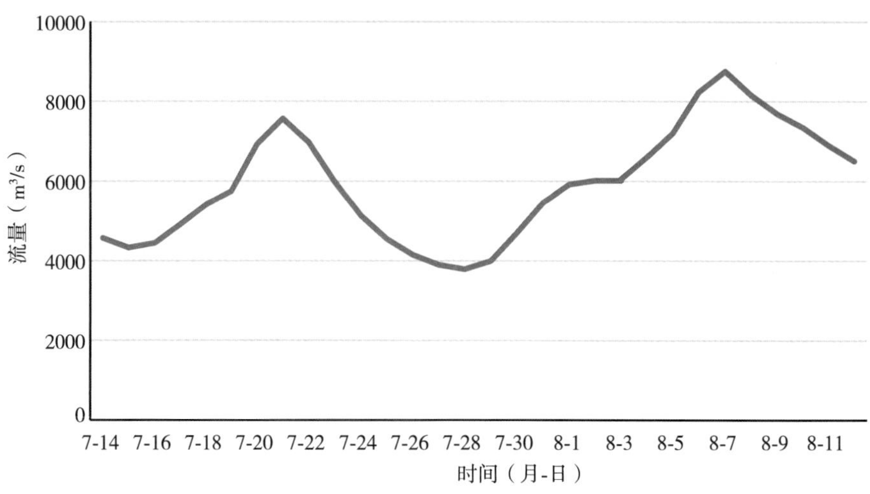

图 4.3-19　攀枝花模拟洪水过程

4.3.3.4　洪水合理分析

(1)宜昌

自 20 世纪 50 年代以来，三峡工程设计阶段对 1870 年进行了大量分析研究工作。宜昌站洪峰流量用水文学和水力学方法多次计算，其数值大多在 100000～120000m^3/s(表 4.3-2)。本次模拟所得宜昌站洪峰流量为 105000m^3/s，亦在此范围内。

(2)枝城

根据前述计算原理，依据降雨的时空分布特性，分别采用金沙江屏山 1957 年 7 月 15 日至 8 月 13 日流量过程、岷江高场 1981 年 7 月 5 日至 8 月 3 日流量过程、嘉陵江 1981 年 7 月 5 日至 8 月 3 日流量过程、乌江武隆 1957 年 7 月 15 日至 8 月 13 日流量过程，洪水自屏山向下游逐时段演算至宜昌。枝城洪水为宜昌加上清江长阳站 1958 年 7 月 14 日至 8 月 12 日洪水过程，模拟出 1870 年枝城站 30d 洪水过程线，1870 年枝城站洪水模拟流量过程比较见图 4.3-20。

表 4.3-2　　宜昌站 1870 年洪峰流量计算成果

编号	依据资料	计算方法			
		$Q\sim A/D$	$H\sim A/V$	对数法	比降法
1	历年单一 $H\sim Q$ 历年平均断面	99700	110000	106400	
2	历年单一 $H\sim Q$1954 年断面	98000	105000		
3	1955 年 $H\sim Q$1954 年断面	101000	113000		
4	1955 年 $H\sim Q$1958 年断面	98600	109500		
5	宜昌—红花套比降，$S=0.000103$，$n=0.019$，1958 年断面				10700

注：1. 宜昌 1870 年洪峰水位冻结吴淞基面 $H=59.50$m；资用吴淞基面=59.14m。

2. 对数法断流水位选用 29.50m，对数法计算公式 $Q=2.29*(H-29.5)$^3.16。

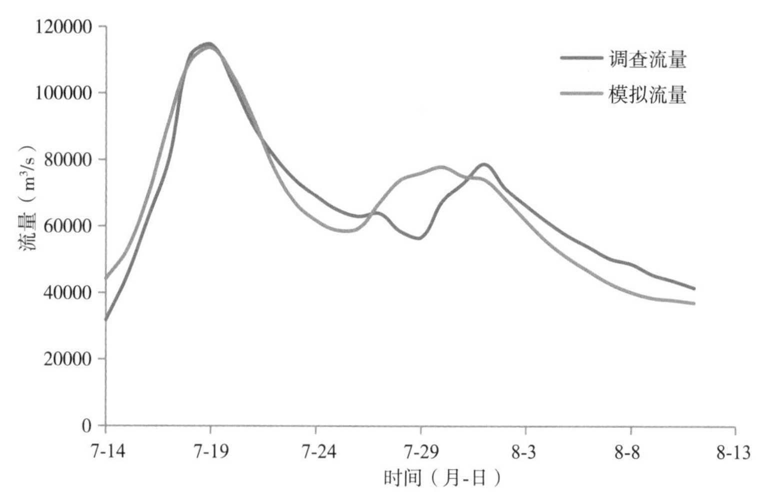

图 4.3-20　1870 年枝城站洪水模拟流量过程比较

枝城站设计洪水，根据枝城与宜昌多年平均峰量关系为 1.04 倍，1870 年推求枝城与宜昌峰量为 1.05 倍，基本一致，洪水特性指标统计见表 4.3-3。

表 4.3-3　　1870 年枝城站洪水特性指标统计

最大洪峰峰值（m^3/s）	最大 3 日洪量（亿 m^3）	最大 7 日洪量（亿 m^3）	超 56700m^3/s 以上洪量(亿 m^3)	超 63600m^3/s 以上洪量(亿 m^3)
110700	264	538	311	221

4.3.3.5　多典型超标准洪水模拟

应用所建模型开展不同地区组成及遭遇类型的超标准洪水模拟。例如：据史料记载，1954 年是全流域性大洪水，金沙江、岷沱江、嘉陵江来水相互遭遇，乌江武隆站、区间来水加帽造峰；1981 年洪水主要来自金沙江、岷沱江、嘉陵江，其中以嘉陵江来水为主，长江干流与嘉陵江洪水发生了恶劣遭遇；1998 年也为全流域性大洪水，金沙江和区间来水占宜昌水量比例较多年均值明显偏大。

遵循模型计算流程，依次进行主站（长江宜昌站）、从站（乌江武隆站、嘉陵江北碚站、岷江高场站、金沙江屏山站）、节点（雅砻江桐子林站、金沙江攀枝花站）洪水过程模拟。篇幅所限，此处仅列出宜昌站、屏山站、高场站和北碚站等 4 个主要站点模拟结果，见图 4.3-21 至图 4.3-23。

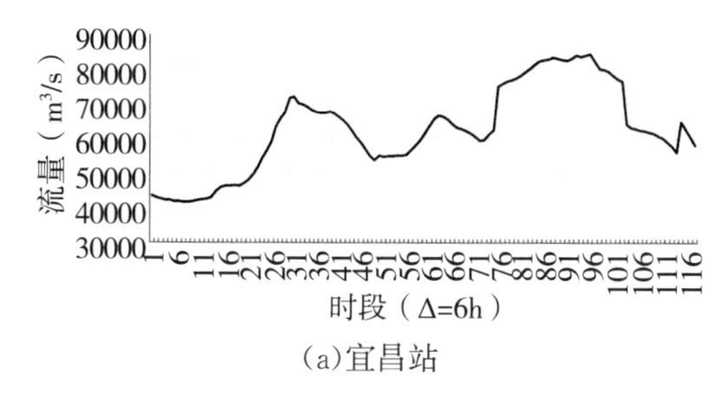

(a)宜昌站

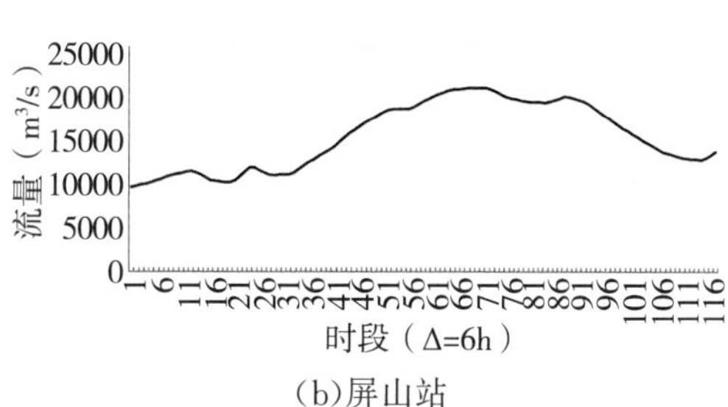

(b)屏山站

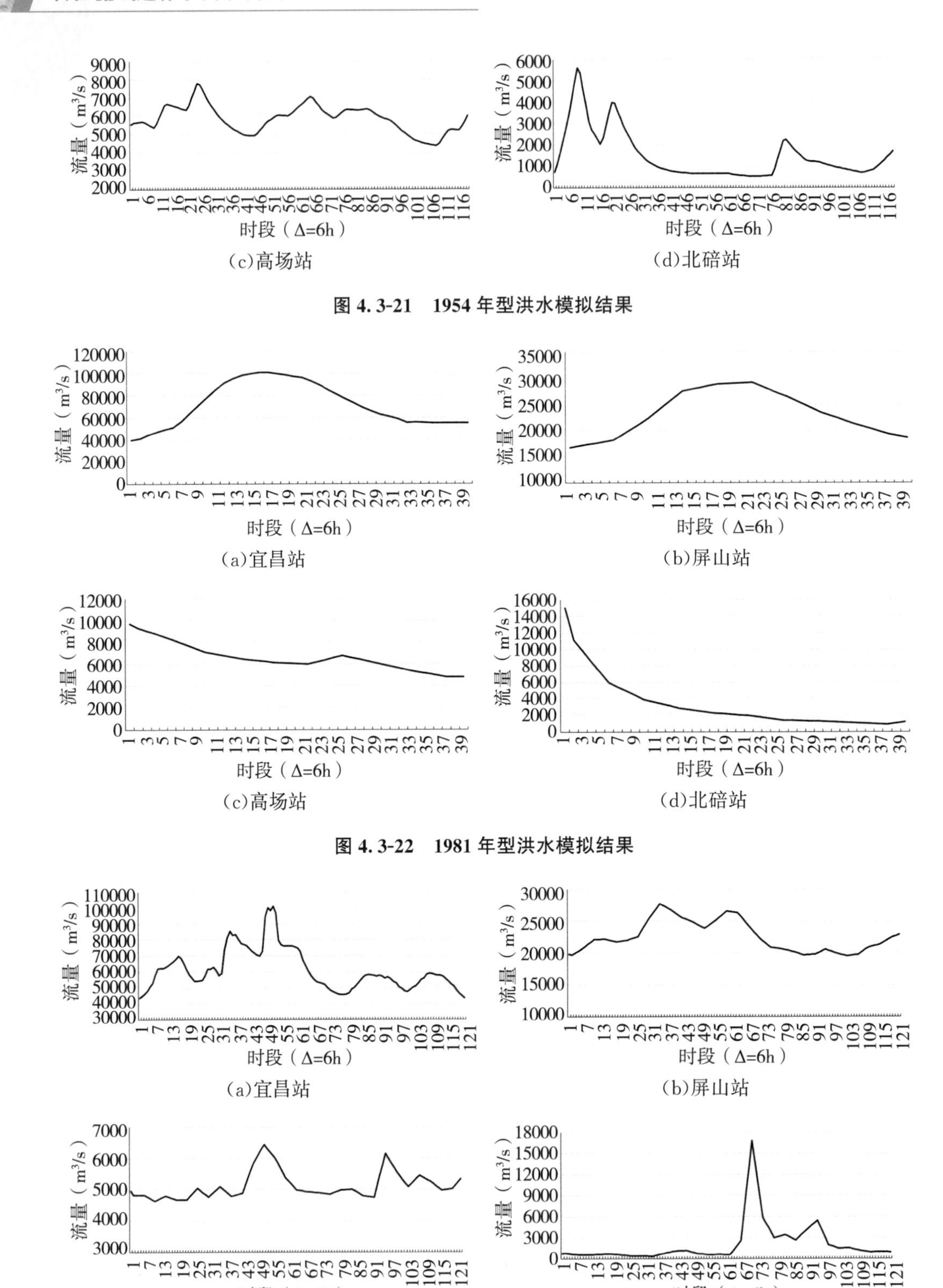

(c)高场站

(d)北碚站

图 4.3-21　1954 年型洪水模拟结果

(a)宜昌站

(b)屏山站

(c)高场站

(d)北碚站

图 4.3-22　1981 年型洪水模拟结果

(a)宜昌站

(b)屏山站

(c)高场站

(d)北碚站

图 4.3-23　1998 年型洪水模拟结果

第5章 多位一体防洪工程体系联合调度模型

聚焦"强联合"。当前流域防洪工程调度运行已经发生较大变化,传统的单个工程调度已逐步演变成了复杂防洪工程体系的多层级、多尺度、多目标联合调度建模及决策应用。随着流域工程体系的不断完善,对洪水的调控能力增强,但目前联合防洪调度模型大多基于防御标准内洪水,且以研究水库调度为主。因超标准洪水灾害性更大,调度涉及防洪工程数量庞大且种类多,在实际调度中为降低洪灾损失,往往根据实时水情、灾情演化发展,科学合理地协调蓄、泄、分、排的关系;同时在确保工程和局部河段防洪安全的条件下,合理利用工程超标准调控能力(如水库)、超标准防御能力(如堤防),突破了原有标准洪水防御调度域界,合理地将灾害性损失转化为防洪压力。超标准洪水是由标准洪水发展演化而来,因此本章所建防洪工程体系联合调度模型,在业务范围上,由标准洪水防御扩展至超标准洪水防洪;在工程范围上,由水库群扩展至防洪工程体系;在业务应用上,更强调风险调度和工程间协调运用。

目前,超标准洪水调控尚无可遵循的调度规则,为科学应对复杂防洪工程体系调度,需在知识支撑能力和模型适应能力两方面进行提升。知识支撑能力建设的核心是构建知识图谱,主要是开展防洪工程调度规则和调度经验数字化解析,构建防洪工程调度规则库的逻辑框架,合理、高效、有机地组织构建调度研究成果和经验知识体系,形成防洪工程联合调度的"智慧大脑";模型适应力建设的核心是依托知识图谱,基于形势研判,在现有标准洪水调度模型的基础上拓展建设超标准洪水调度模型,形成基于服务的防洪工程联合调度驱动引擎,并实施模块化封装集成。

为便于广大读者理解,以长江流域为例,开展模型实例化构建。

5.1 流域超标准洪水调度目标

流域超标准洪水影响范围广、受灾程度深、防御难度大,流域防洪保护对象一般分布在不同河段或区域,根据国家防洪标准和防洪保护区经济社会发展状况,制定相应的防洪标准,确保重点地区防洪安全的前提下,兼顾一般地区防洪需求。

长江流域洪灾最频繁、最严重的地区为长江中下游平原区,特别是荆江河段和城陵矶河段,一旦堤防溃决,淹没时间长,损失大,将造成大量人口死亡的毁灭性灾害。按暴雨地区分布和覆盖范围大小，此类洪水一般为全流域性大洪水，由于某些支流雨季提前或推迟，上、中、下游干支流雨季相互重叠，从而形成全流域洪水量大、持续时间长的大洪水。长江上游干流宜宾至宜昌的川渝河段，有川西暴雨区和大巴山暴雨区，易发生强度特别大的集中暴雨，进而形成区域性大洪水。此外，还有由短历时、小范围特大暴雨引起的突发性洪水，如岷江、嘉陵江等山区性河流，有时也造成局部地区的毁灭性灾害，但这种局部河段洪水其受灾范围与影响有其局限性。

一般来说，重要防洪保护对象所在河段均设置有防洪控制站，可作为防洪调度目标节点。为协调流域性和区域性防洪，兼顾局部河段防洪，防洪调度目标节点可划分为流域性目标节点、区域性目标节点，以及局部河段目标节点。将长江流域作为研究单元，在长江中下游干流河段，分别选取沙市站、城陵矶（莲花塘）站作为荆江河段、城陵矶河段的防洪控制目标节点，并定位为流域性目标节点；在长江上游干流河段，分别选取李庄站、朱沱站、寸滩站为代表，作为川渝河段宜宾、泸州、重庆主城区河段的防洪控制目标节点，并定位作为区域性目标节点；在长江其他重要支流河段，选取乐山市五通桥站、重庆市合川区东津沱站、武隆区武隆站等为代表，作为相应支流局部河段的防洪控制目标节点。

各防洪保护对象所在河段间洪水地区组成一般较为复杂，尤其以流域性及区域性目标节点更为突出。应根据流域或区域防洪需求，按照防御流域标准洪水或视流域现状整体防洪能力，提出适合的调度控制目标，并进行分级控制。实际防洪调度决策中，坚持以“区域服从流域，局部服从全局，以泄为主，江湖两利，左右岸兼顾，上中下游协调，正确处理联合调度和单一工程调度的关系”为原则，统筹协调流域多个防洪调度目标，针对不同调度目标的成灾影响和调度效益进行科学评估，确定调度目标优先级，以此为基础驱动防洪工程超标准洪水调度模拟（表 5.1-1）。

表 5.1-1　　防洪调度目标节点

序号	防洪保护对象	控制目标节点	目标节点类型
1	荆江地区	沙市站	流域性目标节点
2	城陵矶河段	城陵矶站	流域性目标节点
3	武汉河段	汉口站	流域性目标节点
4	湖口河段	湖口站	流域性目标节点
5	攀枝花市	攀枝花站	局部河段目标节点
6	川渝河段	李庄站、朱沱站、寸滩站	区域性目标节点
7	成昆铁路大渡河段	福禄站	局部河段目标节点
8	乐山市	五通桥站	局部河段目标节点
9	岷江中下游	高场站	区域性目标节点
10	岷江金马河段	紫坪铺	局部河段目标节点
11	南充市	南充站	局部河段目标节点

续表

序号	防洪保护对象	控制目标节点	目标节点类型
12	重庆市合川区	东津沱站	局部河段目标节点
13	嘉陵江中下游	北碚站	区域性目标节点
14	思林县	思南站	局部河段目标节点
15	沿河县	沿河站	局部河段目标节点
16	彭水县	彭水站	局部河段目标节点
17	乌江中下游	武隆县	区域性目标节点
18	沮漳河	河溶站	区域性目标节点
19	澧水中下游	石门站	区域性目标节点
20	沅江中下游	桃源站	区域性目标节点
21	资水下游	桃江站	区域性目标节点
22	湘江下游	湘潭站	区域性目标节点
23	襄阳市	襄阳站	局部河段目标节点
24	汉江中下游	皇庄站	区域性目标节点
25	南阳市	新店铺站	局部河段目标节点
26	竹山县	黄龙滩站	局部河段目标节点
27	修水下游	虬津站	区域性目标节点
28	赣江下游	外洲站	区域性目标节点
29	抚河下游	李家渡站	区域性目标节点
30	饶河下游	渡峰坑站	区域性目标节点

5.1.1 流域性目标节点

(1)沙市站

沙市站位于荆江河段的上游，控制宜昌以上及清江来水，在沙市站和清江入汇口之间有松滋、太平两口及其下游有藕池口分流入洞庭湖，洞庭湖在纳汇湘江、资水、沅江、澧水"四水"之后又于城陵矶(莲花塘)入汇长江。沙市站是长江中游干流的重要控制站和报汛站，对荆江地区防洪安全和防洪调度至关重要。根据《长江洪水调度方案》，沙市水位低于44.50m时，通过河道下泄洪水基本可确保荆江地区防洪安全。

(2)城陵矶站

城陵矶(莲花塘)站位于荆江与洞庭湖汇合处，保证水位34.4m，是宜昌以上、清江及洞庭湖来水的控制站，被誉为洞庭湖及长江流域水情"晴雨表"，为长江防汛提供重要的数据支撑。同时，城陵矶站地处江湖汇流区，是监测洞庭湖出湖水情、沙情的国家重要水文站，其水情信息反映了洞庭湖来水情况，也从一个方面反映了江湖汇流关系和干流与支流相互影响的水文情势，为防汛决策提供依据。

5.1.2 区域性目标节点

(1)李庄

李庄站位于金沙江、岷江汇口下游15.5km处，是宜宾市的防洪控制站。按照宜宾市近期防洪规划，主城区应达到50年一遇防洪标准，对应李庄站流量57800m³/s，主城区堤防现状防洪能力整体达到20年一遇防洪标准，对应李庄站流量51000m³/s。

(2)朱沱

朱沱站位于重庆市江津区朱沱镇，是长江上游干流的重要控制水文站。根据泸州市防洪控制站泸州站与朱沱站的水位流量相关关系，泸州市主城区50年一遇防洪标准对应朱沱站洪峰流量58600m³/s，泸州抵御20年一遇洪水堤防水位值相应朱沱洪峰流量为52600m³/s。

(3)寸滩

寸滩站位于嘉陵江与长江汇合口下游7.5km处，是重庆市主城区的防洪控制站，同时也是三峡水库的入库站，其水位流量既受上游各干支流大江河来水组成的影响，也受下游三峡水库回水顶托的影响，也直接决定着重庆市及长江中下游的防汛形势，直接影响了三峡水库调度运用方式。根据重庆市防洪规划，主城区防洪标准为100年一遇，对应寸滩站洪峰流量88700m³/s，主城区堤防现状防洪能力整体达到50年一遇防洪标准，对应寸滩站流量83100m³/s。

5.1.3 局部河段目标节点

(1)嘉陵江东津沱

嘉陵江东津沱站位于重庆市合川区南办处白塔村，地处嘉陵江、涪江和渠江的汇合地，是重庆市合川区的防洪控制站，控制面积15600km²。

(2)岷江五通桥

五通桥站是乐山市的防洪控制站，洪水组成主要包括大渡河(控制站福禄)、青衣江(控制站夹江)、岷江干流(控制站彭山)以及区间等四个部分，50年一遇洪峰流量43300m³/s。

5.2 联合调度工程范围

5.2.1 堤防工程

重点考虑宜昌站至城陵矶站之间的长江干流堤防，即荆江大堤、南线大堤1级堤防，以及松滋江堤、荆南长江干堤、洪湖监利长江干堤、岳阳长江干堤(岳阳市城区段除外)、洞庭湖区重点圩垸堤防等2级堤防(表5.2-1、表5.2-2)。

表5.2-1 长江中下游干流堤防基本情况

<table>
<tr><th>堤段</th><th colspan="2">所在地</th><th>等级</th><th>超高(m)</th></tr>
<tr><td>松滋江堤</td><td colspan="2">湖北省松滋市</td><td>2级</td><td>1.5</td></tr>
<tr><td>下百里洲江堤</td><td colspan="2">湖北省枝江市</td><td>3级</td><td>1.0</td></tr>
<tr><td>荆江大堤</td><td colspan="2">湖北省荆州市</td><td>1级</td><td>2.0</td></tr>
<tr><td>南线大堤</td><td colspan="2">湖北省公安县</td><td>1级</td><td>3.4</td></tr>
<tr><td>荆南长江干堤</td><td colspan="2">湖北省松滋市、荆州区、公安县、石首市</td><td>2级</td><td>1.5～2.0</td></tr>
<tr><td>洪湖监利长江干堤</td><td colspan="2">湖北省洪湖市、监利县</td><td>2级</td><td>1.5～2.0</td></tr>
<tr><td rowspan="4">岳阳长江干堤</td><td colspan="2">湖南省华容县、岳阳市、临湘市</td><td>1、2级</td><td>2.0</td></tr>
<tr><td rowspan="3">其中</td><td>华容县五马口—穆湖铺</td><td>2级</td><td>2.0</td></tr>
<tr><td>城陵矶—陆城道人矶</td><td>1级</td><td>2.0</td></tr>
<tr><td>陆城道人矶—黄盖湖铁山咀</td><td>2级</td><td>2.0</td></tr>
</table>

表5.2-2 洞庭湖区重点垸堤防基本情况

<table>
<tr><th rowspan="2">序号</th><th rowspan="2">垸名</th><th rowspan="2">所属县(市、区)</th><th colspan="3">堤防保护对象</th></tr>
<tr><th>堤垸保护面积(km²)</th><th>耕地面积(万亩)</th><th>人口(万人)</th></tr>
<tr><td>1</td><td>松澧</td><td>澧县、津市、临澧县</td><td>785.26</td><td>58.10</td><td>73.23</td></tr>
<tr><td>2</td><td>安保</td><td>安乡县</td><td>355.31</td><td>23.62</td><td>18.20</td></tr>
<tr><td>3</td><td>安造</td><td>安乡县</td><td>204.60</td><td>15.70</td><td>21.19</td></tr>
<tr><td>4</td><td>沅澧</td><td>武陵区、鼎城区、汉寿县、津市</td><td>1386.33</td><td>114.43</td><td>129.20</td></tr>
<tr><td>5</td><td>沅南</td><td>汉寿、经开区</td><td>564.46</td><td>43.00</td><td>38.20</td></tr>
<tr><td>6</td><td>大通湖</td><td>沅江、南县、大通湖区</td><td>1126.88</td><td>91.84</td><td>61.99</td></tr>
<tr><td>7</td><td>育乐</td><td>南县、华容县</td><td>370.00</td><td>28.44</td><td>33.07</td></tr>
<tr><td>8</td><td>长春</td><td>资阳区、沅江市、汉寿县</td><td>385.73</td><td>28.48</td><td>45.34</td></tr>
<tr><td>9</td><td>烂泥湖</td><td>赫山区、湘阴县、望城区、宁乡县</td><td>849.40</td><td>72.07</td><td>76.09</td></tr>
<tr><td>10</td><td>湘滨南湖</td><td>湘阴县</td><td>203.79</td><td>19.36</td><td>28.85</td></tr>
<tr><td>11</td><td>华容护城</td><td>华容县</td><td>365.00</td><td>39.40</td><td>37.80</td></tr>
<tr><td></td><td>总计</td><td></td><td>6596.76</td><td>534.44</td><td>563.16</td></tr>
</table>

注:数据来源2011年蓄滞洪区调查资料。

5.2.2 防洪水库

2021 年,纳入长江流域水工程联合调度运用计划的水库数量增加到 47 座,以三峡水库为核心,金沙江下游梯级水库为骨干,金沙江中游群、雅砻江群、岷江群、嘉陵江群、乌江群等 5 个上游水库群组,清江群、汉江群、洞庭湖"四水"群和鄱阳湖"五河"群等 4 个中游水库群组相配合的长江上中游水库群联合调度体系格局逐步形成(图 5.2-1、图 5.2-2)。

图 5.2-1　水库群群组构成

长江流域干支流洪水遭遇复杂,考虑到各支流来水与干流洪水的遭遇特性,结合自身流域的防洪任务和在配合或协调三峡水库对长江中下游防洪中的作用,长江上中游水库群联合调度投入使用次序的基本原则如下:

①当长江中下游发生大洪水,需要配合三峡水库进行拦洪时,先利用雅砻江与金沙江梯级水库拦洪,再动用金沙江下游梯级,必要时,动用岷江、嘉陵江、乌江梯级水库防洪库容。

②当长江中下游发生大水时,中游水库群在满足本流域防洪要求的前提下,与三峡水库相机协调调度,避免干流拦蓄与支流泄水腾库矛盾出现,加重干流防洪压力。

③当流域发生超标准洪水时,在充分利用水库拦蓄的基础上,利用蓄滞洪区保留区分蓄洪水控制河道行洪水位上涨,若仍不能控制水位继续上涨,则适当抬高堤防行洪水位。

5.2.2.1 1 个核心:三峡水库

三峡水库是长江防洪的关键性骨干工程,是长江上游水库群联合防洪调度的核心,水库防洪库容分为兼顾对城陵矶地区进行防洪补偿调度库容、对荆江河段进行防洪补偿调度库容和防御特大洪水的库容三部分。第 1 部分 56.5 亿 m^3 库容既用于对城陵矶防洪补偿,也用于对荆江防洪补偿;第 2 部分 125.8 亿 m^3 库容用于荆江地区防洪补偿;第 3 部分 39.2 亿 m^3 用于防御上游特大洪水(图 5.2-3)。实行水库群联合调度之后,一方面可以通过上游水库群同步拦蓄洪水(水量),减少进入三峡水库的洪水,降低三峡水库的调洪水位,进一步加大三峡水库的防洪作用;另一方面可以通过上游水库削减进入三峡水库的洪峰流量,降低由动库容效应引起的库尾水位,进一步增加三峡水库对城陵矶附近地区的防洪补偿库容,减少城陵矶附近地区的超额洪量。

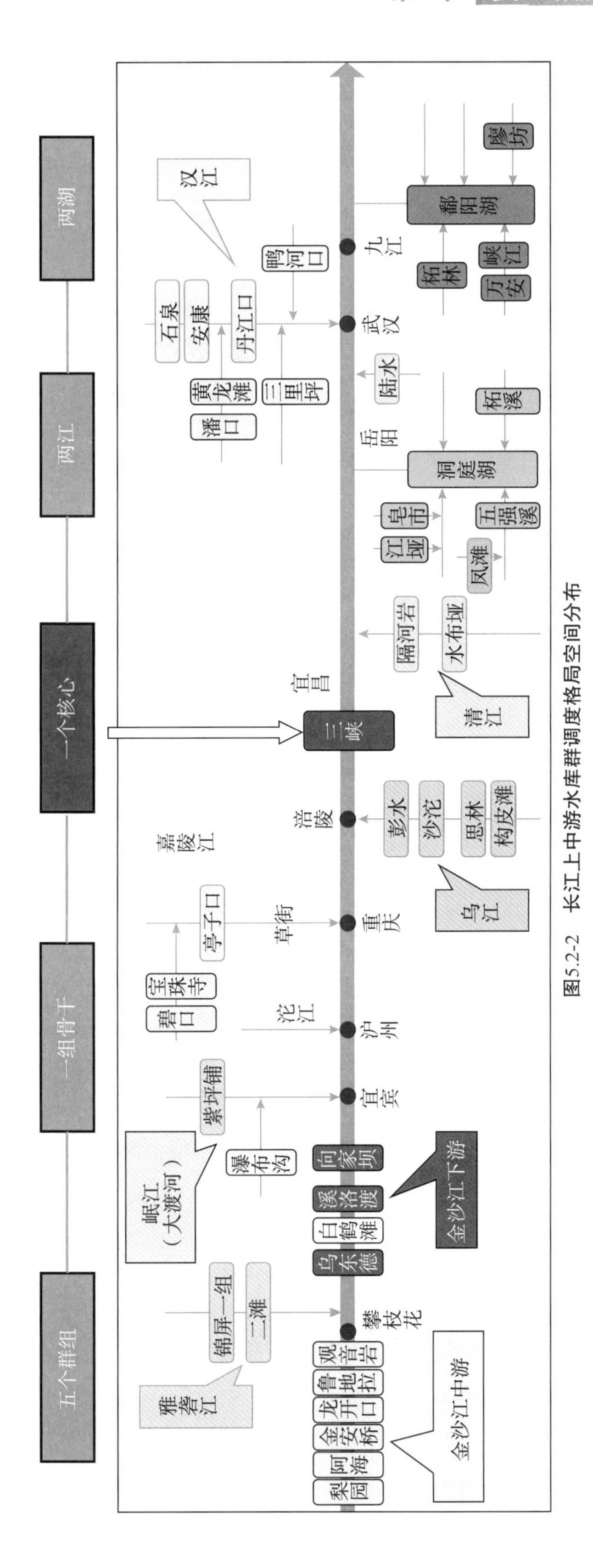

图5.2-2 长江上中游水库群调度格局空间分布

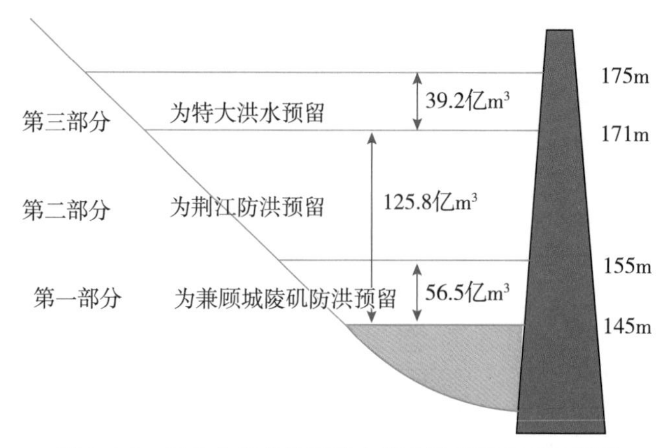

图 5.2-3　三峡水库优化调度方案防洪库容分配示意图

5.2.2.2　1组骨干:金沙江下游梯级水库

金沙江下游溪洛渡、向家坝水库在留足川渝河段所需防洪库容的前提下,根据长江中下游防洪需要,配合三峡水库承担长江中下游防洪任务,按三峡水库预报入库洪量进行分级控泄,减少进入三峡水库的洪量;当预报三峡水库入库洪峰较大时,削减进入三峡水库的洪峰流量。

5.2.2.3　5个配合群组:上游干支流水库群

(1)金沙江中游群、雅砻江群

金沙江梨园、阿海、金安桥、龙开口、鲁地拉,雅砻江锦屏一级、二滩等有配合三峡水库承担长江中下游防洪任务的水库,实施与三峡水库同步拦蓄洪水的调度方式,适当控制水库下泄。

(2)岷江群、嘉陵江群、乌江群

岷江瀑布沟,嘉陵江亭子口,乌江构皮滩、思林、沙沱、彭水等承担所在河流防洪和配合三峡水库承担长江中下游防洪双重防洪任务的水库,当所在河流发生较大洪水时,结合所在河流防洪任务,实施防洪调度;当所在河流来水量不大且预报短期内不会发生大洪水时,也需减少水库下泄流量,配合其他水库降低长江干流洪峰流量,减少三峡水库入库洪量。

5.2.2.4　4个协同群组:中游支流水库群

(1)清江群

水布垭、隔河岩等清江梯级水库在满足本流域防洪要求的前提下,与三峡水库实施联合防洪调度,减轻长江干流荆江河段防洪压力。

(2)汉江群

丹江口等汉江水库在满足本流域防洪要求的前提下,必要时配合长江上中游水库联合调度,控制水库下泄,减轻长江干流武汉河段的防洪压力。

(3)洞庭湖“四水”群

洞庭湖水系水库防洪调度在满足本流域防洪要求的前提下，与干流防洪调度相协调。当三峡水库对长江中下游防洪调度时，若洞庭湖水系来水较大，按所在河流防洪任务拦蓄洪水；若洞庭湖水系来水不大且预报短时期内不会发生大洪水时，水库群相机配合调度，减少入湖洪量；本河流洪峰过后，水库泄水腾库时，应在确保水库上下游安全的前提下，考虑城陵矶附近地区的防洪要求，适当控制泄水过程。

(4)鄱阳湖“五河”群

鄱阳湖水系水库防洪调度在满足本流域防洪要求的前提下，与干流防洪调度相协调。当三峡水库对长江中下游防洪调度时，若鄱阳湖水系来水不大且预报不会发生大洪水时，水库群相机配合调度，减少入湖洪量。

5.2.3 蓄滞洪区

研究范围以分布在荆江河段和城陵矶地区的蓄滞洪区为主。荆江地区4个蓄滞洪区，包括荆江分洪区、涴市扩大区、虎西备蓄区和人民大垸，总有效蓄洪容积为72.27亿m^3；城陵矶附近27个蓄滞洪区，包括洞庭湖区24个蓄滞洪区和洪湖3个蓄滞洪区，总有效蓄洪容积338.23亿m^3。具体分布见图5.2-4。

5.2.4 洲滩民垸

经圩垸平退和联圩并圩后，结合本次收集资料梳理，目前长江中下游干流及洞庭湖区、鄱阳湖区仍有形成封闭保护圈的洲滩民垸约700个，总人口约260万人，蓄洪容积约174亿m^3。

5.2.5 排涝泵站

根据《加快灾后水利薄弱环节建设实施方案》，至2020年，沿江涝区共有泵站2712座，总设计流量23022.3m^3/s。其中，宜昌至城陵矶(含洞庭湖区)河段已建泵站1174座，总设计流量6632m^3/s。

5.3 长江流域超标准洪水防御能力评估

5.3.1 防洪工程超标准运用空间界定

在保证防洪工程安全运用的前提下，超过工程设计防洪标准后仍可进行防洪运用的空间。界定防洪工程超标准运用空间的目的是明确超标准联合调度模型的边界。

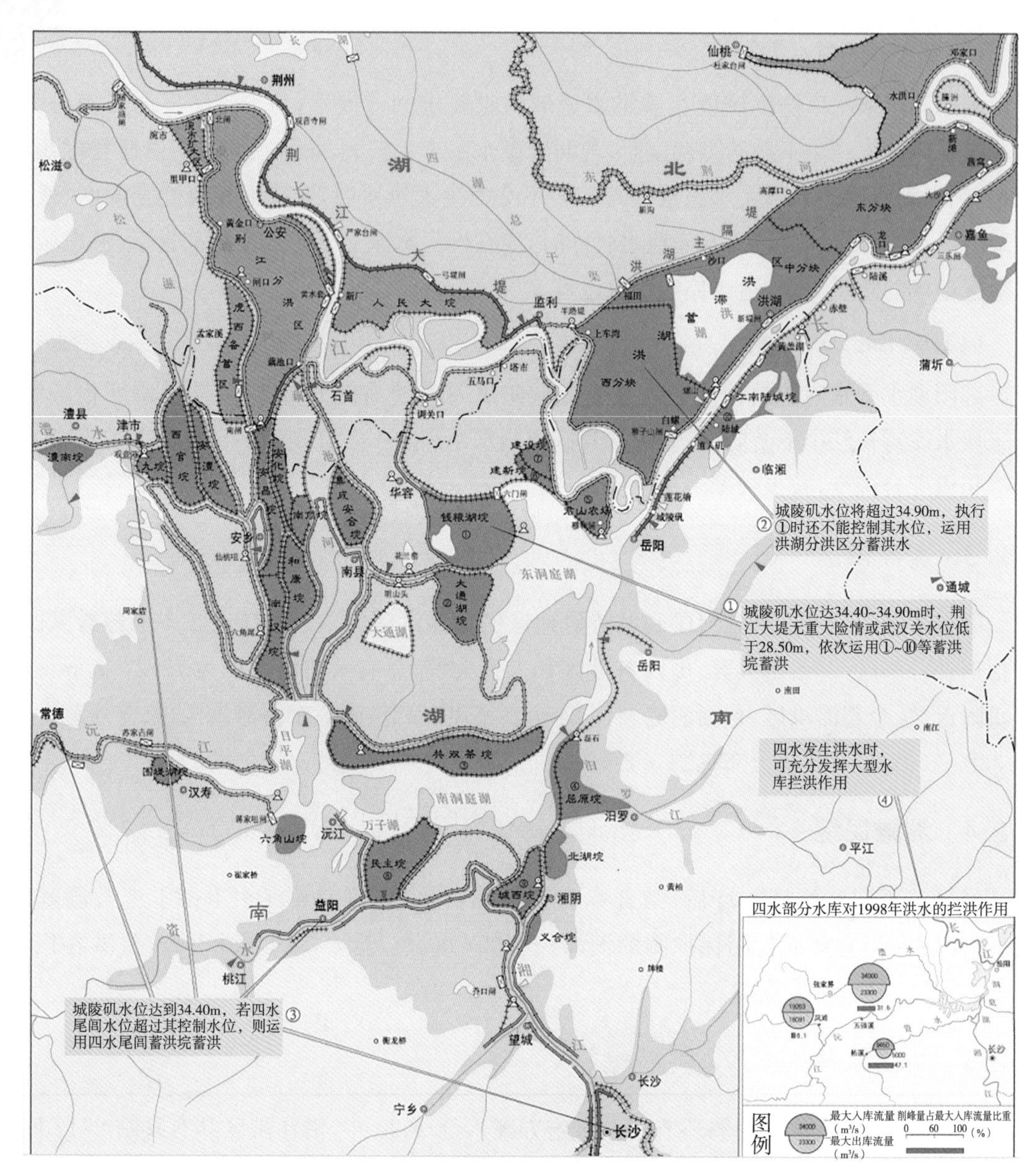

图 5.2.4　荆江与城陵矶附近蓄滞洪区分布示意图

5.3.1.1　堤防超标准运用能力

堤防是为保护对象的防洪安全而修建的，直接保护着堤后的防洪保护区。河道及堤防形成的洪水宣泄通道，是防洪工程体系的基础。堤防一旦失事，洪水将涌入防洪保护区，对区域经济造成严重影响。堤防超标准运用最高水位应以堤防不发生溃决和洪水漫溢为前提。

根据水位高低及其对堤防安全的威胁程度，将河道水位划分为 5 个等级，水位由低到高依次为：①设防水位，指汛期河道堤防开始进入防汛阶段的水位，即江河洪水漫滩以后，堤防开始临水；②警戒水位，根据堤防质量、保护重点及历年险情分析制定的水位，也是堤防临水到一定深度，有可能出现险情、需要加以警惕戒备的水位；③保证水位，根据防洪标准设计的堤防设计洪水位，或历史上防御过的最高洪水位，当水位达到或接近保证水位时，防汛进入全面紧急状态；④历史最高水位，堤防历史上防御过的最高洪水位，等于或高于保证水位；⑤最高强迫行洪水位，堤防最高可行洪的水位，超过此水位，堤防将发生溃决，该水位低于等于堤顶高程。

根据《堤防设计规范》(GB 50286—2013)，在堤防工程设计中，堤顶高程按照设计洪水位或设计高潮位加堤顶超高确定，堤顶超高计算公式如下：

$$Y = R + e + A$$

式中：Y——堤顶超高(m)；

R——设计波浪爬高(m)；

e——设计风壅水面高度(m)；

A——安全加高值。

堤顶超高中的设计波浪爬高、设计风壅水面高度均为堤防为防御洪水不至于漫堤而设置的超高。同时，由于水文观测资料系列的局限性、河流冲淤变化、主流位置改变、堤顶磨损和风雨侵蚀等，设计堤顶超高还留有一定的安全加高值。安全加高值不含施工预留的沉降加高、波浪爬高及壅水高。安全加高值范围在 0.3～1.0m，1 级堤防工程重要堤段的安全加高值，经过论证可适当加大，见表 5.3-1。

表 5.3-1　　不同等级堤防工程的安全加高值

堤防工程级别		1	2	3	4	5
安全加高值(m)	不允许越浪的堤防	1.0	0.8	0.7	0.6	0.5
	允许越浪的堤防	0.5	0.4	0.4	0.3	0.3

在安全加高值存在的情况下，在防汛实践中，当水位达到堤防设计水位时，考虑设计波浪爬高、设计风壅水面高度后，仍有安全加高值可用于防御洪水。因此，堤防的超标准运用的最高水位(强迫行洪水位)理论上为防洪设计水位与堤顶高程之间的值，按照该水位行洪堤防仍然可以安全运行。然而，在实际应用中堤防超标准运用空间一般处于最高历史运行水位与保证水位之间，见图 5.3-1。超过堤防防洪设计水位的超高，需通过堤防渗透和抗滑稳定分析确定，确保超高运行时堤防渗透和抗滑稳定安全系数等指标仍在设计规范允许的安全范围内。

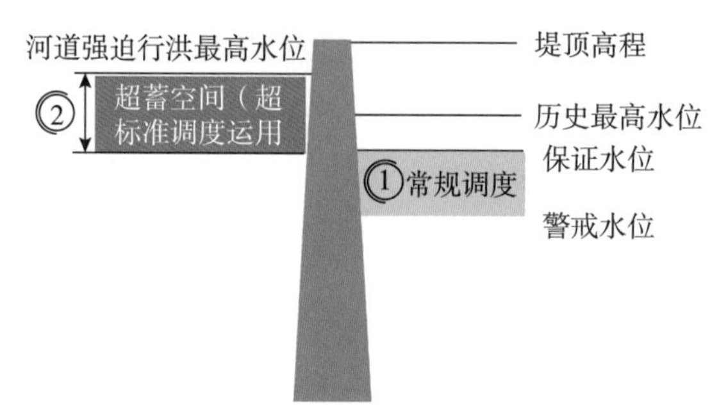

图 5.3-1　堤防超标准调度运用空间示意图

5.3.1.2　水库超标准运用能力

流域干支流复杂，发生流域超标准洪水时，部分支流并未发生大洪水，当这些支流水库并未承担流域防洪任务时，存在超出设计任务的防洪调度空间；当这些支流水库兼顾多区域防洪，承担流域防洪任务的防洪库容虽然用完，但仍剩余部分库容时，存在进一步为流域防洪的空间；当预报本流域未来不发生大水时，水库防洪高水位以上库容也可作为进一步为流域拦蓄洪水的空间，减轻超标准灾害，见图 5.3-2。

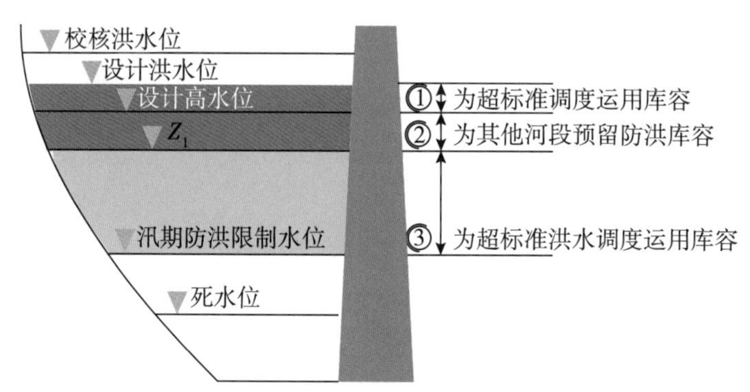

图 5.3-2　水库超标准调度运用空间示意图

因此水库超标准运用空间可大致划分为 3 个层级，从下往上依次是：

(1)目标河段预留调洪库容

为防御目标河段规划标准设计洪水，水库以汛限水位起调的最高调洪水位(目标河段防洪高水位)对应库容。若水库当前库水位低于汛限水位，防御能力还可额外增加，计入第(1)层级，该层级为防御标准洪水能力。

(2)其他河段预留调洪库容

为防御其他河段规划标准设计洪水，水库以目标河段防洪高水位起调的最高调洪水位对应库容，等于目标河段防洪高水位至水库防洪高水位之间库容。

(3)大坝安全预留调洪库容

为防御大坝工程校核标准洪水，水库以目标河段防洪高水位起调的最高调洪水位对应库容，等于水库防洪高水位至水库校核洪水位之间库容。

5.3.1.3 蓄滞洪区超标准运用能力

蓄滞洪区是指由防洪规划确定的临时分蓄洪水的低洼地区及湖泊等。根据全国七大流域防洪规划安排，按照防御洪水标准不同，一般分为重点、重要、一般和保留蓄滞洪区(或分为行蓄洪区、临时滞洪区)。在防御标准洪水时，重要和一般蓄滞洪区(行蓄洪区)需全部启用，保留蓄滞洪区(临时滞洪区)用于防御超标准洪水。保留蓄滞洪区(临时滞洪区)的总有效容积即为蓄滞洪区的超标准调度运用潜力空间。表 5.3-2 给出长江流域蓄滞洪区运用分类统计。

表 5.3-2　　长江流域蓄滞洪区运用标准

流域	蓄滞洪区分类	功能
长江流域	重点蓄滞洪区(1 处)	防御标准洪水
	重要蓄滞洪区(12 处)	防御标准洪水
	一般蓄滞洪区(13 处)	防御标准洪水
	保留蓄滞洪区(16 处)	防御超标准洪水

5.3.1.4 防洪工程联合调度运用的防御洪水能力

防洪工程联合调度，相互补偿作用明显，因此防洪工程体系所能达到的防洪标准往往大于单个防洪工程的防洪效用。一方面，考虑单个工程超标准运用，防洪工程体系的防洪标准将进一步提高；另一方面，在防御洪水实践中，由于区域跨度大，洪水来源较多，遭遇复杂，在不同来水情况下防洪工程运用的次序、超额洪量的处理均存在差别，随着洪水预报和洪水演进计算水平的不断提高，在厘清流域洪水风险传递特征的基础上，开展基于调控与效果互馈的风险调控方案计算，合理拟定工程运用方案，可进一步提高防洪体系的防御洪水能力。据此可以将防洪工程体系防御洪水能力从低到高分为以下几个层次。

(1)防御标准洪水能力

各防洪工程按照已批复的防御洪水方案或洪水调度方案中防御标准洪水的运行方式运行，防洪工程体系能达到的防御洪水能力，即防洪工程体系的防洪标准。

(2)工程任务范围内防御超标准洪水能力

各防洪工程按照防御超标准洪水的运行方式运行时，防洪工程体系联合调度运用所能达到的防御洪水能力。

(3)工程任务范围外防御超标准洪水能力

各防洪工程按照超过其设计防洪任务运行(如堤防超设计水位运行、水库超防洪高水位运行)时,防洪工程体系所能达到的防御洪水能力。

5.3.2 长江流域防洪工程联合调度运用的防御洪水能力评估

5.3.2.1 防御标准洪水能力

长江流域防洪工程建设和防洪工程体系的不断完善使得流域防洪形势得到显著改善,标准内洪水调控的主动性和灵活性显著增加,调度方案、技术、措施相对较为齐全。

目前,长江上游干流现状防洪能力达到:川渝河段依靠堤防总体可防御20年一遇洪水;重庆城区河段依靠堤防总体可防御50年一遇洪水,局部堤段防洪能力仅为10～20年一遇;通过水库群联合调度,宜宾和泸州城区总体可防御50年一遇洪水,重庆主城区总体可防御70～100年一遇洪水。

长江中下游干流现状防洪能力达到:荆江河段依靠堤防可防御10年一遇洪水,通过三峡及上游控制性水库的调节,遇100年一遇及以下洪水可使沙市水位不超过44.50m,不需要启用荆江地区蓄滞洪区;遇1000年一遇或1870年洪水,可控制枝城泄量不超过80000m^3/s,配合荆江地区蓄滞洪区的运用,可控制沙市水位不超过45.0m,保证荆江河段行洪安全。城陵矶河段依靠堤防可防御10～20年一遇洪水;通过三峡及上中游水库群的调节,考虑本地区蓄滞洪区的运用,可防御1954年洪水。武汉河段依靠堤防可防御20～30年一遇洪水,考虑河段上游及本地区蓄滞洪区的运用,可防御1954年洪水(其最大30天洪量约200年一遇)。湖口河段依靠堤防可防御20年一遇洪水,考虑河段上游及本地区蓄滞洪区理想运用,可满足防御1954年洪水的需要。

5.3.2.2 工程任务范围内防御超标准洪水能力

以荆江河段防洪为例,荆江河段是长江防洪形势最为严峻的一段,防洪依靠以三峡为主的上中游控制性水库,荆江大堤、荆南长江干堤等堤防,荆江分洪区等蓄滞洪区组成的综合防洪体系,防洪标准为100年一遇。

三峡工程发挥作用前,荆江河段遇特大洪水时没有可靠对策,如遇1860年或1870年洪水,荆江河段运用现有荆江分洪工程后,尚有30000～35000m^3/s的超额洪峰流量无法安全下泄,不论南溃或北溃,均将淹没大片农田和城镇,造成大量人口伤亡,特别是北溃还将严重威胁武汉市的安全。充分利用三峡及上游水库拦蓄,荆江河段遇超标准洪水防洪压力大大减轻,配合荆江分洪区运用,可实现可控分洪。不同工况组合下荆江河段防洪能力变化见图5.3-3。

为便于理解,分别以1870年和放大到300～1000年一遇不同频率典型洪水为样本,分析计算现状工况、不同频率特大洪水下三峡及上游控制性水库拦蓄洪量、荆江河段超额洪量时空分布,提出荆江河段防洪工程体系联合调度情况下防御超标准洪水能力。

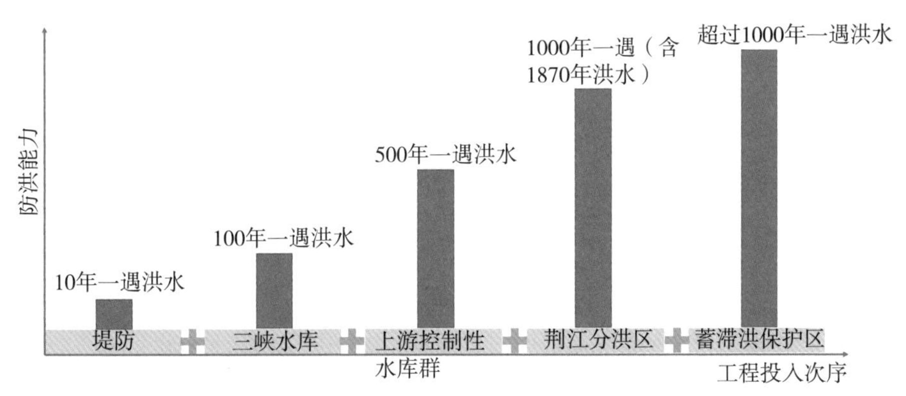

图 5.3-3　不同工况组合下荆江河段防洪能力示意图

(1)防御 1870 年洪水分析

三峡防洪库容分为对城陵矶和对荆江防洪两部分，部分上游水库群也需配合三峡对长江中下游防洪。因此，在研究三峡水库对 1870 年洪水 7 月中旬至 8 月中旬阶段调算时，从偏保守考虑，假定兼顾对城陵矶防洪补偿调度的库容 56.5 亿 m^3 已经用完，水库调洪起调水位定为 155m，155～175m 防洪库容为 165.0 亿 m^3。考虑 1954 年洪水发生时期较早，中下游防洪形势紧张，采用 1954 年洪水调洪估算上游水库群在计算 1870 年洪水调洪前已投入的防洪库容。现状工况，经调洪计算，从 6 月 25 日开始起调至 7 月 21 日三峡水库水位上升至 155m 时，上游水库群拦蓄洪量所用防洪库容为 23.30 亿 m^3，进一步扣除为本河段防洪所预留的 52.27 亿 m^3 防洪库容，流域剩余 65.88 亿 m^3 防洪库容配合三峡水库拦蓄洪水，基本集中在雅砻江梯级锦屏一级和二滩，以及金沙江下游梯级溪洛渡、向家坝水库。以上述分析的水库防洪库容，按照现行的防御洪水规则进行调度，水库拦蓄总量 197.88 亿 m^3，三峡最高调洪水位 171.63m，超额洪量 56.2 亿 m^3，最大超额流量 15200m^3/s，将启用荆江分洪区。考虑乌东德、白鹤滩、两河口、双江口等 4 座水库的拦洪作用，水库拦蓄总量 265.45 亿 m^3，三峡最高调洪水位 171.00m，超额洪量 31.3 亿 m^3，最大超额流量 7500m^3/s。水库拦蓄洪量和荆江河段超额洪量见表 5.3-3、图 5.3-4、图 5.3-5。

表 5.3-3　遇 1870 年洪水现行方案调算成果统计

工况	三峡 155m 以上水库拦蓄量(亿 m^3)							三峡最高调洪水位(m)	超额流量(m^3/s)	超额洪量(亿 m^3)
	三峡水库	雅砻江+金中游梯级	金沙江下游梯级	岷江梯级	嘉陵江梯级	上游水库群	拦蓄总量			
现状工况	132.00	24.95	40.93	0	0	65.88	197.88	171.63	15200	56.2
2030 年工况	125.80	39.67	93.35	6.63	0	139.65	265.45	171.00	7500	31.3

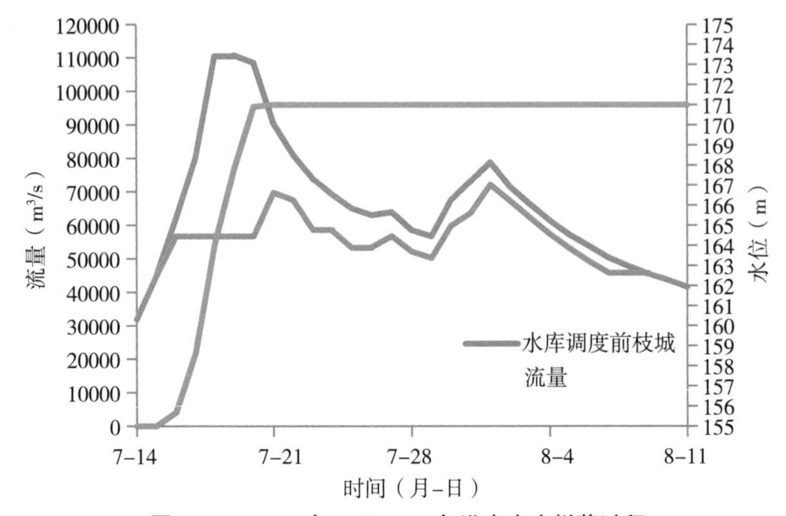

图 5.3-4　2030 年工况 1870 年洪水水库拦蓄过程

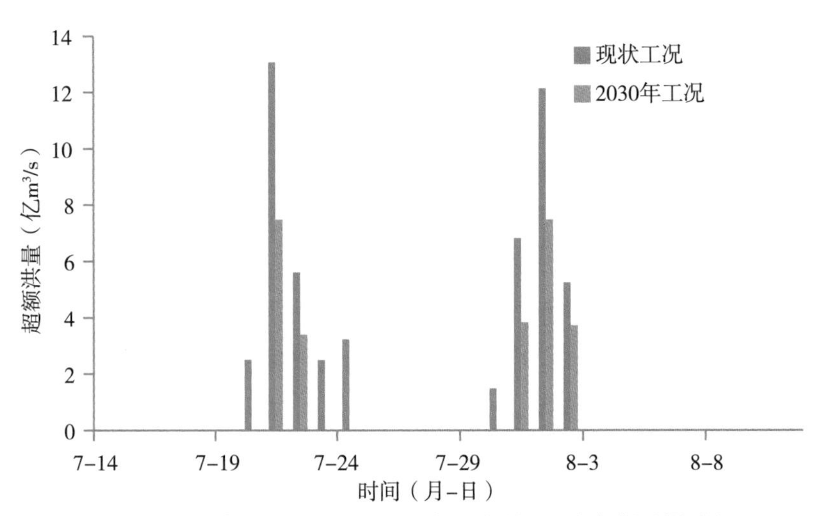

图 5.3-5　现状和 2030 工况 1870 年洪水荆江河段超额洪量过程

(2)遇典型年不同频率特大洪水分析

按照现行防御洪水方案的规则，对遇不同典型年 300、500、1000 年一遇洪水水库拦蓄量和荆江河段超额洪量进行计算，结果见表 5.3-4。

现状工况下，遇 300 年一遇洪水荆江河段已无超额洪量；遇 1954 年、1982 年型 500 年一遇洪水，还有少量超额洪量，其他两个年型 500 年一遇无超额洪量；对于 1000 年一遇洪水，遇 1954 年型 1000 年一遇洪水，三峡和其他上游水库共拦蓄洪水 282.1 亿 m³，荆江河段超额洪量 15.1 亿 m³，遇 1982 年型 1000 年一遇洪水，三峡和其他上游水库共拦蓄洪水 280.1 亿 m³，荆江河段超额洪量 21.2 亿 m³。按照现行调度方案，少数 500 年一遇洪水和多数 1000 年一遇洪水典型均存在超额洪量，需启用荆江分洪区。综上分析，依靠水库群调度可达到的防洪能力为 300～500 年一遇；依靠荆江分洪区、涴市扩大区以及虎西备蓄区等蓄滞洪区防御1000年一遇洪水仍有裕度，则运用蓄滞洪区可达到的防洪能力约大于1000年一遇，见图5.3-6。

表5.3-4　　不同频率洪水上游控制性水库拦蓄洪量及超额洪量统计

工况	设计洪水		水库拦蓄量(亿 m^3)			三峡最高调洪水位(m)	超额洪峰(m^3/s)	超额洪量(亿 m^3)
	洪水频率	年型	三峡水库	上游水库群	拦蓄总量			
现状	1000年一遇	1954	182.3	99.8	282.1	171.00	6890	15.1
		1981	182.3	96.9	279.2	171.00	0	0
		1982	182.3	97.8	280.1	171.00	10880	21.2
		1998	182.3	99.8	282.1	171.00	0	0
	500年一遇	1954	182.3	99.8	282.1	171.00	1420	2.34
		1981	141.7	94.8	236.5	166.48	0	0
		1982	182.3	97.8	280.1	171.00	3760	6.2
		1998	155.1	99.8	254.9	168.01	0	0
	300年一遇	1954	155.6	99.7	255.3	168.07	0	0
		1981	125.5	87.1	212.6	164.58	0	0
		1982	167.8	93.5	261.3	169.46	0	0
		1998	129.8	98.6	228.4	165.13	0	0
2030	1000年一遇	1954	161.4	199.3	360.8	168.74	0	0
		1981	170.2	141.8	311.9	169.73	0	0
		1982	182.3	144.2	326.5	171.00	3991	3.5
		1998	153.3	200.6	354.0	167.81	0	0
	500年一遇	1954	108.7	215.5	324.2	162.38	0	0
		1981	130.8	178.7	309.5	165.24	0	0
		1982	166.2	146.1	312.3	169.28	0	0
		1998	113.9	225.8	339.6	163.06	0	0
	300年一遇	1954	92.3	200.2	292.5	160.24	0	0
		1981	114.2	163.6	277.8	163.10	0	0
		1982	147.4	133.2	280.7	167.14	0	0
		1998	108.6	203.8	312.5	162.37	0	0

若考虑乌东德、白鹤滩、两河口、双江口等水库建成，对于1954年、1998年以及1981年等全流域性洪水，长江上游来水较大，新增水库防洪库容得到充分利用，大幅削减三峡入库洪量。遇1982年型1000年一遇洪水，三峡和其他上游水库共拦蓄洪水326.47亿 m^3，荆江河段超额洪量3.45亿 m^3，遇其他典型年洪水荆江河段无超额洪量，见图5.3-7。

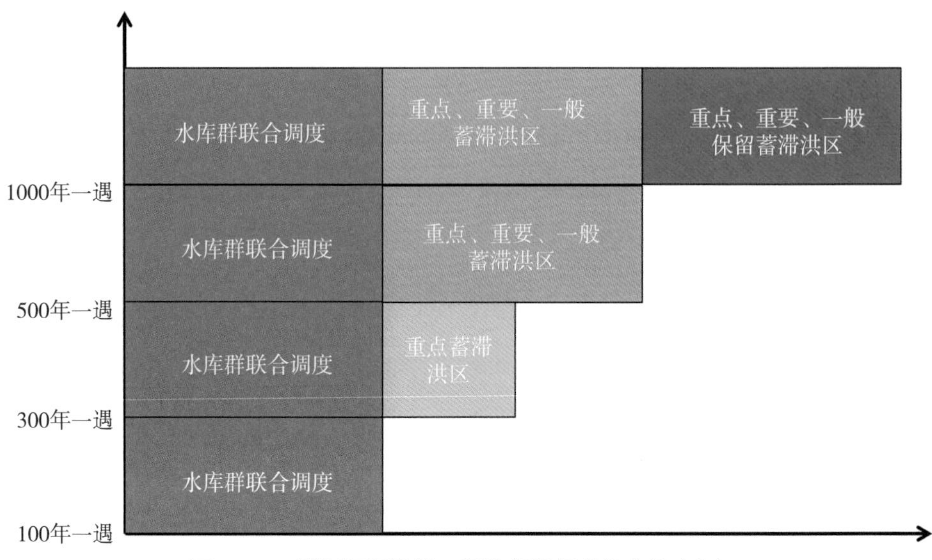

图 5.3-6　荆江河段防洪工程防御超标准洪水能力(I)

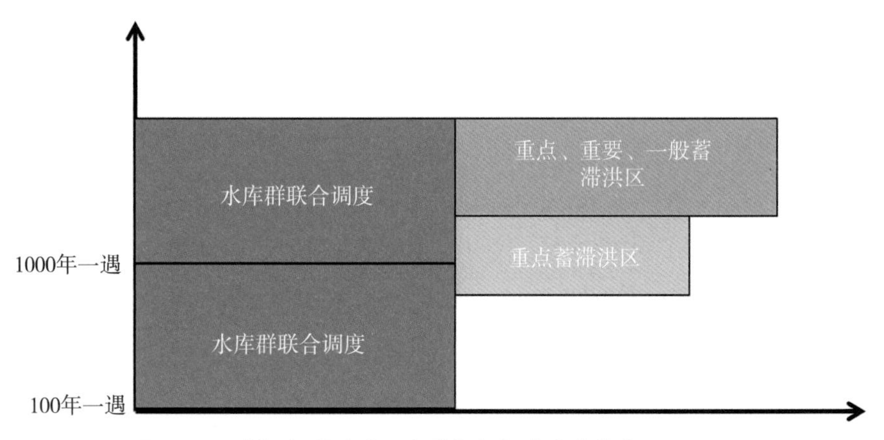

图 5.3-7　荆江河段防洪工程防御超标准洪水能力(Ⅱ)

5.3.2.3　工程任务范围外防御超标准洪水能力

(1)堤防超标准运用能力

收集梳理 1998 年大水后长江中下游干流各堤段的堤防整险加固设计报告、隐蔽工程设计报告、堤基地质勘察报告以及 2016 年长江干流 1∶10000 比例尺河道地形图，每隔 20km 左右选取一个代表断面，逐段对比分析长江干堤设计堤顶高程与实测堤顶高程，各主要控制站和代表断面设计堤顶高程与实测堤顶高程对比见表 5.3-5 和图 5.3-8 至图 5.3-11。可以看出，长江中下游干流堤防已按《长江流域防洪规划》全面达标建设，并且现状实际堤顶高程都高于设计堤顶高程，左岸堤防高 0.01～2.31m，右岸堤防高 0.07～2.31m，其中在长江中游监利—龙口段两侧的洪湖监利江堤和岳阳长江干堤高差最大，达到 0.47～2.31m。因此，现状堤防具备一定的防洪安全裕度，流域超标准洪水条件下具备适度强迫行洪的条件。

表 5.3-5 长江干流主要控制站代表断面设计堤顶高程与实际堤顶高程对比

里程（距离宜昌，km）	左岸堤防	右岸堤防	设计水位（m）	左岸超高（m）	右岸超高（m）	左岸实测堤顶（m）	右岸实测堤顶（m）	左岸堤顶差值（m）	右岸堤顶差值（m）
148	荆江大堤	荆南长江干堤	45.00	2.0	2.0	47.35	47.45	0.35	0.45
183			42.96	2.0	1.5	45.48	44.98	0.52	0.52
209			41.84	2.0	1.5	44.08	44.21	0.24	0.87
221			41.00	2.0	1.5	43.10	43.11	0.10	0.61
233			40.38	2.0	1.5	42.82	41.98	0.44	0.10
249			39.05	2.0	1.5	41.20	41.11	0.15	0.56
301			37.28	2.0	2.0	39.78	40.55	0.50	1.27
338	监利江堤	岳阳长江干堤	35.98	1.5	1.5	37.95	39.55	0.47	2.07
379		云溪江堤	34.40	2.0	2.0	36.94	38.14	0.54	1.74
398			34.01	2.0	2.0	37.49	37.29	1.48	1.28
411	洪湖江堤	临湘江堤	33.45	2.0	2.0	36.49	37.59	1.04	2.14
425			33.46	1.5	1.5	37.09	37.09	2.13	2.13
439		赤壁干堤	33.28	1.5	1.5	37.09	37.09	2.31	2.31
456		三合垸堤	32.65	2.0	1.5	35.18	35.38	0.53	1.23
472		护城堤	32.33	2.0	1.5	34.88	34.88	0.55	1.05
489		四邑公堤	32.50	2.0	1.5	34.88	34.28	0.38	0.28
504			31.47	2.0	1.5	35.02	33.82	1.55	0.85
521			31.44	2.0	1.5	34.82	33.92	1.38	0.98
536	汉阳江堤		31.37	2.0	1.5	33.92	33.01	0.55	0.14
551			30.89	2.0	1.5	34.82	33.92	1.93	1.53
569			29.71	2.0	1.5	32.81	33.10	1.10	1.89
587	江永堤	武金堤	30.03	2.0	1.5	32.71	31.91	0.68	0.38
599	拦江堤	武昌江堤	29.87	2.0	1.5	32.51	32.51	0.64	1.14
619	汉口江堤	武青堤	29.73	2.0	2.0	32.03	32.31	0.30	0.57
637	武湖大堤	武惠堤	29.38	2.0	2.0	32.03	32.13	0.65	0.75
652	堵龙大堤		29.16	1.5	2.0	30.73	31.23	0.07	0.07
668		鄂城江堤	28.98	1.5	1.5	30.53	30.73	0.05	0.25
682	堵龙大堤	鄂城江堤	28.82	1.5	1.5	30.33	30.73	0.01	0.41
697	长城大堤	粑铺大堤	28.34	1.5	1.5	30.43	30.73	0.59	0.89
711		武丈港堤	28.10	1.5	1.5	30.06	30.36	0.46	0.76
729	北永堤	昌大堤	27.98	1.5	1.5	29.73	29.73	0.25	0.25

续表

里程（距离宜昌,km）	左岸堤防	右岸堤防	设计水位（m）	左岸超高（m）	右岸超高（m）	左岸实测堤顶(m)	右岸实测堤顶(m)	左岸堤顶差值(m)	右岸堤顶差值(m)
746	茅山大堤	黄石堤	27.50	1.5	2.0	29.36	29.86	0.36	0.36
762		西塞堤	26.96	1.5	2.0	28.66	29.06	0.20	0.10
779	赤东江堤	海口堤	26.49	1.5	2.0	28.46	29.16	0.47	0.67
794	永全堤	海口堤	26.20	1.5	1.5	27.86	28.06	0.16	0.36
810	黄广大堤	鲤鱼山	25.00	1.5	1.5	26.71	26.81	0.21	0.31
825		梁公堤	24.50	1.5	1.5	26.51	26.81	0.51	0.81
844		赤心堤	23.93	1.5	1.5	26.15	25.55	0.72	0.12
861		永安堤	23.66	1.5	1.5	25.70	25.30	0.54	0.13
881		九江市堤	23.25	1.5	2.0	25.40	25.40	0.65	0.15
896			22.81	1.5	2.0	25.10	24.90	0.79	0.09
909	同马大堤	龙潭山	22.50	1.5	1.0	24.20	24.04	0.20	0.54
943		马湖堤	21.72	1.5	1.0	24.01	23.71	0.79	0.99
1040	安庆市堤	广丰圩	19.34	2.0	1.5	21.70	21.20	0.36	0.36
1213	枞阳大堤	秋江圩	17.10	1.5	1.5	19.46	18.96	0.86	0.36
1335	无为大堤	芜当江堤	13.40	2.0	2.0	16.81	16.31	1.41	0.91
1439	浦口江堤	南京市堤	10.60	2.0	2.0	12.60	12.70	0	0.10
1516	邗江江堤	镇江市堤	8.85	2.0	2.0	10.86	10.86	0.01	0.01
1630	靖江江堤	江阴江堤	7.25	2.0	2.0	9.91	9.91	0.66	0.66

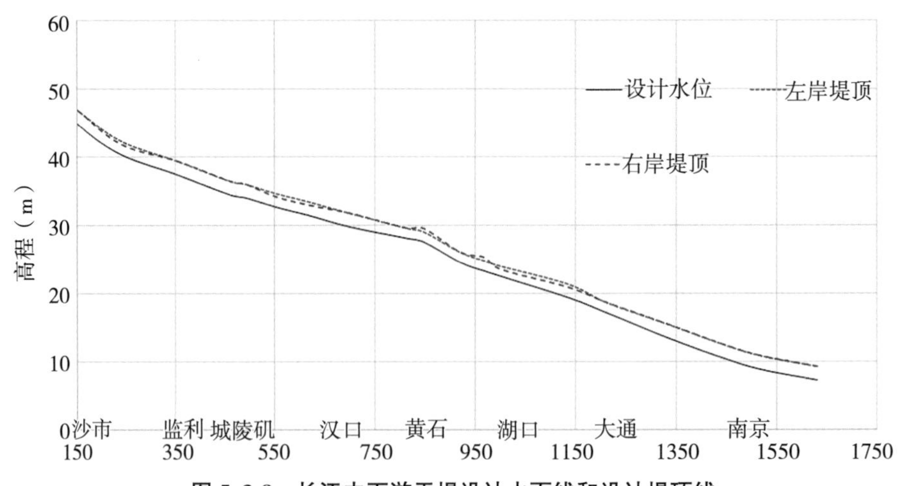

图 5.3-8　长江中下游干堤设计水面线和设计堤顶线

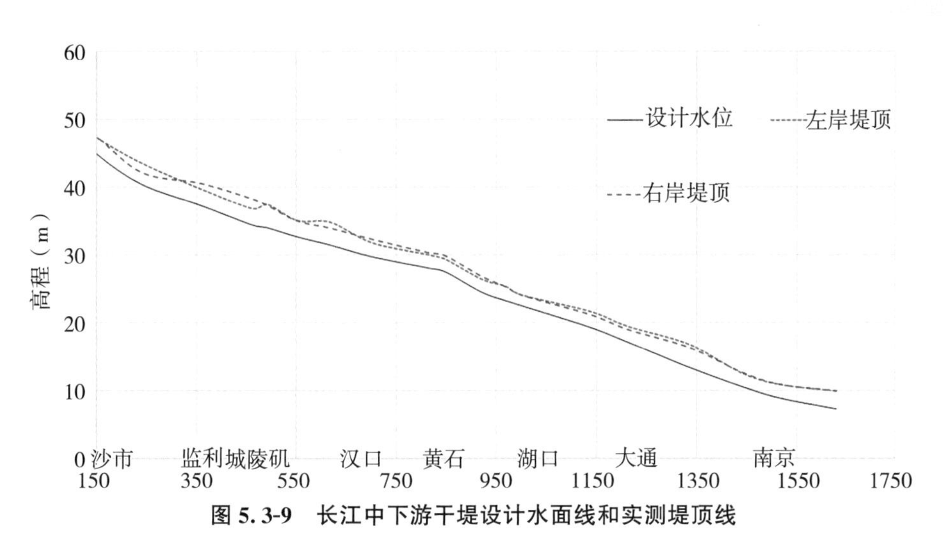

图 5.3-9　长江中下游干堤设计水面线和实测堤顶线

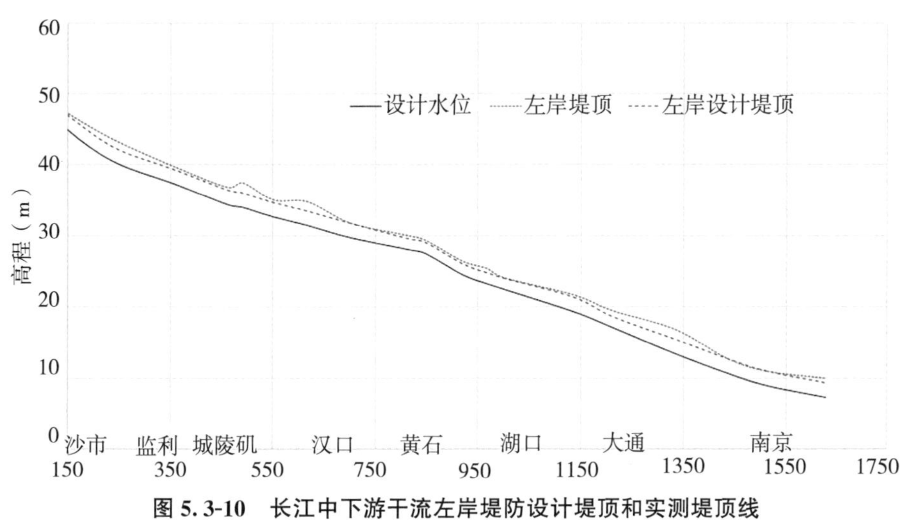

图 5.3-10　长江中下游干流左岸堤防设计堤顶和实测堤顶线

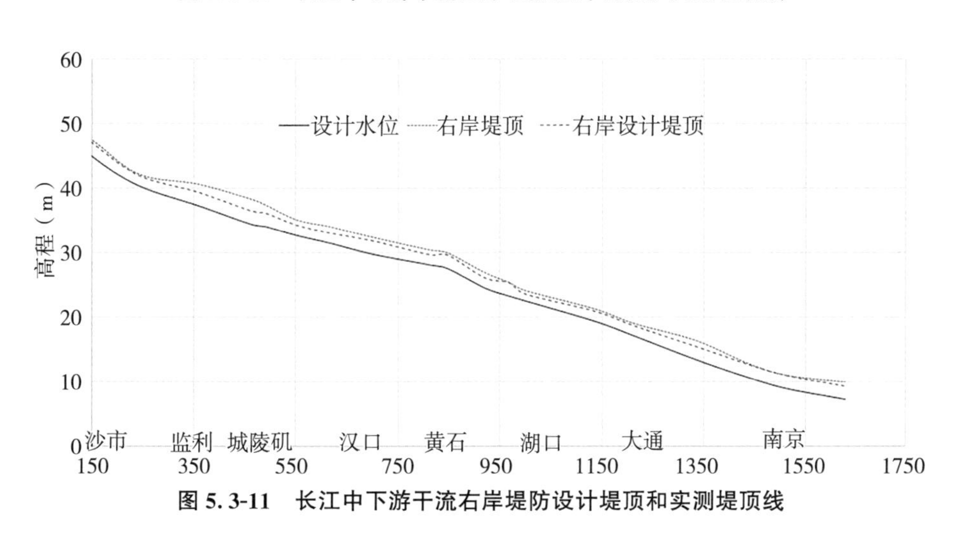

图 5.3-11　长江中下游干流右岸堤防设计堤顶和实测堤顶线

根据收集掌握堤防设计资料和地质勘察资料情况，综合考虑堤身高度、地形、堤基土层、险情现有防渗工程措施等因素，选取干流主要控制站所在堤段典型断面，设置超过堤防设计水位的不同高洪水位计算工况，进行堤防渗透和抗滑稳定计算，分析堤防现状防洪能力。

堤防各典型计算断面在设计洪水位条件下，各断面的渗流稳定计算成果见表 5.3-6。计算结果表明，堤防超设计水位运行前、后各剖面坡脚、堤后 30m 均无出逸点，坡脚、堤后 30m 渗透比降均小于允许渗透坡降。因此，堤防强迫行洪对堤防渗流稳定影响不大。洪水位抬升对堤后出逸点高程及堤脚处的渗透比降较敏感，干流堤防大部分堤段在超高水位达到堤顶高程运行工况下，基本都能满足渗透稳定要求，但是对于堤基下部有深厚透水层又未采取防渗墙措施的堤段，如本次计算的阳新长江干堤所处的月亮湾—五里荒堤段，当水位比设计水位高 1～1.5m 时，坡脚处渗透比降高于允许渗透比降，该段在 1998 年堤后曾发生管涌及散浸险情。

表 5.3-6　　设计洪水位增大前后渗流成果表

桩号	工况	设计水位（m）	堤顶高程（m）	地面高程（m）	出逸点高程	下游出逸坡降 J		允许渗透比降
						坡脚	堤后 30m	
岳阳长江干堤（桩号 69+630）	设计水位	33.53	37.03	29.25	29.25	0.14	0.07	0.43
	水位增加 1m				29.98	0.20	0.04	
	水位增加 2m				30.75	0.25	0.04	
	水位增加 3m				32.27	0.30	0.06	
监利长江干堤（桩号 567+700）	设计水位	32.62	34.91	25.11	25.11	0.10	0.03	0.30
	增加 1m				25.11	0.18	0.03	
	增加 2m				25.11	0.21	0.04	
武惠堤（桩号 17+135）	设计水位	27.6	29.9	24.5	24.5	0.13	0.03	0.20
	增加 1m				24.5	0.16	0.03	
	增加 2m				24.9	0.20	0.05	
同马大堤（桩号 15+000）	设计水位	20.50	22.2	16.86	17.8	0.20	0.13	0.42
	增加 1m				18.5	0.28	0.16	
	增加 1.5m				19.0	0.39	0.18	
江西天灯堤（桩号 0+600）	设计水位	20.52	21.52	16.0	16.5	0.24	0.00	0.30
	增加 1m				17.95	0.29	0.01	
阳新长江干堤（桩号 21+600）	设计水位	26.68	28.18	21.0	21.0	0.32	0.20	0.35
	增加 1.0m				23.04	0.36	0.20	
	增加 1.5m				23.56	0.40	0.23	

续表

桩号	工况	设计水位(m)	堤顶高程(m)	地面高程(m)	出逸点高程	下游出逸坡降 J		允许渗透比降
						坡脚	堤后 30m	
枞阳江堤(桩号44+500)	设计水位	15.36	16.92	10.14	10.35	0.24	0.11	0.45
	增加 1.0m				10.56	0.32	0.16	
	增加 1.5m				10.60	0.35	0.18	
铜陵西圩堤(桩号11+100)	设计水位	13.81	14.90	8.44	9.0	0.40	0.32	0.45
	增加 1.0m		14.90		9.5	0.45	0.35	

注:表中为 1985 国家高程基准。

堤防各典型断面在设计洪水位不同工况下抗滑稳定安全系数成果见表 5.3-7。可见,水位增大对滑弧及安全系数的降低有一定影响,干流堤防大部分堤段在超高水位达到堤顶高程运行工况下,基本都能满足抗滑稳定要求,但堤防等级较低的堤防,如天灯堤为 5 级堤防,由于堤身相对单薄,水位抬高运行后,安全系数接近规范要求的最小值,风险较大。

表 5.3-7 堤防各典型断面抗滑稳定系数成果

堤防桩号	安全系数				
	设计水位	增加 1m	增加 2m(1.5m)	增加 3m	规范值
岳阳长江干堤(桩号 69+630)	1.693	1.633	1.561	1.496	1.25
监利长江干堤(桩号 567+700)	2.779	2.693	2.569	/	1.25
武惠堤(桩号 17+135)	1.974	1.867	1.744	/	1.25
同马大堤(桩号 15+000)	2.318	2.210	2.152	/	1.25
天灯堤(桩号 0+600)	1.21	1.17	/	/	1.1
枞阳江堤(桩号 44+500)	1.86	1.78	1.70	/	1.25
铜陵西圩堤(桩号 11+100)	1.75	1.62	/	/	1.20

注:表中为 1985 国家高程基准。

(2)水库超标准运用能力

由于上游干支流水库建成后发挥拦蓄洪水作用,减少了三峡水库入库洪量,按照规则调度，三峡水库171～175m为荆江河段特大洪水预留的防洪库容并未得到充分利用。根据计算，现状工况下，遇1870年洪水，三峡水库最高调洪水位171.63m；遇1000年一遇洪水，三峡水库最高调洪水位171m，可见依靠水库调蓄仍有一定超标准运用能力；若考虑上游乌东德、白鹤滩、两河口、双江口水库拦蓄，按照目前的调度方式，荆江河段遇特大洪水，三峡水库库水位多数在171m以下，且上游水库防洪库容仍有大量剩余未被利用，水库群防御超标准洪水潜力较大。

为充分利用三峡水库171～175m的为荆江特大洪水预留的防洪库容，在三峡水库171～175m加大拦蓄力度，按沙市站水位不超过45m控制三峡水库下泄流量，即相应控制流量不超过河道安全泄量。三峡水库水位到175m后，按保枢纽安全方式进行调度。此方案为三峡水库拦蓄力度加大的上限。按照加大三峡水库拦蓄力度方案的规则，对原来超额洪量较大的现状工况1870年洪水和1954、1982年型1000年一遇洪水进行计算(表5.3-8)。三峡水库在171～175m按现状河道安全泄量进行拦蓄后，遇1000年一遇洪水，荆江河段无超额洪量。遇1870年洪水，超额洪量减小至17.0亿m^3，超额洪峰虽由15200m^3/s削减至13600m^3/s，但在运用荆江分洪区蓄洪时除需启动北闸进洪外，仍需在腊林洲扒口以增加进洪流量。

表5.3-8　　三峡水库加大拦蓄方案计算结果

方案	设计洪水		水库拦蓄量(亿m^3)			三峡最高调洪水位(m)	超额洪峰(m^3/s)	超额洪量(亿m^3)
	洪水频率	年型	三峡水库	上游水库群	拦蓄总量			
现行方案	1870年		188.50	88.88	277.38	171.63	15200	56.2
	1000年一遇	1954年	182.30	99.80	282.10	171.00	6890	15.1
		1982年	182.30	97.80	280.10	171.00	10880	21.2
三峡加大拦蓄方案	1870年		221.50	88.88	277.38	175.00	13600	17.0
	1000年一遇	1954年	197.42	99.80	282.10	172.54	0	0
		1982年	203.47	97.80	280.10	173.16	0	0

对于1870年洪水，加大三峡水库拦蓄力度后，将荆江河段超额洪量控制在荆江分洪区有效蓄洪容积以内，避免了涴市扩大区、虎西备蓄区等蓄滞洪保留区的运用，可避免荆江地区蓄滞洪保留区30.62万人转移、41.3万亩耕地受淹、124.95亿元固定资产损失。

5.4　基于知识图谱的流域防洪调度模型建模理论与方法

现有综合调度模型在处理简单工程组合和应对标准内洪水能力建设方面取得长足进步，但尚无法对多类别工程的联合调度规则进行有机集成，在处理复杂工程群组和应对大洪水时，难以动态协调防洪工程体系的拦、分、蓄、排能力。在此背景下，本书力求通过知识图谱技术体系,发展一套满足普适性与通用性的流域防洪工程联合智能调度技术方法,强化知识支撑建设,进一步提高调度系统综合应对流域超标准洪水的能力。

知识图谱技术是人工智能技术的重要组成部分,其应用价值在于,它能够改变现有的信息检索方式,以结构化的方式描述客观世界中的概念、实体及其间的关系,从而提供一种更好的组织、管理和理解海量信息的能力,将散乱的知识有效地组织起来,将其表达成更接近于人类认知世界的形式,使人们更快捷、精准地获取所需要的知识。通过结合知识图谱技术对海量防洪领域基础数据信息与调度经验知识进行整合、组织与重构,构建防洪领域知识图谱。结合不同业务应用需求,充分利用知识图谱具有的快速索引、精准预测的能力优势,构建知识图谱驱动的防洪智能调度模型,实现态势分析、方案调控与互馈、风险决策、评估校正四大功能模块的智能应用。模型总体构建总共包含三个部分内容,分别是基础数据模型构建、防洪知识图谱构建及其衍生出的功能应用模块构建,总体流程见图 5.4-1。

5.4.1 基础数据模型构建

防洪领域知识图谱的构建需要海量知识进行支撑,其中包含有历史、实时水雨情、工情等质量较高的结构化知识,但也包含调度规划报告、险情上报资料等文件中文字、图片、网页数据等半结构化或非结构化知识。基础数据模型是融合防洪领域结构化、半结构化以及非结构化的多源异构信息的数据模型,模型主要包含结构化与半结构化数据组织与重构和非结构化数据提取与存储两块建设内容。

(1)数据组织与重构

针对数据基础与数据质量较好的水雨情、工情、险情、社会经济等信息,其重点是对数据进行组织与整合。根据知识图谱建模思路,按照工程类型不同,建立不同属性数据之间的有机联系,构建数据信息间的关联数据结构。将数据信息分为堤防、水库、蓄滞洪区、洲滩民垸与涵闸泵站五大类,将各类工程的工情信息、工程历史险情信息、工程所在区域历史与实测水雨情信息以及工程保护对象的社会经济信息进行关联,通过交叉连接(笛卡尔积)的方式对数据信息进行建库建表。以堤防工程为例,堤防工程工情信息又可分为属性类别信息(堤防达标情况与堤防级别)、特征参数信息(堤顶高程信息、内外坡比、构造信息等)、调度运行参数信息(历史险工险段信息、保护区及风险辐射区险情信息)以及堤防所在河段内与保护区内所有水文、气象站点的历史实测与预报的水雨情信息,同时还包括堤防保护区内风险度较高区域的社会经济信息。

(2)数据提取与存储

针对部分纯文本数据、图像数据以及网络数据等非结构化数据信息,需结合网络爬虫技术、文字识别技术、语音转化技术进行数据提取,并需要人工完成最后校正与录入工作。其中纯文本数据包含防洪规划报告、堤防实时上报资料、科研成果论文等, 相应提取的数据信

基础数据

结构化、半结构化数据

社会经济信息

保护对象与洪泛区社会经济指标

长江干流险工险段及不达标堤段（含4、5级堤防）：重庆市巴南区、綦江区等河段堤防；荆江大堤灵官庙至冲和观段、郝穴段；江西省长江干堤部分堤段；池洲江堤安徽东至、贵池段等

支流重点保护城镇：嘉陵江苍溪、阆中、南充、合川；乌江思南、彭水、武隆；清江长阳县城等

易发生库区淹没的水库：三峡水库、亭子口水库等库区社会经济信息以及不同水位淹没情况

重要湖泊

洞庭湖区松澧、安保、安造、沅澧、沅南、大通湖、育乐、长春、烂泥湖、湘滨南湖、华容护城11个重点垸围堤及其涉及的17个县区社会经济信息

鄱阳湖区保护南昌市和赣抚平原区域防洪安全圩堤2处，保护耕地10万亩以上圩堤12处；保护耕地五万亩、保护县城、或圩区内有重要设施的重点圩堤32座，以及堤防相应保护区

蓄滞洪区：荆江地区、城陵矶附近区、武汉附近区、湖口附近区等42处蓄滞洪区

洲滩民垸：长江干流、洞庭湖区、鄱阳湖区共计851个洲滩民垸

	属性类别	特征参数	调度运行参数	险情信息	水雨情信息
堤防	●达标情况 ●堤防级别	●堤顶高程 ●内外坡比 ●堤段长度 ●地质组成	●保证水位 ●警戒水位	●险工险段 ●保护区及其风险影响区	●干支流河道主要控制站点水情信息、气象站点降雨信息
水库	●水库功能 ●库容分级	●汛限水位 ●下泄能力 ●校核水位 ●水位库容 ●防洪高水位	●保护对象 ●补偿水位 ●预留库容 ●拦蓄方式	●库区淹没对象及其风险辐射影响区 ●下游河道稳定性	●水库历史与实测、预报入库、出库信息
蓄滞洪区	●重要 ●一般 ●保留	●蓄洪容积 ●围堤高度 ●行政区划 ●区域面积	●保护区域 ●运用水位 ●口门类型与设计流量	●面积、人口、房屋、耕地 ●重点基础设施 ●区内、辐射影响区社会经济	●蓄滞洪区外江水位、流量过程、区内降雨过程信息
洲滩民垸	●单退 ●双退 ●其他	●行蓄洪容积 ●围堤高度 ●所在河段 ●对应河段 干堤高度	●分洪运用水位 ●扒口设计流量	●面积、人口、房屋、耕地 ●重点基础设施 ●区内、辐射影响区社会经济	●干支流河道相应控制站黄河口降雨、水位、流量信息
涵闸泵站	●农田 ●城镇	●调蓄容积 ●行政区划	●设计流量 ●排涝标准	●涝区/片 ●保护对象	●干支流流河道相应控制站点水位流量信息、保护区降雨信息

纯文本数据：防洪规划报告；地方实时上报资料；科研成果论文等

获取方式：人工整理汇集；人工整理；网络爬虫+文字识别

提取内容：
- ●工程布局、设计参数 ●工程联调规则 ●流域防洪需求
- ●地方实时险情发生区域、时间、大小 ●建议处置手段
- ●成熟先进算法库 ●国内外险灾情处理手段与效果

\+ 图像数据：历史险情灾情图片；工程实时监测画面

获取方式：数据库导入+人工录入；实时监测传输

提取内容：
- ●成历史风险类型 ●历史险情强度
- ●成基于图像识别的风险判别结果 ●风险类型、强度解析

\+ 网络系统链接数据：网络舆情数据；音视频数据

获取方式：网络爬虫+数据解译+人工判别；网络爬虫+语音识别

提取内容：●相关网页新闻、音视频中关于实时水、雨、工、险、灾情以及处置情况的描述信息

图5.4-1　基础数据模型构建思路

息包含防洪工程布局与各工程设计参数、调度规则、流域整体防洪需求；堤防实时险情发生区域、时间、强度、处置手段以及科研成果论文中国内外关于不同险情、灾情的成套解决方案。图像数据包含历史灾情险情图片与工程实时监测画面，相应需要提取的信息包括：历史风险类型、历史险情强度；基于图像识别的风险判别结果以及风险类型与强度解析情况。网络链接数据包含网络舆情信息与音视频数据信息，具体提取内容包含相关网页、新闻中关于水情、雨情、工情、险情、灾情以应对措施的描述信息。

5.4.2 防洪知识图谱构建

防洪知识图谱构建是本模型的核心。按照"单元—网络—图谱"的总体建设思路开展基本知识单元构建、防洪体系构建以及知识学习模型构建。

(1)单元构建

对基础数据模型生成的数据集进行知识抽取，将水雨情、工情、险情、调度关联对象等基础信息与工程节点与控制站节点进行连接，构造基本知识单元。

(2)网络搭建

考虑不同水情、雨情、工情、险情条件下工程单元与站点单元之间的调度响应关系以及工程单元之间的防洪任务联系，将不同的基本知识单元进行有机组织，构建防洪知识体系网，确立防洪知识体系框架结构。

(3)图谱进化

通过数据驱动的方法，结合历史调度案例不断丰富与完善防洪知识体系网，构建具有自学习功能的防洪调度知识图谱，实现不同水情、雨情、工情、险情条件下，防洪工程群组合自动推荐以及调度响应关系智能索引功能。

5.4.2.1 基本知识单元构建

基本知识单元旨在构建单一节点的数据关系模型，有机且紧密耦合相关属性信息，主要包含三块内容，具体为：节点实体抽取、节点属性抽取与防洪工程基本知识单元构建。在知识图谱中，实体节点与属性之间没有明确界限，某个属性节点可以成为某一类的实体节点，反之亦然。实体节点与实体节点、实体节点与属性节点、属性节点与属性节点均存在映射关系。

为便于知识图谱构建与搜索调用，结合专业知识背景，将实体节点分为防洪工程节点与控制站节点，基本知识单元将围绕这两类节点建立。其中，工程节点属性包括行政区划、类别、建设情况、特征参数、启用方式、实时水雨工情信息、历史风险点、直接关联工程等。控制站点节点属性包括站点类型、站点名称、位置、水雨情实测预报信息、站点附近险情信息、站点所在区域社会经济信息等。最后通过节点属性链接构建防洪节点知识单元，不同知识表示方法展示的基本知识单元不同。图5.4-2展示了以RDF三元组为例的基本知识单元。

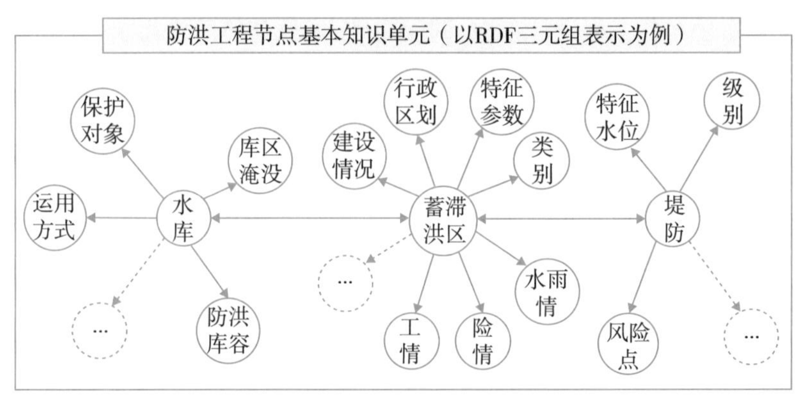

图 5.4-2　防洪工程节点基本知识单元

5.4.2.2　防洪体系网构建

防洪体系网旨在链接工程节点，构成知识图谱构架。根据防洪工程与站点之间的行政区划、空间距离等空间拓扑联系，建立工程与工程、工程与站点、站点与站点之间的基本空间联系；将历史水雨情与险情信息，概化成水雨情节点与险情节点，并与相应的控制站节点进行连接。并进一步筛选出与控制站点水文水力联系紧密的水库、堤防、蓄滞洪区等工程节点，将两者进行互联；根据防洪规划方案中不同工程节点针对不同调度控制站点的防洪任务，确定两者之间的调度响应关系并作为关系属性与工程节点与属性节点进行连接。同时，水库、堤防、蓄滞洪区等的防洪工程联合运用方式与水工程调度方案紧密相关，需进一步解析不同调度方案下各防洪工程联合运用方式，建立不同防洪工程间的调度联系，防洪知识体系网见图 5.4-3。

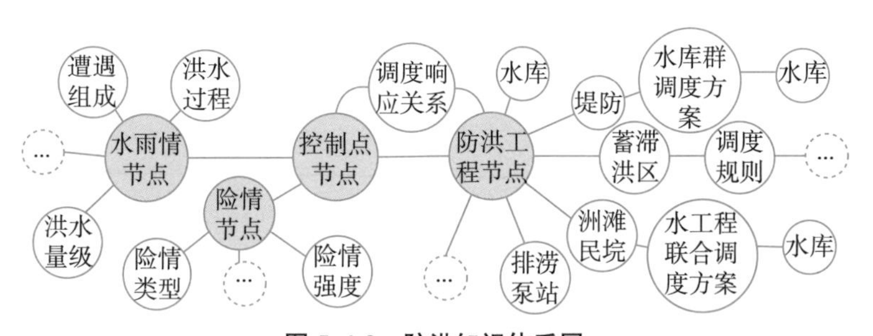

图 5.4-3　防洪知识体系网

以控制站节点与险情节点构建的链接网所呈现的信息数据为例，图 5.4-4 至图 5.4-7 展示了长江流域洲滩民垸工程节点，城陵矶控制站节点，以及长江干流与洞庭湖险情节点之间的时空联系。具体展示了不同城陵矶运行水位下，长江干流及洞庭湖区洲滩民垸堤防超设计水位运行的范围变化过程，以及相对应可能淹没耕地面积、蓄洪容积以及影响人口，可在实时调度过程中快速索引查询出不同运行工况下的全域灾情险情信息，为后续决策提供数据支撑。

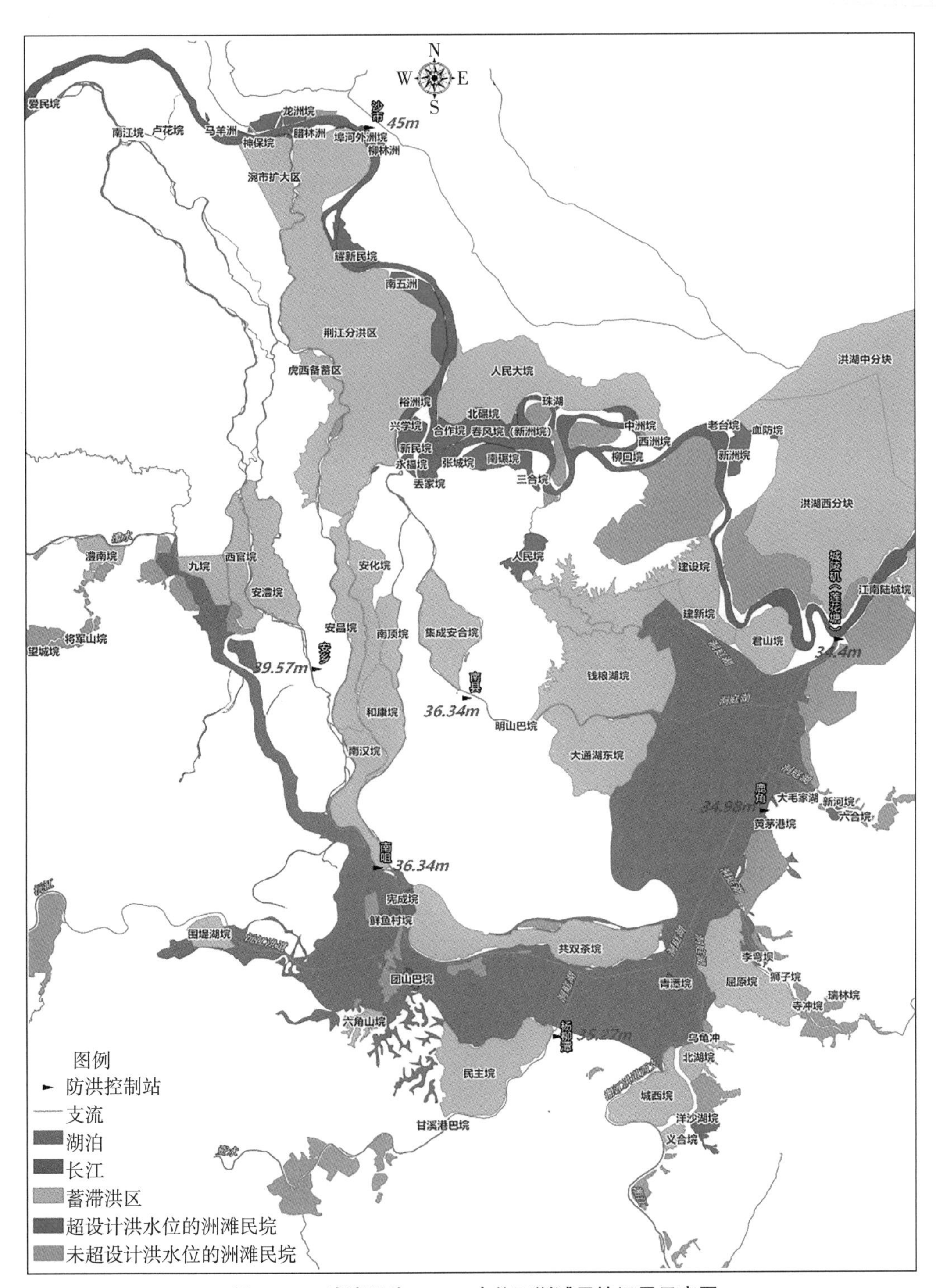

图 5.4-4　城陵矶站 34.4m 水位下洲滩民垸运用示意图

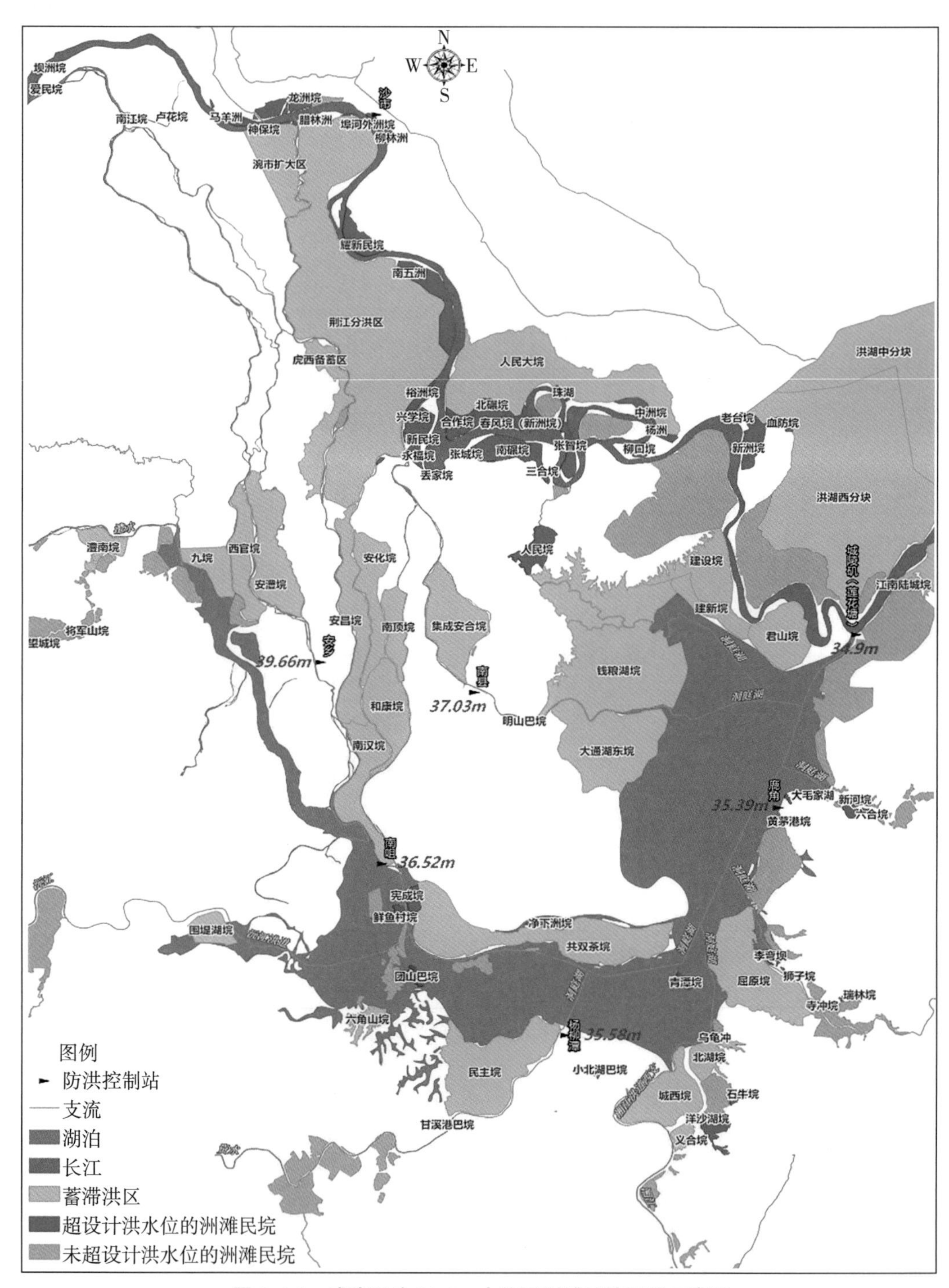

图 5.4-5　城陵矶站 34.9m 水位下洲滩民垸运用示意图

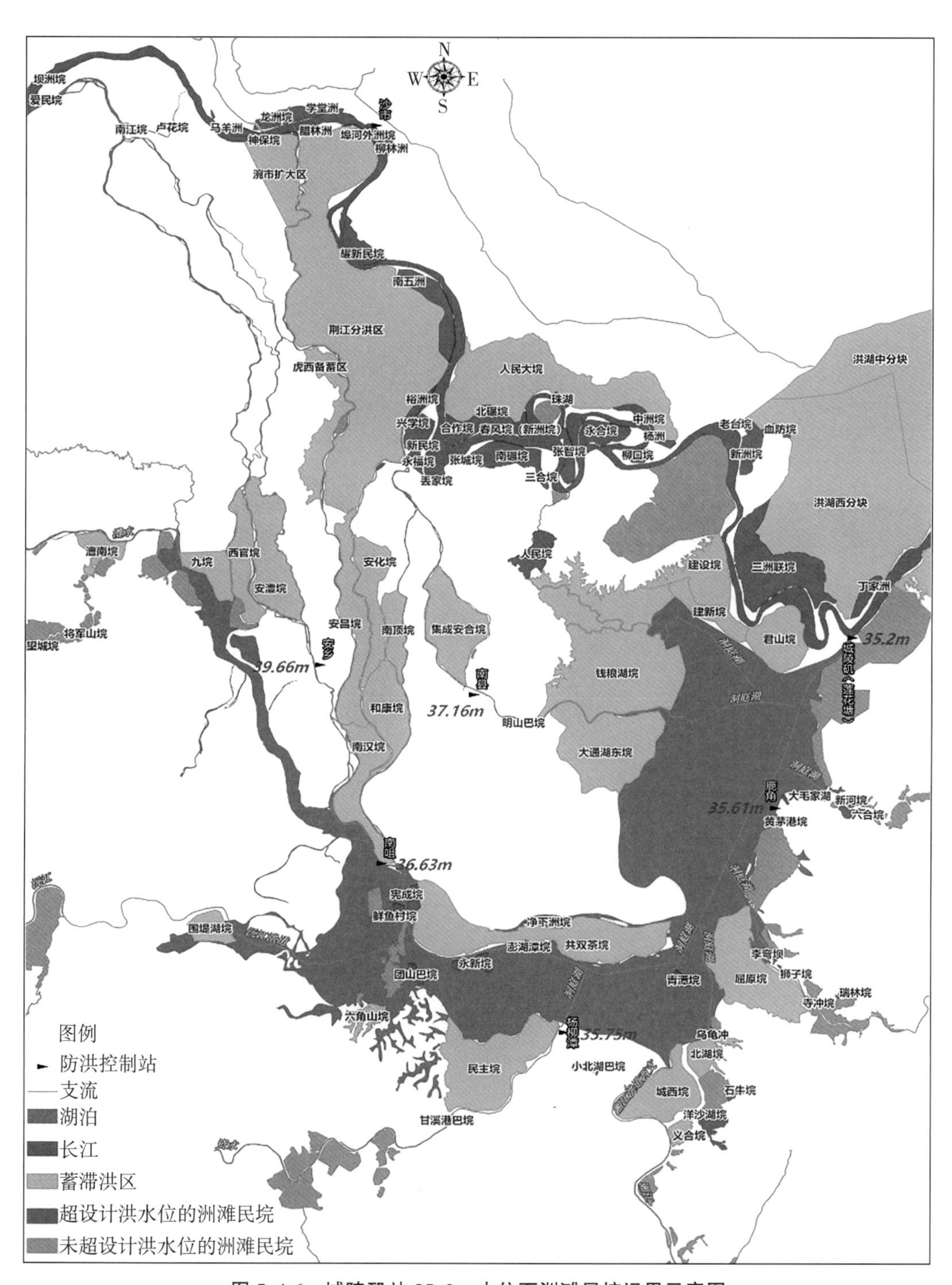

图 5.4-6　城陵矶站 35.2m 水位下洲滩民垸运用示意图

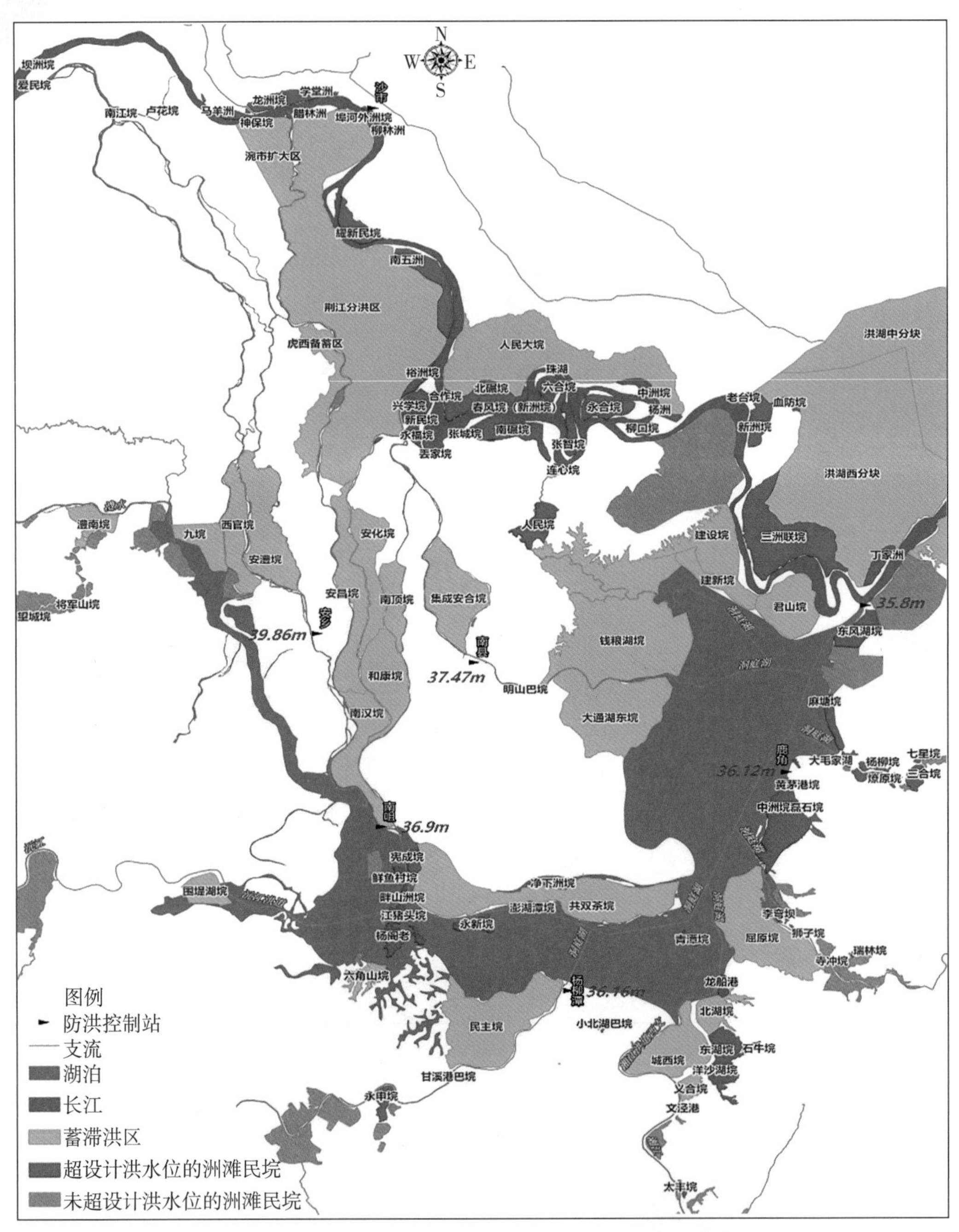

图 5.4-7　城陵矶站 35.8m 水位下洲滩民垸运用示意图

5.4.2.3　知识学习模型构建

为使知识图谱具备学习功能，构建了知识学习模型。学习模型分为自主学习模型、案例学习模型、知识修正模型三部分。其中，自主学习模型是以超标准洪水模拟发生器为数据输入，水动力学模型算法驱动，按照约定工程运行原则，模拟出不同水情、防洪工程运用后，控制站的水文响应关系，实现自优化模型，以不断补充与完善防洪体系知识网中工程节点与站点节点之间的调度响应关系；案例学习模型能够将大量历史调度案例集中的知识要素进行提取，并对防洪体系知识网的节点路径，即调度方案组合进行扩充完善；知识修正模型则基于调度响应关系对历史调度案例复演计算得到的误差，对调度响应关系模型与案例学习模型进行自适应校正。通过自主学习、案例学习、知识修正，能使防洪知识体系网发展成具有调度案例智能推荐、调度效果智能预测、参数自我更新学习能力的防洪知识图谱。

(1)调度响应关系自学习模型

调度响应关系自学习模型构建包含三个部分：洪水发生器模型、基于物理模型的调度样本集构造以及应用数据驱动方法的工程调度响应关系学习。通过洪水发生器生成的大量样本，结合低维调度响应关系曲线生成不同来水条件下工程调度方案集，生成不同来水场以及模型初始边界场，通过机理模型如水动力模型、工程调度模型进行流域调度模拟，获取大量调度样本集。引入机器学习、深度学习等方法对水库、堤防、蓄滞洪区、洲滩民垸与涵闸泵站不同水工程的调度效果进行拟合，结合风险评估方法完善工程调度响应关系模型。通过不断重复“模拟—优化—训练”的过程使调度响应关系不断进行自学习，总体框架见图 5.4-8。

(2)历史调度案例学习模型

剖析历史调度案例，对调度目标、险情河段、水情、工情、险情、工程组合、调度方式，以及调度过程中考虑的其他要素如航运要素、水资源配置影响要素进行提取，构成案例的基本知识点，并进行有机串联组织，要求达到可复演还原案例，供调度案例搜索引擎，实现调度案例集的智能索引(图 5.4-9)。各要素提取内容包含要素的发生时间、影响空间、要素涉及的量与影响程度等。如历史调度案例中的工情要素包括工程启用时机、工程的空间分布、涉及的调度对象与目标、启用工程数量、投入规模总量以及相应的调度效果与风险等要素。

(3)知识修正模型

知识修正模型(图 5.4-10)建设目标是对知识图谱中的调度效果响应关系模型与调度案例知识库进行补充、更新与完善，主要通过防洪工程调度响应关系模型，对历史调度案例进行复演，计算模拟效果与真实效果之间的误差。基于调度误差，对调度响应关系进行二次训练，如直接对模型输出建立贝叶斯模型、误差自回归模型进行结果校正。校正模型也可对实时防洪调度中产生的误差进行校正。误差较为明显时，则需要对历史案例进行重构解析，对调度案例中考虑的要素特征进行二次筛选，同时也需要核查工程调度方案与调度效果是否有误。

图 5.4-8　调度响应关系自主学习模型

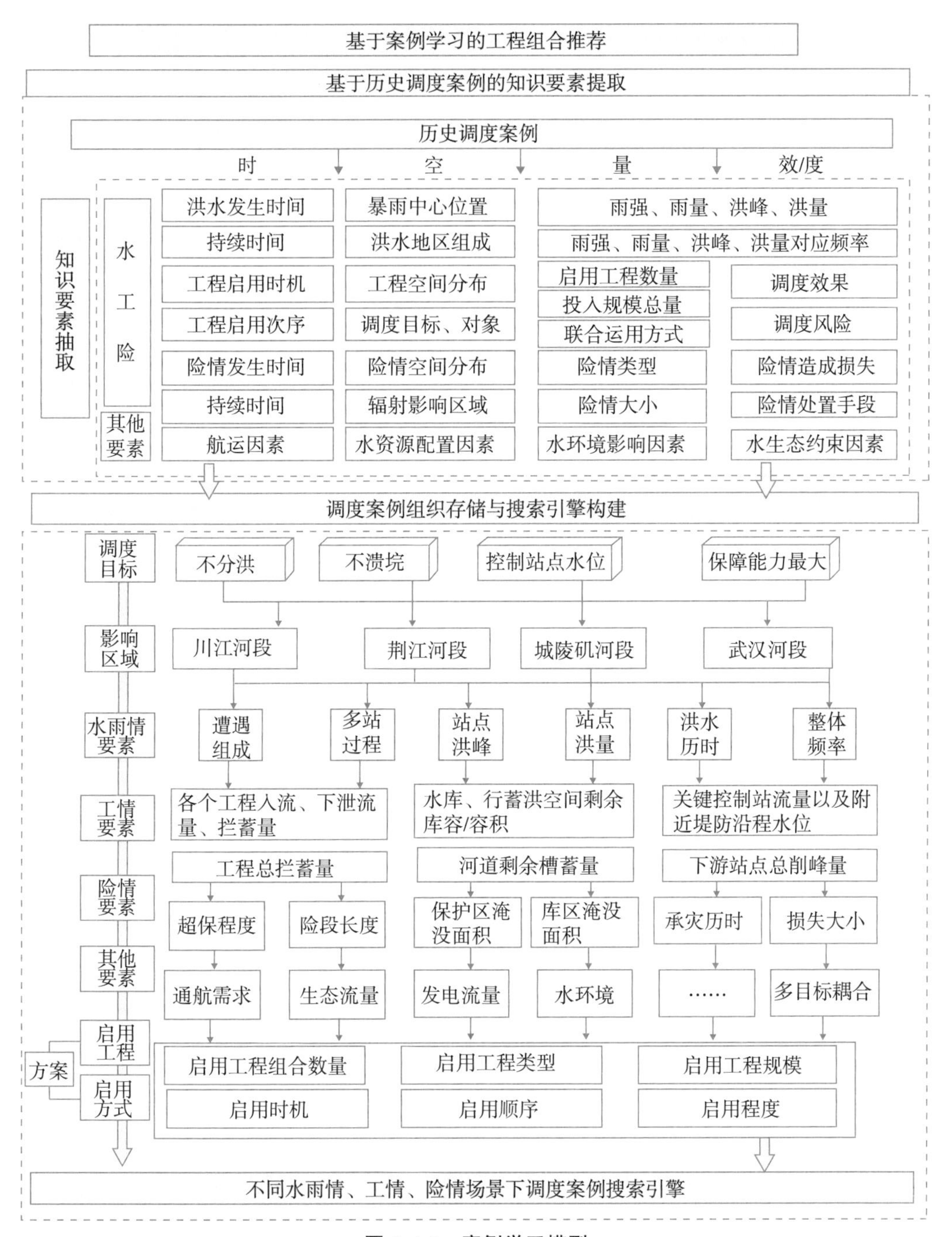
基于案例学习的工程组合推荐
基于历史调度案例的知识要素提取
历史调度案例
时
空
量
效/度
知识要素抽取
水工险
其他要素
洪水发生时间
持续时间
工程启用时机
工程启用次序
险情发生时间
持续时间
航运因素
暴雨中心位置
洪水地区组成
工程空间分布
调度目标、对象
险情空间分布
辐射影响区域
水资源配置因素
雨强、雨量、洪峰、洪量
雨强、雨量、洪峰、洪量对应频率
启用工程数量
投入规模总量
联合运用方式
险情类型
险情大小
水环境影响因素
调度效果
调度风险
险情造成损失
险情处置手段
水生态约束因素
调度案例组织存储与搜索引擎构建
调度目标
影响区域
水雨情要素
工情要素
险情要素
其他要素
启用工程
启用方式
方案
不分洪
不溃垸
控制站点水位
保障能力最大
川江河段
荆江河段
城陵矶河段
武汉河段
遭遇组成
多站过程
站点洪峰
站点洪量
洪水历时
整体频率
各个工程入流、下泄流量、拦蓄量
水库、行蓄洪空间剩余库容/容积
关键控制站流量以及附近堤防沿程水位
工程总拦蓄量
河道剩余槽蓄量
下游站点总削峰量
超保程度
险段长度
保护区淹没面积
库区淹没面积
承灾历时
损失大小
通航需求
生态流量
发电流量
水环境
……
多目标耦合
启用工程组合数量
启用工程类型
启用工程规模
启用时机
启用顺序
启用程度
不同水雨情、工情、险情场景下调度案例搜索引擎

图 5.4-9 案例学习模型

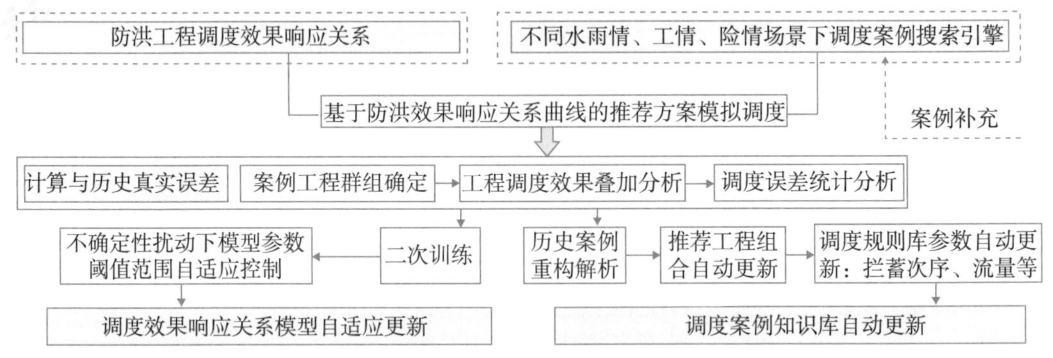

图 5.4-10　知识修正模型

5.4.3　功能应用模块构建

聚焦提升现有调度模型支撑能力，从知识图谱衍生四大应用，分别是防洪态势分析、调度方案调控互馈、风险分析与决策，以及调度方案评估校正。防洪态势分析功能可以计算得出面临时段防洪压力，并且可以调用知识图谱中工程调度相应关系，计算未来流域防洪工程体系的整体防御能力。同时，通过分析防洪压力情况，可以判断是否需要进入流域超标准调控状态。防洪调度互馈功能则可基于知识图谱搜索与实时优化得到的调度案例集，通盘考虑各区域精细化防洪调度目标与约束情况，建立调度效果与风险互馈的方案优化模型，优化得到满足调度目标的调度方案集。调度风险决策功能是通过建立决策者关注的关键风险指标体系，将满足调度目标的调度方案集进行分级筛选与自动排序，辅助进行最优决策。评估校正模型则重点从调度效果的角度评估调度方案的实施情况，并将误差反馈至知识图谱模型，对知识图谱进行修正。防洪态势分析模块是调度互馈模块的启动判别器，调度互馈模块则作为风险决策模块的“动力系统”，为之提供大量满足目标的优化方案集。

(1)防洪态势分析

防洪态势分析功能(图 5.4-11)分为流域风险区划、流域防洪态势研判、流域防御能力三部分进行建设，首先根据流域洪水风险区划技术，将流域区划成防洪保护区(农田、城市、重要基础设施等)、蓄滞洪区、洪泛区(进一步可拆解水库库区、洲滩民垸等)，完成空间尺度的风险区域识别与标记。流域防洪态势研判是根据有效预见期内洪水过程，采用现有防洪调度规则对确定性预报来水进行预报调度，综合考虑调度后流域不同风险区划单元的险情态势情况，计算面临时段所需要承担的防洪压力指数，并基于防洪压力值判断流域防洪工程体系是否需要进入超标准防御状态；流域防御能力评估是基于预见期外的来水不确定，对流域防洪工程剩余可用于防御的调洪、蓄洪量，基于知识图谱搜索获取当前水雨情条件下上游水库群库容效用系数，下游行蓄洪空间调度响应关系，通过逐级推演换算，并通过选取历史相似典型年进行模拟调度，折算成流域各防洪河段或区域能够有效抵御洪水的频率和安全裕度。

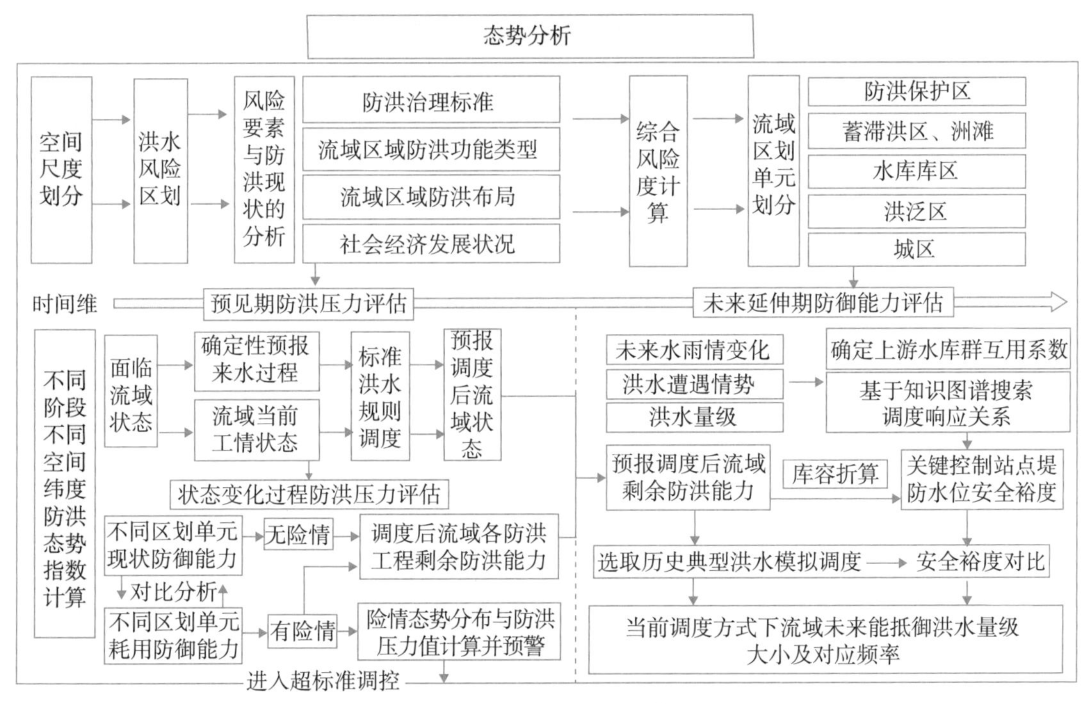

图 5.4-11 防洪态势分析模型

(2)调度方案调度互馈

调度方案调度互馈模型(图 5.4-12)主要由调度工程群组初选、调度风险互馈优化两部分组成。

1)调度工程群组初选

工程群组的初选是调度方案的核心内容,生成途径有两种:一是通过案例匹配,进行推算;二是设定调度目标,通过规则库寻优,推演获得。

2)调度风险互馈优化

通过获取多组调度工程群组组合,考虑水位约束、流量约束、变幅约束等边界条件,以调度目标为需求,如保证库区不淹没、区域防洪控制站水位、控制性防洪水库运用水位等方面的要求,启用知识图谱中调度响应关系,开展防洪精细化调度,进一步优化工程群组投入次序和方式,使理想模型逐步逼近实时调度面临的边界条件和目标约束。通过不断对工程群组调度案例进行迭代优化,筛选出能够满足调度目标的调度方案集合。

(3)风险分析与决策

针对满足调度目标的最优方案集合,根据决策者对不同防洪保护对象与防洪目标的重视程度,建立涵盖人员伤亡、库区淹没损失、搬迁人口数量、保护区淹没损失、工程剩余防洪能力等指标的风险评估指标体系,实现不同风险指标下的方案自动排序,以及综合考虑主客观权重后,对方案进行智能分级、排序、优选(图 5.4-13)。

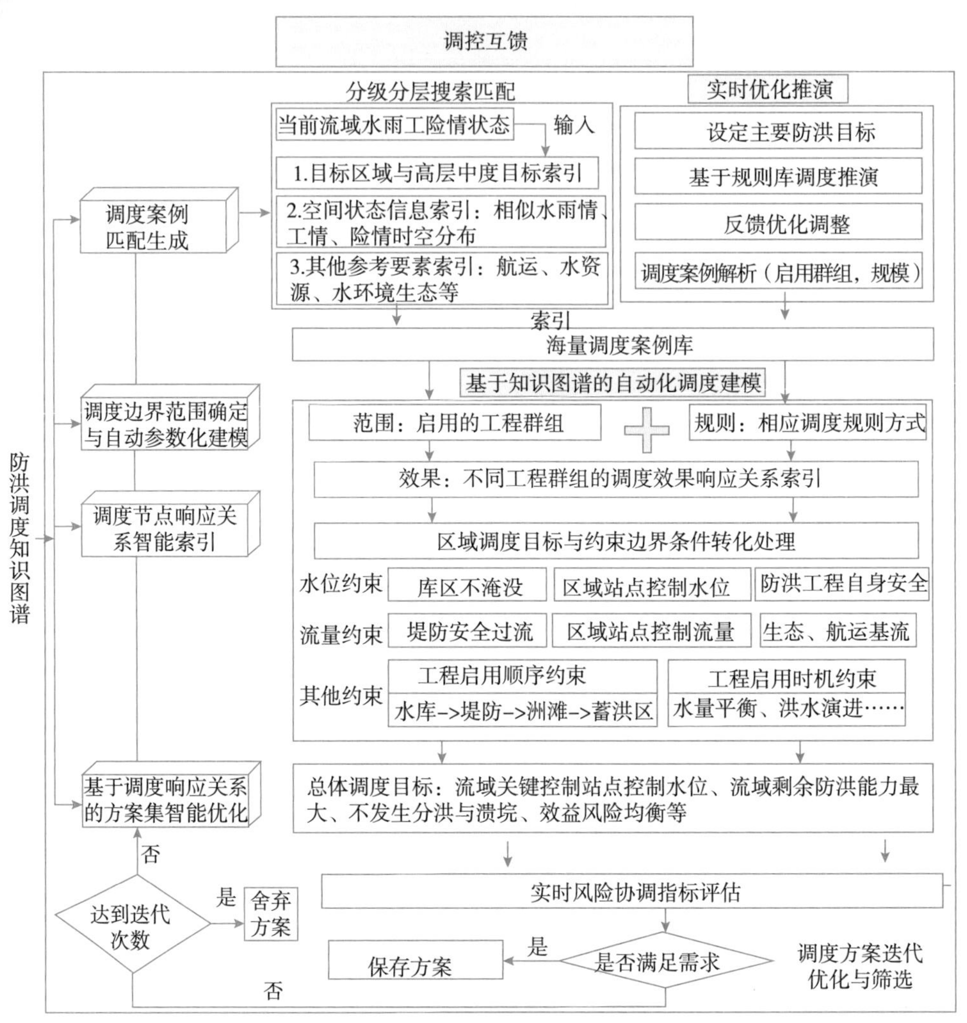

图 5.4-12　调度方案调度互馈模型

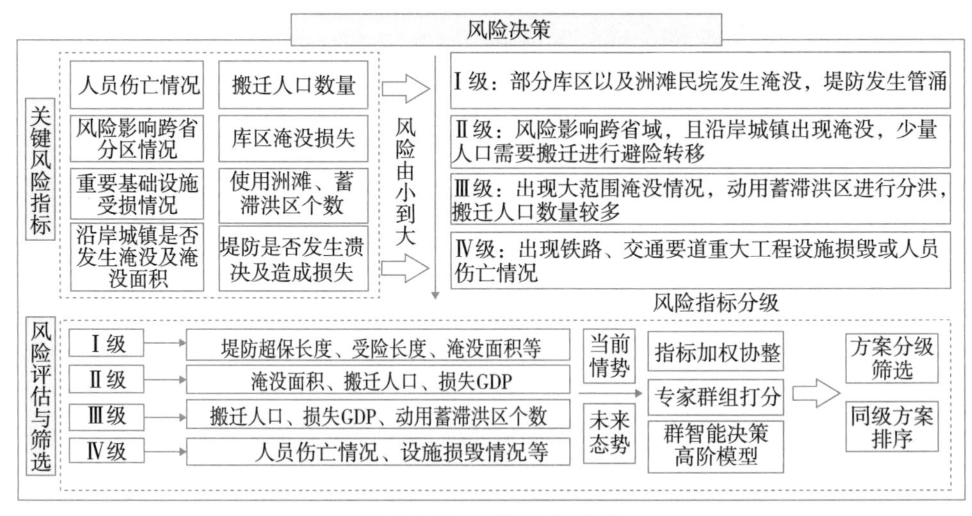

图 5.4-13　风险决策模型

(4)调度方案评估校正

调度方案评估校正(图 5.4-14)是根据调度效果对调度方案进行评估,调度效果将从方案实施情况,如调度响应时间、响应程度、方案减灾情况,以及水位是否降低、淹没面积是否控制等来评价调度方案。若调度方案未达到预期效果,则进行预警,同时将调度偏差输入知识图谱中,对知识图谱进行更新。

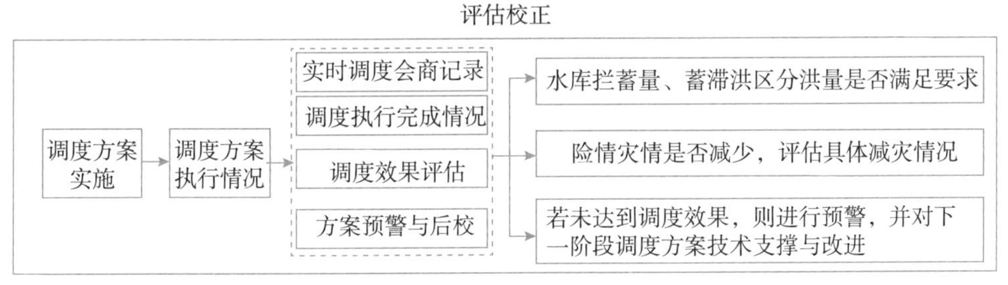

图 5.4-14 评估校正模型

5.5 防洪工程调度影响关系解析

5.5.1 水库拦蓄对河段水位的影响

超标准洪水调度需要协调区域与流域、上游与下游、工程群组与单一工程调度之间的防洪调度需求,具体在长江流域,如何协调好川江河段与荆江河段、城陵矶河段的防洪是发挥好防洪工程调度效用的关键。其中,川江河段重点研究水库拦蓄对李庄、寸滩两站水位的削减作用;中下游重点分析荆江河段、城陵矶超额洪量的变化。

5.5.1.1 李庄调度影响关系

李庄站实测值为水位过程,因此,X 取李庄的水位,影响关系曲线簇见图 5.5-1,为李庄水位 272m(对应流量约 50000m^3/s)情况下的向家坝调度影响关系曲线簇,表示当李庄水位为 272m 时,若向家坝下泄降低 1000m^3/s,2000m^3/s,…,10000m^3/s 流量值,并持续不同时长,可以降低的李庄水位值。例如,当前情况下降低向家坝下泄流量 4000m^3/s,持续 3 个时段,这可以降低李庄水位 1.12m。

5.5.1.2 寸滩调度影响关系

寸滩的流量较大时,水位受三峡水位顶托明显,需要将三峡水位作为自变量,即在上述参数的基础上增加三峡水位 L,寸滩调度影响关系参数见图 5.5-2。

X 取寸滩的流量,影响关系曲线簇见图 5.5-3,为寸滩流量 70000m^3/s 情况下的向家坝调度影响关系曲线簇。

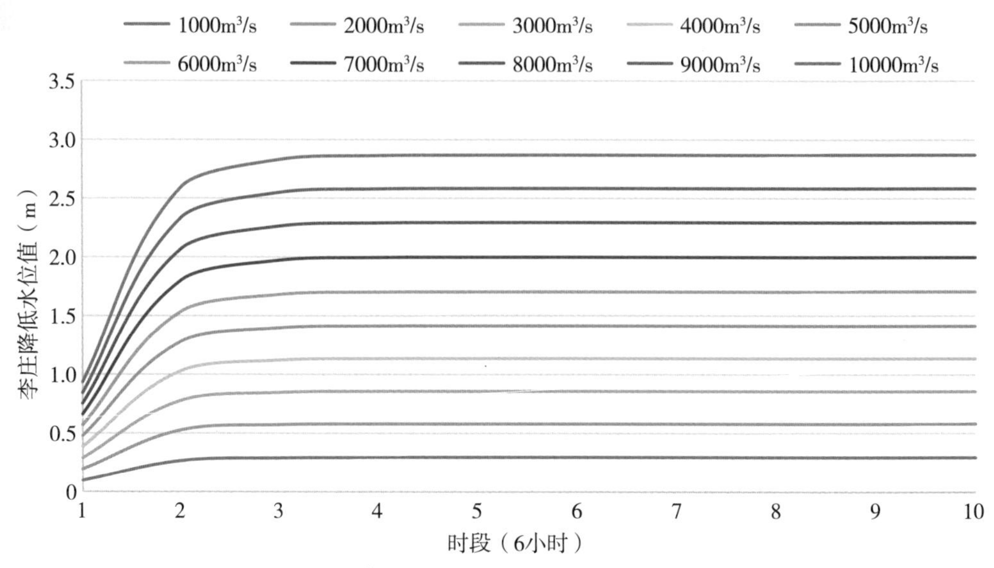

图 5.5-1　李庄 272m 情况下调度影响关系曲线簇

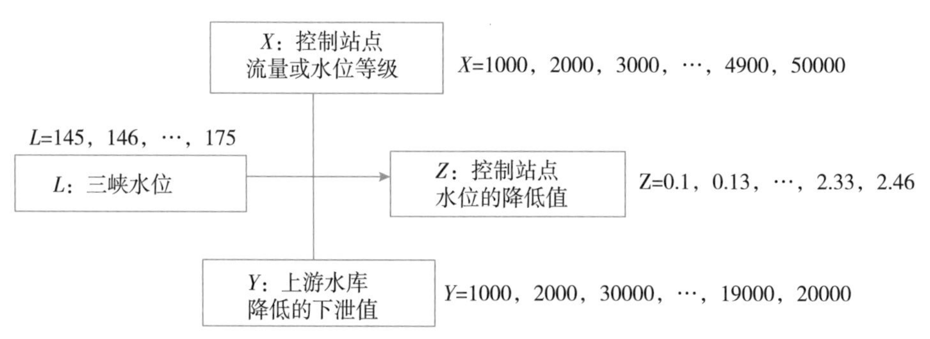

图 5.5-2　寸滩调度影响关系参数关系

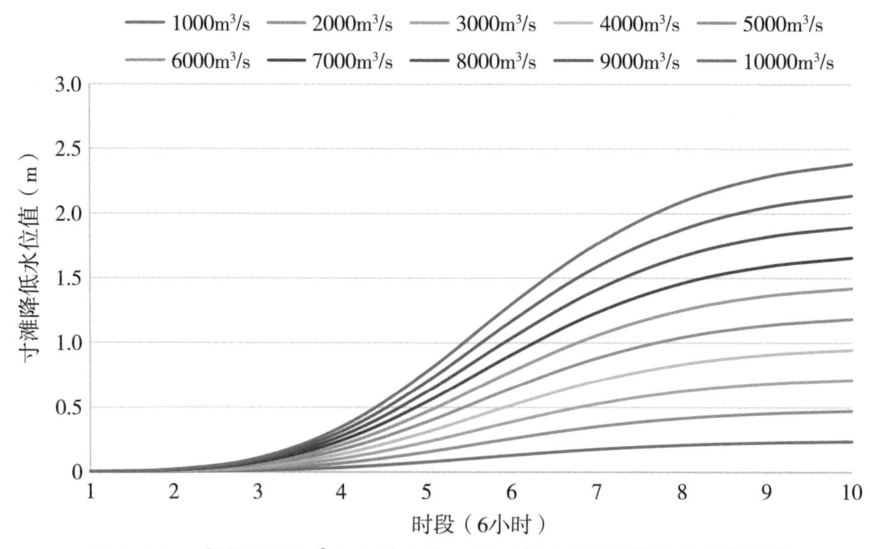

图 5.5-3　寸滩 70000m³/s 三峡水位 165m 情况下调度影响关系曲线簇

5.5.1.3 荆江河段

考虑乌东德、白鹤滩、双江口、两河口4座水库拦蓄，对1870年洪水调洪计算，三峡水库对荆江防洪至最高调洪水位171.0m时，三峡水库拦蓄洪量125.8亿m^3，三峡以上水库群配合防洪共拦蓄洪量53.3亿m^3，控制枝城流量不超过56700m^3/s；此后，枝城流量有所减退，但枝城流量仍超过56700m^3/s，上游水库群继续发挥拦洪作用减少进入三峡水库的洪量，削减枝城洪峰流量，三峡水库水位达171m后，上游水库群共拦蓄洪量86.35亿m^3，三峡及以上水库拦蓄洪量共计265.45亿m^3，荆江河段超额洪量减少至31.3亿m^3（表5.5-1，表5.5-2）。

表5.5-1　1870年洪水上游各防洪水库工况统计

水库拦蓄量（亿m^3）							三峡最高调洪水位（m）
三峡水库	雅砻江梯级	金沙江梯级	岷江梯级	嘉陵江梯级	上游水库群	拦蓄总量	
125.80	39.67	93.35	6.63	0	139.65	265.45	171.00

表5.5-2　1870年洪水荆江河段超额洪量变化

水库拦蓄量（亿m^3）	拦蓄后最大洪峰流量（m^3/s）	超额洪量（亿m^3）
265.45	64200	31.3

5.5.1.4 城陵矶河段

统计了各干、支流水库配合三峡水库对长江中下游进行防洪调度，遭遇1%频率不同典型洪水时长江中下游城陵矶的超额洪量变化情况，以及各梯级水库组团单独配合三峡在防洪工程体系中的效果、贡献（表5.5-3）。

表5.5-3　遭遇1%洪水各梯级水库配合三峡水库调度多年平均分洪效果

干支流（梯级水库）	防洪库容（亿m^3）	减少长江中下游城陵矶分洪量（亿m^3）	效果系数（%）	库容比重（%）	权重系数（%）
三峡梯级	185.50	209.40	112.88	46.44	64.82
溪洛渡、向家坝梯级	40.93	24.90	60.84	10.25	7.71
乌东德、白鹤滩梯级	99.40	44.57	44.84	24.88	13.80
金中组团	15.25	8.80	57.70	3.82	2.72
岷江（瀑布沟）	11.00	9.17	83.33	3.75	3.87
雅砻江（锦屏一级＋二滩）	25.00	13.80	55.20	6.26	4.27
乌江（构皮滩）	4.00	2.70	67.50	1.00	0.84
嘉陵江（亭子口）	14.40	6.40	44.44	3.60	1.98
总计	395.48	319.74			

注：1. 效果系数＝削减的成灾洪量与防洪库容的比值，权重系数＝削减的成灾洪量与总削减洪量比值；
2. 三峡水库效果系数大于1，是因为防洪库容重复利用。

从效果系数看，三峡水库的防洪效果最好，其余依次是岷江、乌江、溪(洛渡)向(家坝)梯级、金中组团、雅砻江等，分析原因主要是岷江大渡河、雅砻江来水丰富且稳定，乌江主要因为距三峡较近；从库容分布看，三峡梯级比重最大，接近50%；其余依次是乌(东德)白(鹤滩)梯级、溪向梯级、雅砻江梯级等；从权重系数看，三峡水库防洪效果最好，其次是乌白梯级、溪向梯级、雅砻江梯级，主要因库容相对较大，持续拦洪效果相对较好。

5.5.2 蓄滞洪区运用响应关系曲线

采用蓄滞洪区分片的方法计算不同片区蓄滞洪区调度运用响应关系曲线。以城陵矶为主要研究对象，城陵矶附近共有27处蓄滞洪区，每处蓄滞洪区与莲花塘水位站的位置关系不同，分洪运用后对降低莲花塘洪水位的作用也不同。为了简化计算，本次将城陵矶附近27处蓄滞洪区分为5片，分片的原则如下(图5.5-4)：

①每片内的蓄滞洪区与莲花塘水位站的距离相当；

②每片内的蓄滞洪区与莲花塘上下游位置关系类似，如位于洞庭湖区的蓄滞洪区均位于莲花塘水位站上游，位于长江干流的蓄滞洪区均位于莲花塘水位站下游。

据此，城陵矶附近27处蓄滞洪区分片如下：

东洞庭湖片：包括君山、建设、建新、钱粮湖、大通湖东，共计5处蓄滞洪区；

南洞庭湖片：包括屈原、共双茶、北湖、义合、城西、民主，共计6处蓄滞洪区；

西洞庭湖片：围堤湖、六角山，共计2处蓄滞洪区；

图5.5-1 城陵矶地区蓄滞洪区分片示意图

四口水系片：安澧、西官、九垸、澧南、安昌、安化、南汉、南顶、集成安合、和康，共计10处蓄滞洪区；

长江干流片：江南陆城、洪湖东中西分块，共计4处蓄滞洪区。

按照上述蓄滞洪区的分片划分方法，统计单片蓄滞洪区容积和分洪流量见表5.5-4。

表5.5-4 单片蓄滞洪区容积和分洪流量

分片	蓄洪容积（亿 m^3）	分洪流量（蓄滞洪区设计流量的累加值）（m^3/s）
东洞庭湖片	45.24	13090
西洞庭湖片	2.83	3830
四口水系片	52.93	21430
长江干流片	187.16	16000
南洞庭湖片	50.07	16690

通过虚拟蓄滞洪区和虚拟分洪闸的方式计算各片区蓄滞洪区调度影响。为了简化计算，将上述5片蓄滞洪区在数学模型中概化为5处虚拟的蓄滞洪区。其中，西洞庭湖片蓄滞洪区蓄洪容积仅2.83亿 m^3，其分洪作用较小；东洞庭湖片、南洞庭湖片、四口水系片和长江干流片蓄滞洪区虚拟分洪闸分别布置在钱粮湖分洪闸闸址、民主垸陈婆洲分洪口门、西官垸濠口分洪闸闸址和洪湖东分块套口闸闸址处，每处虚拟的蓄滞洪区在数学模型中作为一个"零维"的水体概化。

蓄滞洪区分洪对莲花塘水位的影响因素较多，主要包括蓄滞洪区所在位置、蓄滞洪区分洪流量、分洪量、河道泄流能力等4个方面，其他影响因素如蓄滞洪区分洪时莲花塘站的启用水位为次要因素。

计算1954年来水条件下，不同片区蓄滞洪区分洪后，不同分洪流量和不同分洪量与莲花塘水位变化矩阵，形成了基础曲线，见图5.5-2样例。

由于不同典型年计算存在一定误差，需要设置修正系数对曲线进行修正。

当前时段修正系数 α 计算方法：已知长江中下游蓄滞洪区联合调度数学模型的边界资料，采用该数学模型计算得出蓄滞洪区分洪运用后莲花塘水位的变化值，并与基础曲线查询结果比对，二者相除便为本时段的修正系数 α，一般情况下当前时段修正系数 α 可以应用到下一时段。

当前时段修正系数 α 可以应用到下一时段的基本假定：当前时段城陵矶河段的泄流能力与下一时段的泄流能力一致，若二者差别较大，比如下一时段排江泵站来水较大，或下一时段支流来水较大等，则当前时段修正系数 α 不能直接应用到下一时段。

下一时段修正系数 α 计算方法：在当前时段修正系数 α 的基础上，考虑下一时段下游顶托的影响。下一时段修正系数 α 考虑的边界条件为当前时段的入流条件＋当前时段的下边界水位条件＋下一时段叠加的下游顶托流量条件。

同样，采用数学模型计算得出蓄滞洪区分洪运用后莲花塘水位的变化值，并与基础曲线查询结果比对，二者相除便为下一时段的修正系数 α。

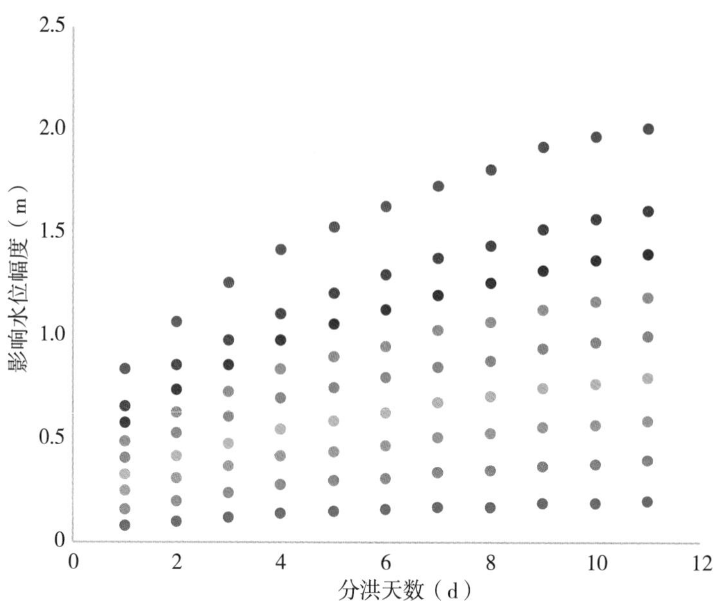

图 5.5-2　东洞庭湖片蓄滞洪区基础曲线

数学模型的边界资料：①流量资料：宜昌站、长阳站、石门站、桃源站、桃江站、湘潭站、陆水水库坝下、河溶站、隔蒲潭站、花园站、长轩岭站、红安站、柳子港站、马甲潭站、白莲河站、西河驿站、阳新站、虬津站、万家埠站、外洲站、李家渡站、梅港站、渡峰坑站、虎山站、皇庄站等站的流量过程资料。②水位资料或水位流量关系曲线：大通站的水位过程或水位流量关系曲线。

模拟计算 2016 年水情条件下，蓄滞洪区分洪对降低莲花塘水位的作用，并与基础曲线对比，得出莲花塘水位变化与蓄滞洪区分洪的关系曲线的修正系数 α。经计算，修正系数 α 为 1.08～1.13，见表 5.4-5。

表 5.4-5　2016 年水情不同计算方法莲花塘水位变化

水情	蓄滞洪区名称	基础曲线查询值(m)			基础曲线值 * α −计算值(m)
		基础曲线值	α 取值	基础曲线值 * α	
2016 年洪水	钱粮湖垸	0.36	1.11	0.40	0.05
	大通湖东垸	0.17	1.12	0.19	0.03
	和康垸	0.12	1.08	0.13	−0.01
	安澧垸	0.15	1.13	0.17	0.01
	城西垸	0.13	1.08	0.14	0
	民主垸	0.22	1.09	0.24	0.01
	洪湖东分块	0.72	1.10	0.79	−0.06
	江南陆城垸	0.15	1.13	0.17	0.01

5.5.3 堤防控制水位抬升对超额洪量变化影响

长江中游主要控制站防洪控制水位变化对超额洪量变化及空间分布影响显著。选取城陵矶站、汉口站、湖口站为对象，拟定各站防洪控制水位不同幅度抬升工况，分析控制水位变化对超额洪量变化的影响规律。遇 1954 年洪水，各工况超额洪量计算结果见表 5.5-6。

表 5.5-6 单站控制水位变化工况超额洪量计算结果

工况	防洪控制水位(m)				超额洪量(亿 m^3)				
	沙市	城陵矶	汉口	湖口	沙市	城陵矶	汉口	湖口	合计
	45	34.4	29.5	22.5	0	233	53	39	325
城陵矶站防洪控制水位抬升	45	34.5	29.5	22.5	0	212	68	39	319
	45	34.6	29.5	22.5	0	192	83	39	314
	45	34.7	29.5	22.5	0	170	101	39	310
	45	34.8	29.5	22.5	0	153	115	39	307
	45	34.9	29.5	22.5	0	137	130	39	306
汉口站防洪控制水位抬升	45	34.4	29.6	22.5	0	237	36	45	318
	45	34.4	29.7	22.5	0	239	29	49	317
	45	34.4	29.8	22.5	0	240	25	53	318
	45	34.4	29.9	22.5	0	240	22	54	316
	45	34.4	30.0	22.5	0	240	5	56	301
湖口站防洪控制水位抬升	45	34.4	29.5	22.6	0	233	56	21	310
	45	34.4	29.5	22.7	0	233	57	7	297

对城陵矶站设置了 34.5～34.9m 共 5 个不同防洪控制水位工况。结果表明，随着防洪控制水位抬升，城陵矶附近超额洪量从 233 亿 m^3 减少至 137 亿 m^3，可减少城陵矶附近蓄滞洪区运用个数，但是造成了超额洪量向下游河段转移，导致武汉附近超额洪量从 53 亿 m^3 增加至 130 亿 m^3，增加了武汉附近蓄滞洪区运用数量，当城陵矶控制水位抬升至 34.8m 及以上时，武汉附近超额洪量超过了重要蓄滞洪区和一般蓄滞洪区有效蓄洪容积之和 108 亿 m^3，将运用蓄滞洪保留区。由于汉口站防洪控制水位和分洪水位未变化，城陵矶河段转移的超额洪量都在武汉河段进行分洪运用，未向下游进一步转移，因此湖口附近超额洪量维持在 39 亿 m^3。

对汉口设置了 29.6～30.0m 共 5 个不同防洪控制水位(分洪水位)工况。结果表明，随着防洪控制水位抬升，武汉附近超额洪量从 53 亿 m^3 减少至 5 亿 m^3，可减少武汉附近蓄滞洪区运用个数，但是造成了超额洪量向邻近河段转移，导致城陵矶附近超额洪量从 233 亿 m^3 增加至 240 亿 m^3，湖口附近超额洪量从 39 亿 m^3 增加至 56 亿 m^3，增加了蓄滞洪区运用数量，当汉口控制水位抬升至 29.8m 及以上时，湖口河段超额洪量超过了湖口附近所有蓄滞洪区有效容积之和 50 亿 m^3。

对湖口设置了 22.6～22.7m 共 2 个不同防洪控制水位工况。结果表明，随着防洪控制水位抬升，湖口附近超额洪量从 39 亿 m^3 减少至 7 亿 m^3，可减少湖口附近蓄滞洪区运用个数，导致超额洪量向湖口下游干流河段转移，对上游城陵矶河段和武汉河段超额洪量影响不大。

综上分析，单个站点防洪控制水位抬升可明显降低本河段超额洪量，但同时会导致超额洪量向上下游相邻河段转移。其中，城陵矶控制水位变化对城陵矶和武汉附近超额洪量变化较为明显，汉口控制水位变化对武汉和湖口附近超额洪量变化较为明显，湖口控制水位变化对湖口附近超额洪量影响明显。

5.5.4 泵站运行对河段水位影响

选择 1954 年、1996 年、1998 年、2016 年和 2017 年等典型年，分析沿江涝区排涝入湖、入江对宜昌至城陵矶(含洞庭湖区)河段防洪的影响。考虑到河道高水位时，防汛情势紧张，分析排涝对防洪影响更为重要，选择沙市和城陵矶(莲花塘)水位分别在 44.50m 和 33.95m(洲滩民垸运用水位)以上的高水位时段，统计分析控制站水位增量最大值 ΔZM、控制站最高水位增加值 ΔZ、超额洪量增加值 ΔV 以及河段排涝量在干流螺山站水量的占比，见表 5.5-7。

表 5.5-7 宜昌至城陵矶河段排涝对防洪影响指标

典型年	沙市				城陵矶				排涝量占比(%)
	天数	ΔZ_M(m)	ΔZ(m)	ΔV(亿 m^3)	天数	ΔZ_M(m)	ΔZ(m)	ΔV(亿 m^3)	
1954	0	—	—	—	45	0.54	0	50.0	1.56
1954(不分洪)	10	0.14	0.01	—	52	0.54	0.36	—	1.37
1996	0	—	—	—	5	0.50	0.45	0	1.43
1998	0	—	—	—	29	0.39	0	13.7	0.98
1998(不分洪)	0	—	—	—	36	0.43	0.13	—	0.98
2016	0	—	—	—	4	0.33	0.28	0	2.42
2017	0	—	—	—	3	0.19	0.19	0	1.54

从分析结果可知，排涝量占干流螺山站水量的比例均在 3%以内，排涝对河道水量影响有限，但是对河道水位有一定的抬升影响，其中在 1954 年(不分洪)、1996 年、2016 年典型年对本河段水位抬升较大。沙市水位增量最大值为 0.14m，最高水位抬高 0.01m，城陵矶(莲花塘)水位增量最大值为 0.19～0.54m，最高水位抬高 0.13～0.45m，其中在 1954 年(不分洪)、1996 年、2016 年典型年抬升较大。在 1954 年和 1998 年典型年对城陵矶附近超额洪量

分别增加 50.0 亿 m^3 和 13.7 亿 m^3。

5.6 防洪工程调度引擎开发

5.6.1 调度引擎构建思路

防洪调度模型引擎是驱动防洪工程体系调度模型的核心，但目前工程调度规则多隐含在方案中，并非显示且逻辑化、数字化基础比较薄弱，无法灵活调取。迫切需要开展调度规则库的解析和应用两方面功能建设：

①基于统一框架标准格式解析规则库内的调度信息，提取其中调度对象与调度知识之间的逻辑化、数字化、结构化的关系数据，实现调度规则的模型化，并存储于模型计算类中，封装成相应的服务供应用模型调用。

②基于"数据—识别—研判"链条，开发驱动引擎的相关模型集，根据水文预报信息实现流域防洪形势智能研判，进行调度影响关系和效果评估，基于不同主观偏好驱动调度规则库，实现了调度规则库的驱动应用。

5.6.2 调度规则的数字化和模型化

根据设计洪水和工程设计任务等确定的水工程联合调度方案是调度规则库建设的依据。根据编制的水工程联合调度方案，结合各工程的调度规程，明确调度涉及的水工程、来水边界站点、控制对象，解析流域来水形势、调度需求、调度目标、调度对象、工程启用条件、运行方式等要素间语义逻辑关系及内在规律，提取调度方案特征值，创建水工程运行规则的知识化描述构架，并将调度方案逻辑化、关联化，即形成可适配不同流域（河流）、可供调度模拟应用的调度规则库。调度规则库原型见图 5.6-1。

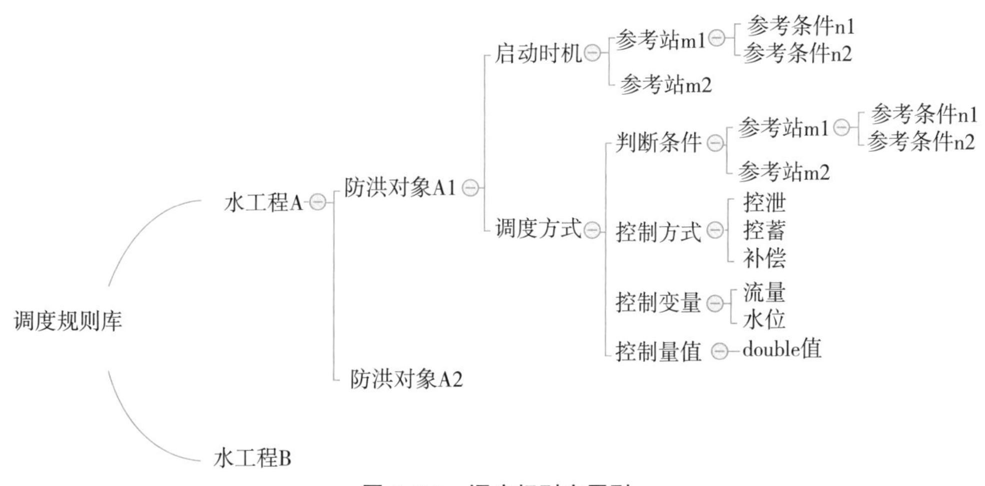

图 5.6-1　调度规则库原型

调度规则库建设具体包括提炼调度方案的逻辑关系、确定工程防洪调度运行边界、检测调度规则闭环情况、采用实测或模拟洪水对调度规则进行验证、开展干支流兼容性测试、服务化封装开发等工作。

(1)提炼调度方案的逻辑关系

现有调度方案中(文档),为了保障实用性,多为便于执行的文字条款形式。为了保障规则库后期的应用、维护、升级和扩展,需要根据调度方案的条款说明,结合相关专题成果,提取各调度条款所依托的边界、工况、调度需求等信息和数据,将其中的逻辑关系纳入规则库的搭建中,增强规则库的完备性和兼容性。

(2)确定工程防洪调度运行边界

定义流域防洪工程体系中水库、堤防、蓄滞洪区等水利工程的运行边界条件,防洪控制节点允许过流能力等重要参数,数值化描述各防洪控制节点与各水利工程在空间和防洪调度任务的关联关系,包括防洪控制点与河道空间关系,防洪控制点对水库防洪库容的预留要求,以及针对各种遭遇类型、量级下具体防洪调度方式等,具体包括以下工作:

①工程运行边界设置:水库防洪库容、汛期限制水位、防洪高水位、堤防最高水位、蓄滞洪区蓄洪容积等水利工程的运行边界条件。

②防洪控制节点参数设置:防洪控制节点警戒水位、保证水位、所在地方最高水位,以及相应允许过流能力等重要参数。

③防洪调度关联规则设置:防洪控制点与水库的调度关联关系、防洪控制点与堤防的空间关联关系、防洪控制点与蓄滞洪区的空间关系和调度关联关系。具体表现:防洪控制点水位与水库预留防洪库容关系、防洪控制点调度需求与水库拦蓄方式关系;防洪控制点水位与蓄滞洪区分洪启动水位关系等。

溪洛渡水库、荆江分洪区调度规则示例分别见表 5.6-1 和表 5.6-2。

(3)检测调度规则闭环情况

调度方案中的条款往往只对特定防洪情况下的运行方式进行了规定,本身不一定完整。将其逻辑化为规则库后,必须参考相关条款说明或专题成果,同时制定调度方案中未提到情况的运行方式,形成闭环的程序逻辑。

(4)采用实测或模拟洪水对调度规则进行验证

调度规则库可以便捷地考虑生态、水环境、供水、航运、发电等除防洪以外的其他边界,因此需要通过实测和模拟洪水过程对调度规则库进行大量不同工况的模拟计算,不断反馈修正调度规则库的逻辑关系,以保证调度规则库的合理性、有效性、科学性。

表 5.6-1　　溪洛渡水库调度规则示例

防洪对象		启动时机				调度方式						
		参考站	预见期(h)	参考变量	判断阈值	参考站	预见期(h)	参考变量	判断阈值	控制方式	控制变量	控制量值
1	长江中下游	枝城	48	流量	56700，999999	三峡	0	流量	0,55000	控蓄	流量	2000
		三峡	0	水位	158,175	三峡	0	流量	55000，60000	控蓄	流量	4000
		溪洛渡	0	水位	560,573.1	三峡	0	流量	60000，70000	控蓄	流量	6000
		枝城	48	流量	56700，999999	三峡	0	流量	70000，999999	控蓄	流量	10000
		三峡	0	水位	158,175							
		向家坝	0	水位	370,380							
2	宜宾	李庄	0	流量	25000，999999	溪洛渡	0	水位	0,573.1	补偿，李庄，0	流量	25000
						李庄	0	流量	25000，51000			
						溪洛渡	0	水位	573.1，600	控蓄	流量	0
						李庄	0	流量	25000，51000			
						李庄	0	流量	51000，999999	补偿,李庄,0	流量	51000
3	泸州	朱沱	0	流量	52600，999999	朱沱	0	流量	52600，999999	补偿,朱沱,0	流量	52600
4	重庆	寸滩	0	流量	83100，999999	寸滩	0	流量	83100，999999	补偿,寸滩,0h	流量	83100

注：流量单位为 m^3/s,水位单位为 m。

表 5.6-2　　　　荆江分洪区调度规则示例

防洪对象	启动时机				调度方式						
	参考站	预见期(h)	参考变量	判断阈值	参考站	预见期(h)	参考变量	判断阈值	控制方式	控制变量	控制量值
荆江地区	沙市	0	水位	45,9999	北闸	0	启用状态	0,1	补偿,沙市,0	水位	45
	三峡	0	水位	171,175	北闸	0	启用状态	1	敞泄	流量	999999

(5)干支流兼容性测试

流域内不同干支流的调度方案编制存在时间差异,可能存在一定的冲突,为避免规则库内不同规则间的冲突,需要采用不同来水组成、不同防洪对象、不同控制指标的防洪情势对规则库的兼容性进行测试和修正。

(6)服务化封装开发

为实现规则库的共建共享,需要对调度规则库进行封装,开发规则库调用、转移、升级、查询等一系列维护和应用工具集,并实现以服务的形式发布,此部分工作在智能平台中完成。

5.6.3　调度规则库驱动应用

根据工程调度流程,分别构建经验样本层、水情识别层、工情识别层、形势预判层、抗灾能力层、规则引导层、效果分析层,实现调度规则库的驱动应用(图 5.6-2)。

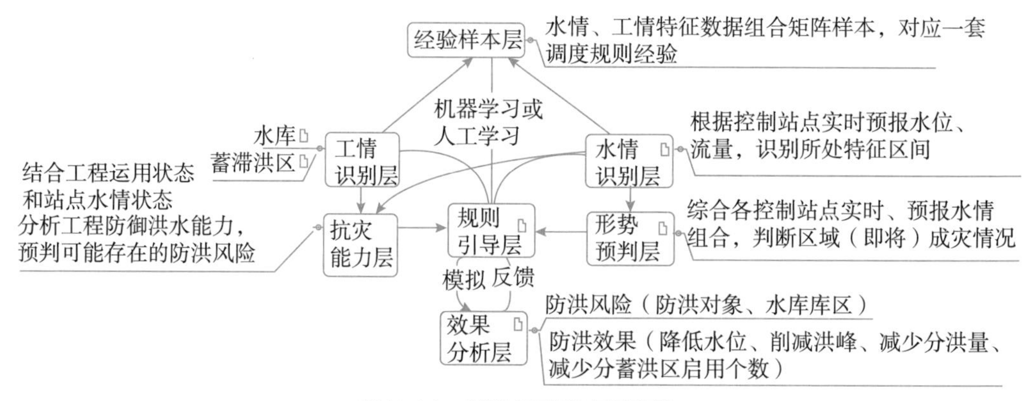

图 5.6-2　调度规则库应用流程

(1)经验样本层

水情工情特征数据组合矩阵样本,对应一套调度规则经验。

(2)水情识别层

根据控制站点实时及预报水位、流量,识别所处特征区间。

(3)工情识别层

根据水库、蓄滞洪区、堤防、涵闸、泵站的实时工况,识别工程所处的状态区间。

(4)形势预判层

综合各控制站点实时、预报水情组合,判断区域(即将)成灾情况。

(5)抗灾能力层

结合工程运用状态和站点水情状态分析工程防御洪水能力,预判可能存在的防洪风险。

(6)规则引导层

构建调度影响关系层次模型,通过水情识别层、工情识别层、形势预判层、抗灾能力层的分析结果,引导相应的工程调度方式。

(7)效果分析层

从防洪风险(防洪对象、水库库区)、防洪效果(降低水位、削减洪峰、减少分洪量、减少分蓄洪区启用个数)两个方面对调度规则的模拟效果进行分析,并对调度规则进行反馈。

第6章 基于调度与效果互馈的洪水风险调控技术

聚焦“精调控”。工程体系调度是洪水风险调控的重要措施之一，现有调度方式（常规调度手段）主要针对标准内洪水，若流域防洪保护对象所在河段（目标河段）发生超标准洪水，可能出现常规调度手段运用后仍无法控制目标河段超堤防设计水位的情况。为尽可能减小超标准洪水的灾害损失，可以考虑对承担目标河段防洪任务的水工程进行超标准调度运用。水工程超标准调度运用主要指承担目标河段防洪任务的水库超蓄、目标河段堤防超高运行，承担目标河段分洪任务的蓄滞洪保留区运用。例如：1998年为缓解长江中下游防洪压力，在确保枢纽安全的前提下，隔河岩水库进行了超标准调度运用，最高调洪水位超过正常蓄水位3.94m，使沙市从可能最高水位45.50m降至实际最高水位45.22m，削峰、错峰效果显著。

目前关于工程超标准调度运用方式的研究成果较少。超标准调度运用会占用水工程为其他防洪保护对象或工程自身安全预留的防御能力，即将目标河段的洪水风险转移至其他防洪保护对象或工程自身安全，也可能形成灾害损失，需要权衡超标准运用的利弊得失。本章提出一种基于调度与效果互馈机制的洪水风险调控技术，旨在根据调度效果滚动修正水工程的运用方式，最终得到风险可控（灾害损失满足预期）的工程超标准调度运用方式。

6.1 流域洪水风险传递结构特征分析

6.1.1 洪水风险传递与工程调度的关系

根据突发事件连锁反应机理，事件演化模式可概括为点式、链式、网式和超网络式。点式演化模式指事件发生后，只有自身的演化，不引起其他事件的发生，可视为单一事件。链式演化模式，两个事件之间在一定的触发条件下建立了关联。网式演化模式，指在区域环境中，一个事件的发生，不仅能被多个事件所触发，还可能引发多个其他事件的发生，多条事件链条交叉形成网络。超网络式演化模式，特指不同类型事件之间的触发关系，孕灾环境以不同网络形式存在，且事件网络与孕灾环境网络相互影响，形成超网络结构。例如：地震引发海啸，即链式演化；电网相继故障，即网式演化；南方雪灾引发电力、交通、能源系统瘫痪，即超网络式演化。

点式、链式、网式、超网络式这四种事件演化模式，体现了灾害从简单到复杂的发育过程。分析上述四种模式，一个不利事件可使多种承灾体受损，有些受损承灾体只能作为事件本身的灾害后果，不会继续引发次生事件，有些受损承灾体则可能成为新的致灾因子，继续引发其他事件，形成链式反应，复杂情况下多条灾害链交叉形成网状乃至超网络传递。

洪水灾害发育过程中，致灾因子的能量载体是水。水是流动性极强的物质，过量的水被载体（如河道、水库等）在一定条件下释放后，在一定的空间内（如洪泛区）进行扩散传递，危及位于该空间中受体（如居民、房屋、农田等），形成洪水灾害，且具备一定的时空分布格局。洪水灾害发育过程伴随着洪水风险的传递过程，水在洪灾系统中的流动，即伴随着洪水风险的传递，洪水风险的传递路径与所在河网水系和防洪工程体系的空间分布有关。

风险调控是洪水风险管理的主要内容，可分为两类。第一类措施的主要作用是减小洪水触及受体的概率，是通过控制和改变洪水本身，将洪峰流量、河道水位等降低到安全线以下，以避免或减轻洪水泛滥，其保护对象是大片土地和土地上的人口、建筑物及其财产，强调的是总体，不过分考虑个别防护对象，以工程措施为主，包括水库、堤防、蓄滞洪区、河道整治工程、平垸行洪、退田还湖等。第二类措施的主要作用是降低可能造成的损失，不改变洪水本身特征，而是改变保护区和保护对象本身的特征，减少洪水灾害的破坏程度，或改变及调整灾害的影响方式（范围），将不利影响降低到最低限度，以非工程措施为主，包括法律、行政、经济手段以及直接运用防洪工程以外的其他手段。

洪水调度是风险调控的一种技术手段，通过对已建各类防洪工程的直接运用来改变洪水特征，如水库调蓄、堤防护岸、分洪等方式将河道内洪峰流量、河道水位等降低，避免或减轻洪水泛滥，从而实现对洪水风险传递的调控。

6.1.2 流域洪水风险传递结构框架

“源—途径—受体—后果”（Source-Pathway-Receptor-Consequence）概念模型，简称SPRC模型，是从系统角度描述事物从起源、经过相应途径到达受体并产生后果的一种概念模型。可追溯的文献中最早由Holdgate于1979年提出“源—路径—受体”模型（简称SPR模型），随后该模型以不同形式被用于各种环境风险评估。对于洪灾系统而言，SPR模型可以抽象描述洪水从源头触及最终受体的过程，有助于分析洪灾系统物理结构特性。在此基础上，增加对洪水事件触及受体所产生后果（Consequence）的分析，即SPRC模型，可将风险的概念引入洪灾系统中。自2004年以来，SPRC模型在欧洲沿海洪水风险研究中得到了广泛应用，如欧盟综合洪水风险分析和管理方法研究项目、变化环境下欧洲海岸安全保障技术创新研究项目、美国北卡罗来纳州海平面上升风险管理研究项目等均采用了SPRC模型开展洪水系统风险分析。

SPRC模型包含4个要素(图6.1-1):“源”(Source)指危害的主要来源,可分为自然源(气象灾害)和社会源(人类活动);“途径”(Pathway)主要指源发挥作用的方式(如侵蚀、淹没等);“受体”(Receptor)主要指影响的承担者,如经济、社会、资源、环境等;“后果”(Consequence)通常指在源的作用下,受体所呈现出的状态,多数情况下体现为负面的、不好的结果。

通过一维SPRC模型,可以较好地描述一个简单洪水灾害事件发展的完整过程,即从源(如极端暴雨)通过途径(如堤防溃决)到达受体(如沿岸城镇)并产生后果(如人员伤亡、农田损毁等)的过程。但对于流域层面的洪灾系统而言,由于防洪体系较为复杂,洪水到达受体的途径有很多,将在后文进一步深入分析。

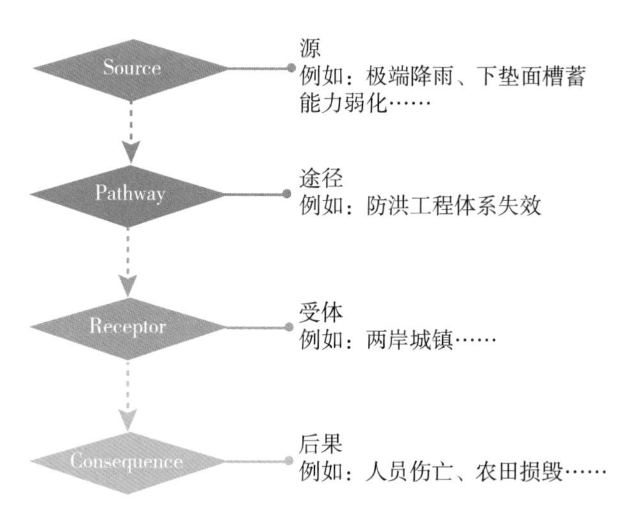

图6.1-1　洪水灾害发育基本单元示意图

依据SPRC模型,宏观层面上,流域超标准洪水风险传递过程的基本单元可大致划分为3个环节,见图6.1-2。

环节1是水体从云层到河道形成洪水的过程,即从“源”到“途径”的过程,影响洪水荷载大小的因素主要有极端气候条件、河道槽蓄能力、下垫面蓄水能力、沿江城市排涝等,相应的风险管理措施以事前措施为主,如建设海绵城市、开展河道整治工程等。

环节2是河道洪水途径防洪工程体系抵达最终灾害受体(城镇)的过程,即从“途径”到“受体”的过程,影响洪水触及受体概率的主要因素是防洪工程体系的可靠性,相应的风险管理措施以事中措施为主,即水工程联合防洪调度、堤防抢险措施、人工分洪等。

环节3是洪水抵达受体后形成灾害损失的过程,即从“受体”到“后果”的过程,影响损失大小的主要因素是承灾体的脆弱性与暴露程度,相应的风险管理措施较多,包括事前优化城市发展空间规划,事中对分洪区内居民开展紧急转移安置,事后对灾区开展物资、医疗救援等。

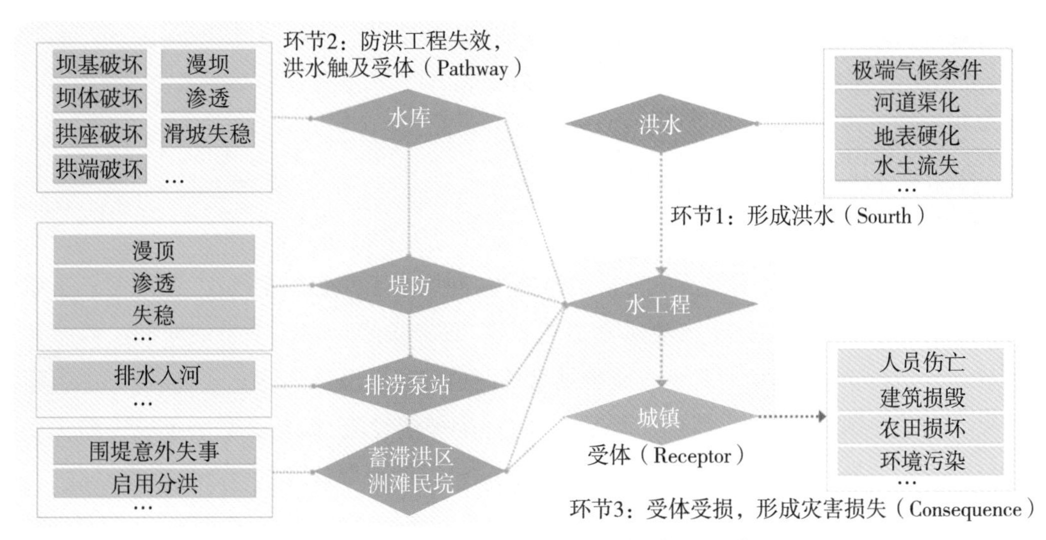

图 6.1-2 流域洪水风险传递结构基本框架示意图

6.1.3 流域超标准洪水风险传递结构特征

长期以来，气候变化和人类活动对流域洪水风险传递各环节均产生了显著影响，流域洪水风险传递路径也有所改变。分析流域超标准洪水风险传递结构中各环节呈现的主要特征：

(1)环节 1(源”——“途径”)

1)对产流的影响

流域产流影响因素包括降水量、蒸散发量、最大蓄水容量及其初始蓄水量，以及土层界面的入渗率等下垫面条件。在全球气候变暖的背景下，极端性、灾害性天气多发，同时受人类活动影响，“雨岛效应”凸显，近年来城市大雨、暴雨、大暴雨、特大暴雨等降水事件的发生频次均明显上升，增大了超标准洪水发生概率。相关研究表明，近 40 年来我国年均降水量增长显著，尤其是东北北部、华北中部、西北西部、西南和南方等地区，且未来很有可能继续保持增加趋势，这与全球气候变暖背景下极端降水事件增加的趋势一致。以长江流域为例，2016—2020 年均存在支流发生了超历史洪水。另外，经济社会发展需要开展市政交通、工/商/民用建筑等建设，地表硬化面积不断增加会影响其蒸散发和地表入渗能力，导致同等降雨强度的产流量增加。

2)对汇流的影响

汇流一般分为坡地汇流和河网汇流。从流域层面来讲，人类活动的影响主要表现在坡面土地利用变化、植被覆盖度变化、河道渠化、排涝能力提升等方面，地表硬化面积的增加和河道渠化会减小汇流阻力甚至缩短汇流路径，进而加快了坡地汇流和河网汇流速度。

3)对洪水风险传递的影响

洪水过程由槽面降水、地表径流和地下径流等 3 种主要水源汇流至流域出口断面形成。

变化环境下，极端降水强度和区域集中程度增加，汇流时间和路径缩短，城镇区域内涝风险升高，且更易沿河道向其下游和流域干流转移，导致其下游和流域干流河道洪水的洪峰、洪量进一步增加。

(2)环节2(“途径”——“受体”)

1)对洪水过程的影响

水库群的建设运行可增加流域河道调蓄能力，利用水库库容拦蓄洪水，削减向其下游传递的洪峰、洪量，有助于减轻干支流洪水遭遇程度，延滞洪峰传播至下游的时间。堤防建设可以增加河道槽蓄空间，从而避免或减少洪水从河道转移至沿岸两侧地表，同样可以延滞洪水传播。但若发生溃(漫)坝、溃(漫)堤事件，将产生极端径流，极易引发严重灾害损失。此外，排涝泵站可减轻城市内涝，但会将水直排入河，进而抬高部分时段河道行洪水位。

2)对洪水灾害的影响

水库进行防洪调度时，当库水位上升到一定高度，库区回水可能会产生淹没损失，形成洪水灾害。

3)对洪水风险传递的影响

水库通过防洪调度可就地削减一部分河道洪水风险，并能延滞风险从上游向下游、从支流到干流的传播时间。堤防通过挡水运用可削减和延滞一部分河道洪水风险向其内陆侧转移。沿江涝区排涝会导致城镇内涝风险向其下游干流河道洪水风险转移。值得注意的是，随着水库水位、河道水位的升高，水库、堤防对风险的削减能力随之下降，甚至可能显著增加传递的洪水风险，尤其是水库库区可能会产生淹没损失，导致部分河道洪水风险向库区两岸内陆转移。

(3)环节3(“受体”——“后果”)

1)对洪水灾害的影响

启用蓄滞洪区、洲滩民垸等，意味着将产生一定区域的淹没损失，形成洪水灾害，但同时也减轻了周边河段堤防的防洪压力，可以避免或减轻周边城市的淹没损失，从整体上降低流域层面的洪水灾害损失。

2)对洪水风险传递的影响

蓄滞洪区、洲滩民垸可将部分河道洪水风险转移至蓄滞洪区、洲滩民垸内部，实质上是将潜在的城市淹没损失转移至蓄滞洪区、洲滩民垸，从整体上降低流域层面的洪水灾害损失。

综上分析，流域超标准洪水风险传递结构特征主要体现在以下三个方面：

风险转移方面，变化环境下极端降水事件呈增加趋势，产汇流速度、量级增大，局部区域超标准洪水发生概率增大，城镇内涝向河道洪水转移，支流风险向干流转移。

风险调控方面，洪水风险大小、传递方向与洪水过程、流动方向有关，可通过水工程调度调控。应注意，水工程对洪水风险的调控作用具有跃变性，需合理控制水工程防洪压力；例如：水库水位升高至一定程度后可能导致部分河道洪水风险向库区两岸内陆转移，若发生溃

(漫)坝事件会显著增加向下游传递的风险；堤防若发生溃(漫)堤事件会导致河道洪水风险向其内陆侧转移。

风险分布方面，随着流域整体防洪工程体系建设的不断完善，洪水风险传递路径的薄弱环节是防洪能力较弱的河段，易形成区域性大洪水，洪水灾害易集中在局部区域。

6.2 防洪工程洪水风险传递路径

防洪工程系统与洪水荷载间的相互作用，是通过不同的水工建筑物联合运用实现的。水库、堤防、排涝泵站、蓄滞洪区、洲滩民垸等防洪工程的调度运用，是调控洪水风险的主要方式。洪水风险大小主要由洪水从“源”触及“受体”的“途径”，以及“受体”产生的“后果”共同决定。排涝泵站会对“源”的大小产生影响，水库、堤防是阻挡洪水从“源”触及“受体”的主要“途径”，而蓄滞洪区和洲滩民垸运用则会影响“后果”的严重程度。本章节主要分析防洪工程结构与实时模式。

6.2.1 水库

在流域防洪工程系统中，水库常与其他防洪工程措施和非工程措施相结合，共同承担防洪任务。水库有三种必不可少的水工建筑物，即拦河坝、泄水建筑物和取水建筑物。水库通过其挡水和泄水功能的组合，实现了对天然洪水来水过程的调蓄，也调节着水库自身建筑结构的可靠度和水库库区淹没的产生。

拦河坝是水库的主要挡水建筑物，横穿河道拦截水流，用于抬高水位，积蓄水量，在上游形成水库，以供防洪、灌溉、航运、发电、给水等需要。保证拦河坝的安全性和可靠性是水库正常发挥其作用的前提。若拦河坝出现安全问题，将产生比自然洪水更大的灾难，是可能引发次生灾害事件的关键节点。1975 年 8 月，由于超强台风莲娜导致的特大暴雨引发淮河上游大洪水，洪水远远超过设计标准。1975 年 8 月 8 日，位于暴雨中心的板桥、石漫滩、田岗水库相继垮坝失事，其余近 60 座小型水库在短短数小时内相继垮坝溃决。河南省有 29 个县市、1100 万人受灾，伤亡惨重，1700 万亩农田被淹，其中 1100 万亩农田受到毁灭性的灾害。纵贯中国南北的京广线被冲毁 102km，直接经济损失近百亿元。

目前，我国已建水库坝型以土石坝、重力坝和拱坝为主，因此主要分析这三种坝型的失事模式，进而分析基于洪水调度的水库洪水风险传递路径。

(1)失事模式

1)土石坝

土石坝是水利工程中最常见的坝型之一，具有适应条件广、施工速度快、经济效益好、抗震性能高、可就地取材等优势。我国大中型水库半数以上是土石坝，小型水库绝大多数是土石坝，大多建于 20 世纪 50—70 年代。根据历史溃坝资料分析，导致土石坝失事的主要模式可归纳为洪水漫顶、渗透变形和滑坡失稳破坏三种形式，见表 6.2-1。

表 6.2-1　　土石坝失事模式分析

失事模式	主要机理	主要原因
漫坝	①现状防洪能力不足	超标准洪水、预报误差等
	②设计超高不足	设计缺陷、浪涌等
	③溢洪道泄流能力不足	设计缺陷、施工缺陷、溢洪道堵塞等
	④溢洪道闸门失灵	闸门卡死、电源中断、启闭机故障等
	⑤人为调度失误	防洪起调水位过高、调度方案失误、人工扒坝泄洪等
	⑥大坝高程发生沉降	洪水荷载作用、滑坡、局部坍塌等
渗透	①坝体内有渗透通道	坝体沉降不均过大、动物破坏、止水处接缝施工不当等
	②坝体抗渗能力小于渗透坡降	库水位过高、坝体材料差、坝内排水管故障等
	③大坝铺盖防渗能力减弱	设计缺陷
	④坝基处理不当	勘测不当、施工缺陷等
	⑤下游的覆盖层没有达到预期的防渗漏效果	防渗层厚度不够、材料级配差等
	⑥下游坡大面积散浸	设计缺陷、填筑材料级配差、防渗体系失效等
滑坡失稳	①溢洪道闸墩可靠性降低	水荷载增加、扬压力升高、闸门失灵
	②库水位猛降，土石可靠性降低	土质溢洪道冲毁、溢洪道与大坝整体出现接触渗漏、人工扒坝失稳、下游坝脚洪水冲刷等
	③突发洪水、地震滑坡	超标准洪水、持续暴雨、库水位快速上涨等
	④渗流破坏	浸润线抬高、反滤层失效、管涌、下游坝坡滑动等

2)重力坝

重力坝是用混凝土或石料等材料修筑，主要依靠坝体自重保持稳定的坝，具有结构简单、受力明确、对地形地质条件适应性强、枢纽泄水组合方式多等优点。据粗略统计，我国70m以上高坝中，重力坝、拱坝以及堆石坝大体各占1/3，而在200m及以上超高坝中，重力坝数量屈指可数。以混凝土重力坝为例，其大坝失事模式主要归结为漫坝、坝体失稳和坝体破坏，见表6.2-2。

表 6.2-2　　重力坝失事模式分析

失事模式	主要机理	主要原因
漫坝	①现状防洪能力不足	超标准洪水、预报误差等
	②设计超高不足	设计缺陷，上游滑坡导致浪涌等
	③溢洪道泄流能力不足	设计缺陷，施工缺陷，溢洪道堵塞等
	④溢洪道闸门失灵	闸门卡死，电源中断，启闭机故障等
	⑤人为调度失误	防洪起调水位过高，调度方案失误等

续表

失事模式	主要机理	主要原因
坝体失稳： ①坝体倾覆； ②坝体上浮； ③坝体滑动	①大坝基础缺陷	地基深部断层或软弱夹层未能及时发现和处理、基岩软弱面材料被压碎或拉裂、基岩软弱夹层受高压渗流冲蚀溶蚀破坏等
	②扬压力异常	防渗帷幕施工中存在缺陷，防渗帷幕冲蚀破坏，排水孔淤堵，上游防渗体设计深度不足，基岩隐蔽渗漏通道未及时发现与处理
	③地震	地基深层断层或软弱夹层开裂
	④其他	库水位下降过快导致边坡滑坡
坝体破坏	①坝体混凝土质量问题	碱骨料反应，混凝土冻融剥蚀、腐蚀开裂等
	②地震、爆炸等外部冲击	上部结构、断面突变部位振动导致断裂，断面突变处及坝内孔洞及廊道等应力集中区域产生裂缝

3)拱坝

拱坝是一种体型复杂、规模宏大的空间壳型结构，具有受力条件好、造价便宜、抗震性能好等优点。我国是世界上修建拱坝最多的国家，占全世界拱坝总数的一半以上。虽然拱坝具有很好的超载能力和较强的抗震能力，但其稳定性主要依赖两岸的岩体，因此拱坝的安全性跟坝肩岩体的稳定密切相关，由坝肩和坝基地质原因引起的结构破坏在拱坝失事原因中占主要部分。拱坝的失事模式主要为漫坝、坝体破坏、坝基破坏、拱座破坏、拱端破坏等，见表6.2-3。

表6.2-3　拱坝失事模式分析

失事模式	主要机理	主要原因
漫坝	①现状防洪能力不足	超标准洪水、预报误差等
	②设计超高不足	设计缺陷，上游滑坡导致浪涌等
	③溢洪道泄流能力不足	设计缺陷，施工缺陷，溢洪道堵塞等
	④溢洪道闸门失灵	闸门卡死，电源中断，启闭机故障等
	⑤人为调度失误	防洪起调水位过高，调度方案失误等
坝体破坏	①坝体应力超限	封拱温度偏高，环境高温或低温叠加低水位运行
	②坝体混凝土质量问题	碱骨料反应，混凝土冻融剥蚀，分缝灌浆质量差，新老混凝土结合面质量问题
	③地震	坝体及附属结构物拉压应力超限，岸坡失稳，基础软弱夹层和断层开裂

续表

失事模式	主要机理	主要原因
坝基破坏	①坝基扬压力增大	高水位情况下防渗帷幕失效或排水孔堵塞
	②岩体疲劳破坏	坝体反复受力
	③基岩破坏	基岩软弱面材料压碎或拉裂，基岩软弱夹层受高压渗流冲蚀、溶蚀破坏，地基深部断层或软弱夹层未能及时发现和处理
拱座破坏	①水库水位快速上升	岸坡岩体受压坍塌
	②地震	拱端岩体软弱面破坏
	③坝基扬压力增大	高水位情况下防渗帷幕失效或排水孔堵塞
拱端破坏	①坝肩破坏	坝肩软弱层处理不当，蓄水后软弱面开裂，拱端开裂
	②温度应力超限	低水位叠加持续环境高温，拱端竖向开裂

(2)基于水库调度的洪水风险传递路径

水库调度的洪水风险调控作用的效果与库水位高程有关(图 6.2-1)。水库通过削峰拦量可削减、延滞向下游传递的洪水风险，但库水位随之升高，升至一定程度后会导致库区回水超过移民迁移线，产生库区淹没损失；若库水位超过坝顶高程，则将引发漫坝失事，甚至产生溃坝洪水，极大地增加向下游传递的洪水风险。

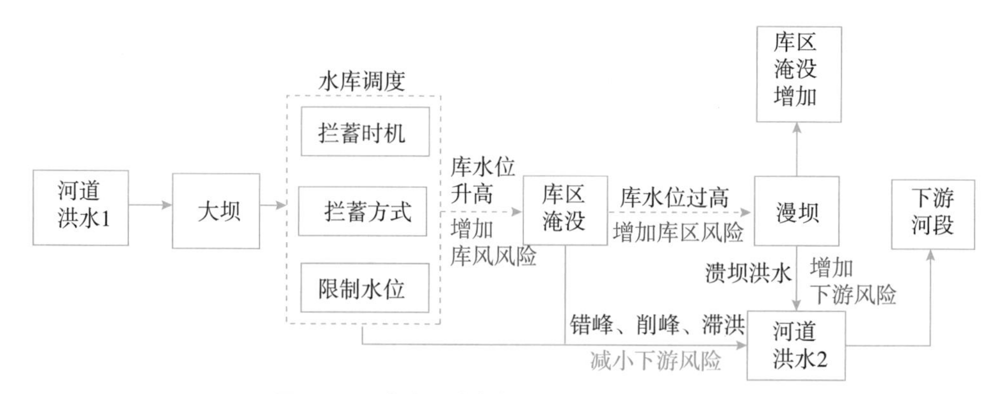

图 6.2-1　水库调度超标准洪水风险传递路径

以下按调度状态具体分析水库调度的洪水风险传递路径。

1)常规调度

对于目标河段发生标准内洪水时，水库调度方式较为明确，属于常规调度。若水库防洪任务单一，则常规调度状态下，汛限水位起调，水库调洪最高库水位不超过防洪高水位，与坝顶高程仍有一定距离，水库漫坝风险可控。若水库承担多个河段(区域)的防洪任务，则常规调度状态下，汛限水位起调，水库调洪最高库水位不超过为目标河段预留的防洪库容对应库水位高程，与防洪高水位尚有一定距离，与坝顶高程距离更远，水库漫坝风险可控。

以溪洛渡水库为例，承担了川渝河段防洪和配合三峡水库承担中下游防洪的双重任务，预留了14.6亿m^3的防洪库容确保宜宾、泸州城市主城区防洪标准提高至50年一遇。按常规调度方式，当溪洛渡水库配合三峡水库承担中下游防洪任务时，若起调水位为560.00m，则其库水位不应超过588.31m，否则将占用为川渝河段预留的14.6亿m^3的防洪库容。需要注意的是，汛期来水较大时，当库水位抬升至一定高度时，库区末端回水高程可能会超过移民迁移线高程，产生库区淹没损失，洪水风险向库区两岸内陆侧传递。

2)超蓄运用

发生超标准洪水时，水库调度需要考虑超蓄运用，超蓄的库容应分防洪高水位以内、超出为目标河段预留的防洪库容和防洪高水位以上库容两类。

当水库库水位低于防洪高水位，防洪库容尚有剩余，若为目标河段预留防洪库容已用完，当其他河段防洪不紧张时，可利用为其他河段预留防洪库容进一步拦蓄洪水，继续实施对目标河段防洪调度。此时水库调度占用了为其他河段预留的防洪库容，实际是将目标河段的洪水风险转移至其他河段，存在其他河段发生标准内洪水但预留库容不足导致淹没损失的风险。但水库调洪最高库水位未超过防洪高水位，尚未占用为大坝安全预留的防洪库容，水库漫坝风险可控。此外，库区末端回水高程可能会超过移民迁移线高程，产生库区淹没损失，洪水风险向库区两岸内陆侧传递。

当水库防洪库容已用完，考虑到目标河段防洪损失太大，在确保水库工程安全的前提下，进一步抬升库水位至防洪高水位以上。此时水库调度将占用为大坝安全预留的防洪库容，水库漫坝风险明显增加。库区末端回水高程可能会超过移民迁移线高程，产生库区淹没损失，洪水风险向库区两岸内陆侧传递。若库水位达到坝顶高程，水库处于漫坝失事的临界状态，此时若来水超过泄流能力，水库水位上涨，发生漫坝，可能进而引发溃坝洪水，洪水风险陡增并向下游传递。

6.2.2 堤防

堤防是沿江河、湖泊、海洋的岸边或蓄滞洪区、水库库区的周边修建的防止洪水漫溢或风暴潮袭击的挡水建筑物，除特别说明外，本书中堤防均指防洪堤。防洪堤又分为江河堤、湖堤、库区堤及蓄滞洪区围堤等，它们是沿江河、湖泊、库区、蓄滞洪区的岸边或周边修建的，是河道洪水演进的主要通道，也是人类最早使用且至今仍被广泛采用的一种重要防洪工程。

堤防的洪水风险传递机制相对复杂。首先，堤防作为一种挡水建筑物，隔离了洪水与防洪保护区的接触，降低了防洪保护区的暴露程度，因而是一种阻碍措施，可以阻挡洪水风险的传递。但是，当部分堤段发生漫顶或溃决时，堤防的风险传递机制就变得比较复杂，不同堤段之间的水力相互作用关系比较复杂。

第一类影响关系通常是最主要也是最直观的，蓄滞洪区的设置就是基于这种关系；第二类影响关系发生的可能性相对较小，但有时也非常重要，如在长江流域防洪中，通常会担心荆江大堤溃决后洪水取捷径直趋武汉的威胁；第三类影响关系则相对次要。本书只考虑第一类影响关系而完全忽略第三类关系，对于第二类影响关系，则总假设防洪保护区的围堤稳定可靠，不会发生连锁洪灾事件。因此，重点分析第一类影响关系中堤防失事的风险传递路径。

(1)失事模式

堤防失事模式主要有漫顶破坏、渗透破坏和失稳破坏三种，见表 6.2-4。漫顶破坏常见于汛期，通常由于坝顶高度不足或洪水位过高而发生。高度不足的原因通常是堤防设计标准不足、地基沉降、施工质量不足等，洪水位过高的原因通常是河道淤积、超标准洪水或浪涌等。渗透破坏是堤防工程最普遍的失事模式，在堤防工程失事总数中占据很大比例，产生原因通常有三种情况：一是由于洪水渗透，冲刷堤坡；二是由于堤身存在漏洞；三是由于渗流冲刷，多发生在堤身与其他建筑物结合的地方。失稳破坏的产生是由于多种因素共同作用，如堤脚空虚、堤基松软等，长期暴雨也会导致堤防滑坡，波浪动水压力则可能导致崩岸。大部分堤防工程失事时可能不是单一的实时模式，而是两种或者两种以上实时模式的组合[15]。

表 6.2-4　堤防(土石堤)失事模式分析

失事模式	主要机理	主要原因
漫顶破坏	①现状防洪能力不足	超标准洪水
	②堤防高度不足	设计缺陷、浪涌等
渗透破坏	①堤基管涌：泡泉、沙沸、土层隆起、浮动、膨胀、断裂等	随着汛期水位的升高，背水侧堤基的渗透出逸比降增大，一旦超过堤基的抗渗临界比降就会产生渗透破坏。堤基管涌，尤其是近堤脚的管涌，发展速度快，容易形成管涌洞
	②堤坡冲刷：由背水堤坡渗水所致。一种是堤坡的出逸比降大于允许比降而产生的渗透破坏，另一种是渗水集中后造成对坡面的水流冲刷	堤身断面宽度不够，堤坡偏陡；堤身尤其是后加高的堤身透水性强，或填筑层面明显，导致堤身的水平向渗透系数偏大；新老堤身、堤段施工接头处存在薄弱结合面。如清基不彻底，堤段结合部压实不密等；堤身裂缝并被雨水灌入；堤身存在其他隐患，如洞穴、冻土块等
	③堤身漏洞：堤防背水坡及堤脚附近出现横贯堤身的流水孔洞	堤身质量差，土料含砂量高，有机质多；有生物洞穴或其他易腐烂的物料；其他隐患，如旧涵洞、坑窖、棺木等。即使漏洞没有贯穿堤身，也将大大缩短渗径，从而加大了出口渗透比降，增加了渗透破坏的可能性，同时漏洞中的集中水流还将造成对土体的水流冲刷，使漏洞长度加长，直径变大，最终贯穿堤身，导致堤防溃决

续表

失事模式	主要机理	主要原因
渗透破坏	④接触冲刷:堤身发生集中渗流且冲刷力大于土体的抗渗强度,在集中渗流处就会产生接触冲刷破坏	穿堤建筑物与堤身间出现裂缝;新老堤身结合面未清基或清基不彻底;堤防分段建设的结合部填筑密度低等。接触冲刷的发展速度较快,对堤防的威胁很大
失稳破坏	①滑坡	暴雨,结构松散有软弱夹层,或者松散堆积斜坡的土石界面在饱水时出现泥化等
	②崩岸	枯水期水位降落,岸坡内未消散的孔隙水压力形成触发崩滑的渗透力,其次水流淘刷坡脚,也会导致上部边坡崩滑。弯道水流顶冲段,堤岸长期承受波浪作用,导致堤内部分土体受拉引起崩岸

(2)基于堤防调度的洪水风险传递路径

堤防失事模式主要有漫堤和溃堤,漫堤破坏常见于汛期,通常由于坝顶高度不足或洪水位过高而发生,高度不足的原因通常是堤防设计标准不足、地基沉降、施工质量不足等,洪水位过高的原因通常是河道淤积、超标准洪水或浪涌等。水库和蓄滞洪区可以通过控制泄洪和分洪流量来调控河道水位,若水位流量关系、预报洪水过程等的准确度达到一定程度,可以通过水工程调度避免漫堤失事。

溃堤破坏更为复杂,主要有渗透破坏和失稳破坏,渗透破坏是堤防工程最普遍的失事模式,在堤防工程失事总数中占据很大比例,产生原因通常有三种情况:一是由于洪水渗透,冲刷堤坡;二是由于堤身存在漏洞;三是由于渗流冲刷,多发生在堤身与其他建筑物结合的地方。失稳破坏的产生是由于多种因素共同作用,如堤脚空虚、堤基松软等,长期暴雨也会导致堤防滑坡,波浪动水压力则可能导致崩岸。大部分堤防工程失事时可能不是单一的实时模式,而是两种或者两种以上实时模式的组合。

因此,基于调度的堤防超标准洪水风险传递路径重点分析漫顶失事(图 6.2-2)。

堤防水位不同,流域风险转移规律也有所不同,当河道堤防接近警戒水位时,且堤防外河水位继续上涨时,堤防设施功能大多能正常运行,此时不会产生风险,但需要加强巡堤检查。

当下游堤防外河水位超过警戒水位且将接近保证水位时,若上游有水库等水工程,上游水库群则开始启用,承担相应防洪任务,此时下游水位上涨速率将显著降低,其风险相应降低,而上游水库由于拦蓄洪量使得库水位上升,库区将会产生一定淹没损失,其防洪风险则将会增加,堤防防洪风险将会转移由上游水库群共同承担。

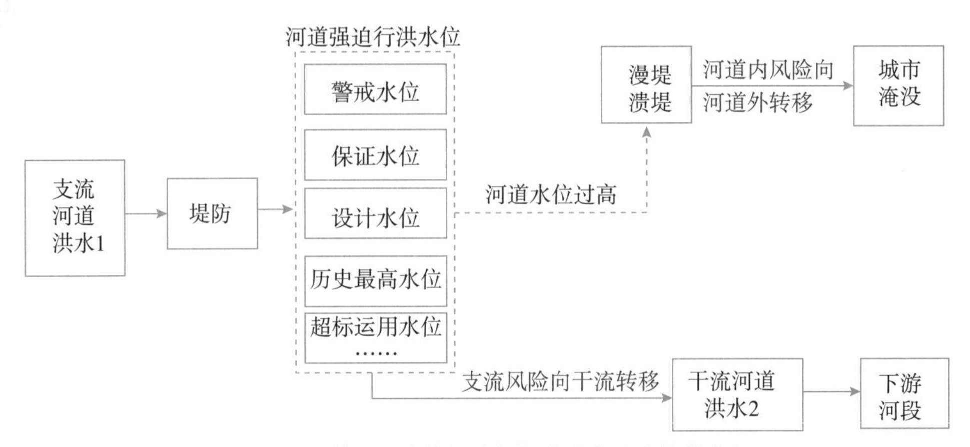

图 6.2-2　基于调度的堤防超标准洪水风险传递路径

若河道水位进一步升高、超过保证水位，部分河道洲滩将被淹没，并且蓄洪区可能被启用来保障关键城市的防洪安全，由于行蓄洪空间的使用，关键防洪控制断面堤防风险降低，经济发达地区的防洪风险将会向经济发展较为落后的区域转移。

当堤防水位继续升高至接近堤顶高程时，堤防风险将显著增加，此时可能发生漫堤或溃堤事件，风险将会扩散至重要防洪保护对象，进而将造成巨大的社会经济损失。

6.2.3　排涝泵站

在城市低洼地带常设排水泵站以消除渍涝。排水泵站排涝设计流量及其过程线，可根据排涝标准、排涝方式、设计暴雨、排涝面积及调蓄容积等综合分析计算确定。

涝区泵站对洪水风险的作用主要体现在排水入江对洪水荷载大小的影响。泵站江（湖）排涝能力取决于泵站排涝设计流量。一般采用如下规则计算：①当时段涝区来水小于等于涝区排涝能力时，来多少排多少；②当时段涝区来水大于涝区排涝能力时，按涝区排涝能力排水，减去排涝能力的剩余来水计入下一时段来水。计算公式为：

$$Q_{\max}=\sum_{t=1}^{T}\left(q_t-\min\left(q_t,Q_{\max}\right)\right)/T,\tag{6.2-1}$$

其中

$$Q_t=\min(q_t,Q_{\max})$$

式中：Q_t——实际泵站抽排流量；

$Q_{\max}$——泵站排涝设计流量；

q_t——涝区产水流量。

对于河道洪水而言，排涝泵站增加了河道洪水流量；对于防洪保护区而言，排涝泵站可降低其暴露程度。当遭遇大洪水时，沿江涝区有大量涝水需抽排入江，导致河道水位或洪量出现不同程度的增加，加重防汛负担。随着近年经济社会的快速发展，沿江涝区排涝能力显著增加，排涝水量对防洪的影响不可忽视。基于调度的排涝泵站洪水风险传递路径见

图 6.2-3,通过调度排涝泵站可以在需要时减少排入江的涝水,从而减小河道中的洪水荷载。

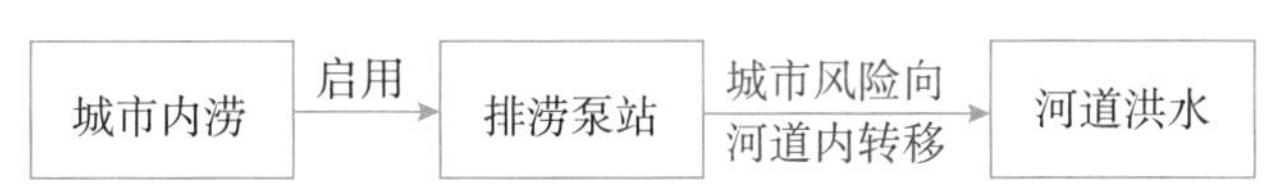

图 6.2-3 基于调度的排涝泵站洪水风险传递路径

6.2.4 蓄滞洪区

蓄滞洪区是指包括分洪口在内的河堤背水面以外临时贮存洪水或分泄洪峰的低洼地区及湖泊等。为保障蓄滞洪区内防洪安全而采取的就地避洪、人口外迁、临时转移等避洪措施总称为安全建设,包括安全区、安全台、安全楼、转移设施的建设等。

蓄滞洪区分洪增加了其暴露程度,将洪水风险从河道转移至蓄滞洪区;但对其他受益地区而言,蓄滞洪区分洪降低了受益地区的暴露程度,相当于将城市淹没风险转移至蓄滞洪区。蓄滞洪区调度对于洪水风险的调控主要体现在对灾害损失大小的影响方面。随着经济社会的发展,蓄滞洪区内人口、资产不断累积,蓄滞洪区建设运用涉及的利益主体已由传统的单一利益主体,即受蓄滞洪区保护的蓄滞洪区外的居民,变为蓄滞洪区内的居民、受蓄滞洪区保护的居民,以及受蓄滞洪区社会经济影响的区外居民等多个利益主体。当蓄滞洪区启用后,受蓄滞洪区保护地区的洪水风险直接转移到蓄滞洪区内部,区内人口将进行避险转移,洪水将对蓄滞洪区造成直接的淹没损失,并且由于现在蓄滞洪区经济建设程度较高,若蓄滞洪区内建有油田、公路、矿山、耕地、电厂、电信设施和轨道交通等设施,这些设施的淹没损坏不仅会对区内社会经济造成影响,还会将经济风险、社会风险辐射扩散至周边工农业影响区域,其风险传递路径见图 6.2-4。

6.2.5 洲滩民垸

民垸是在湖泊、湿地和河道上围堤造地后,人们居住和耕作的场所。洲滩民垸阻水碍洪,调蓄能力减少,同时本身防洪能力低,一遇较大洪水,会危及人民生命财产安全,洪水来临时防守又影响了整个防汛部署。

洲滩民垸的洪灾风险传递机制与蓄滞洪区类似,不再赘述。

6.2.6 防洪工程系统

防洪工程系统(图 6.2-5),反映了系统主要组成元素和相互间的拓扑关系。流域防洪工程系统的洪水风险传递的复杂性主要体现在工程的多样性和输入的复杂性两个方面。其中,工程的多样性主要体现在防洪工程的种类,如水库、堤防、蓄滞洪区、民垸、排涝泵站等;输入的复杂性主要体现在洪水的时空分布变化上,涉及干支流、上下游、左右岸之间的水力联系,主要受降雨和系统内各个工程的地理空间关系影响。

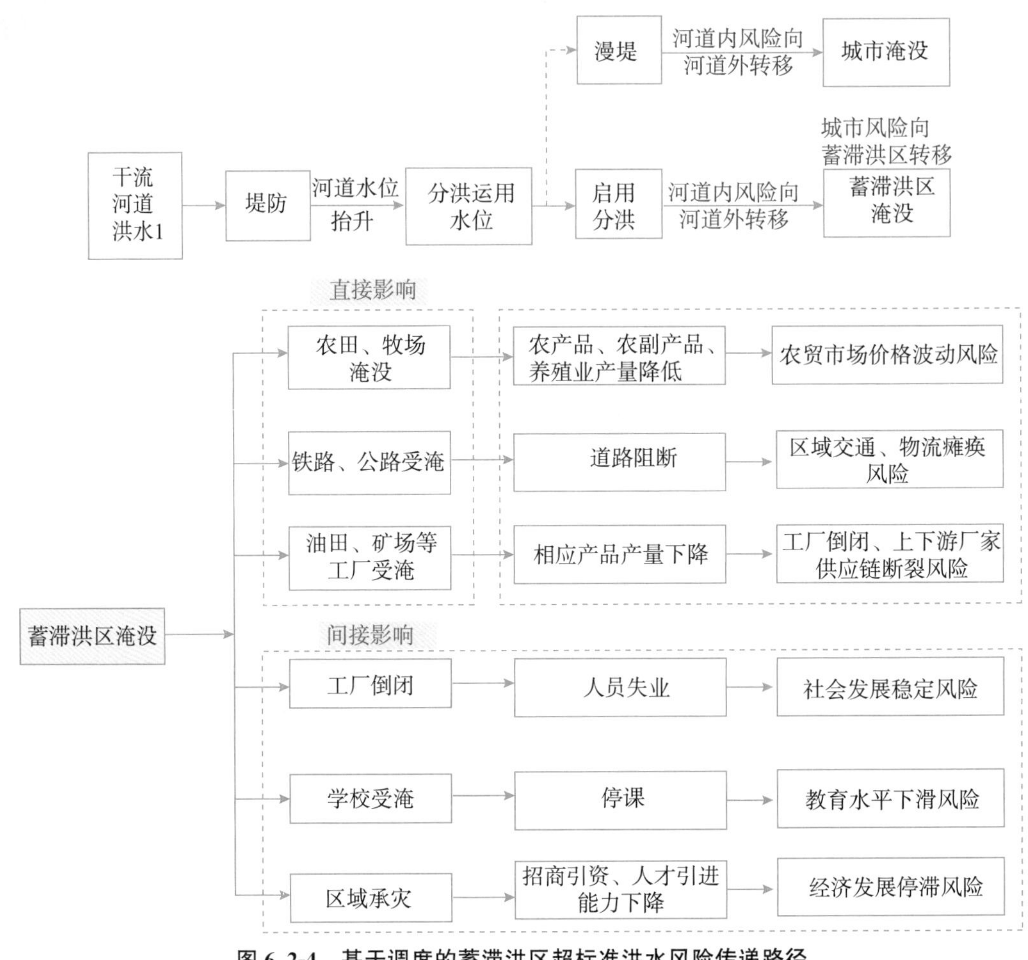

图 6.2-4　基于调度的蓄滞洪区超标准洪水风险传递路径

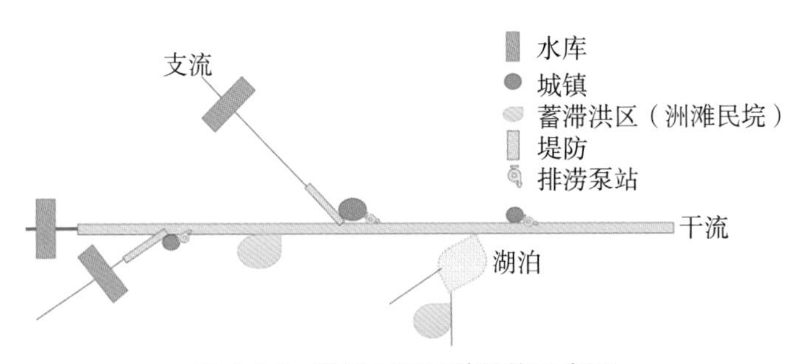

图 6.2-5　防洪工程系统结构示意图

对于流域层面而言，防洪工程体系复杂，“源—途径—受体—后果”的因果关系是多维且非线性的，洪水到达受体的途径有很多，洪水风险传递路径不再是单一链式，可能呈现出网式、超网络式结构，可以分别构建水库、堤防、蓄滞洪区的风险传递路径模块，通过枚举工程洪水风险传递路径和组合方式，从而得到流域整体的洪水风险传递路径。防洪工程示意单元由 2 段堤防、1 座水库、1 座泵站、1 个蓄滞洪区组成，其洪水风险传递路径见图 6.2-6。

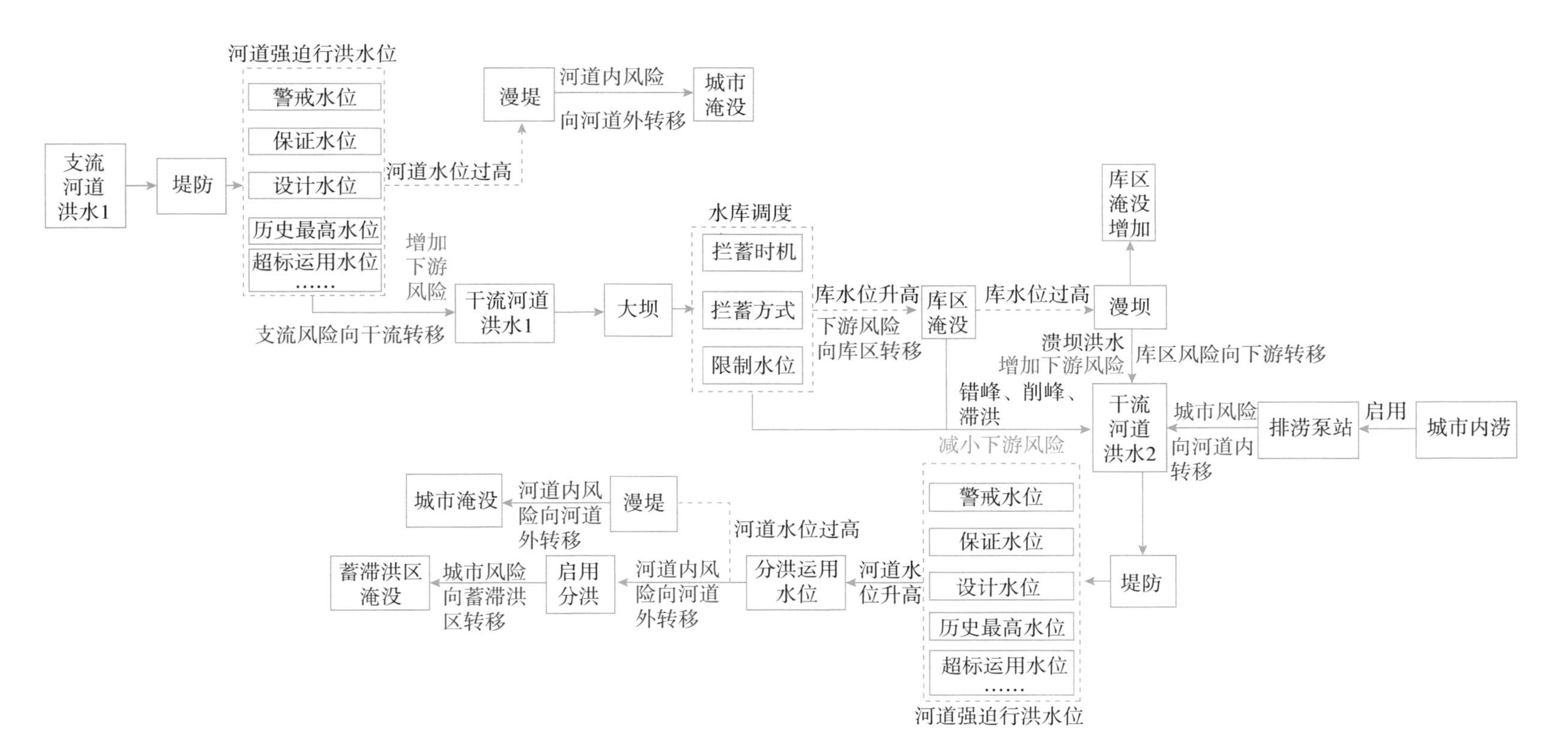

图6.2-6　防洪工程系统超标准洪水风险传递路径示意图

6.3 调度方案效果评估与风险调控指标

"压力—状态—响应"(Pressure-State-Response, PSR)模型最初由加拿大统计学家Rapport、Friend提出,PSR模型构建压力、状态和响应三类指标层。其中,"压力"(Pressure)指外界对系统的干扰和胁迫,即产生某一问题的诱因,是负效应过程;"状态"(State)指外界压力下系统的当前状态,表征系统的状况;"响应"(Response)指针对该问题所采取的应对措施,即系统对外界压力的反馈机制。PSR模型已被广泛地应用于生态系统健康状况评价、生态安全评价、生态环境可持续发展指标体系研究等生态系统研究及评价中,是较为成熟的研究框架。

发生超标准洪水时,水工程超标准调度运用实际是将目标河段的洪水风险转移至其他防洪保护对象或工程自身,需要权衡所采用的调度方案效果与风险。本次借鉴PSR概念模型,提出基于"状态—响应—压力—效果"逻辑框架的调度方案效果评估与风险调控指标体系,见图6.3-1。

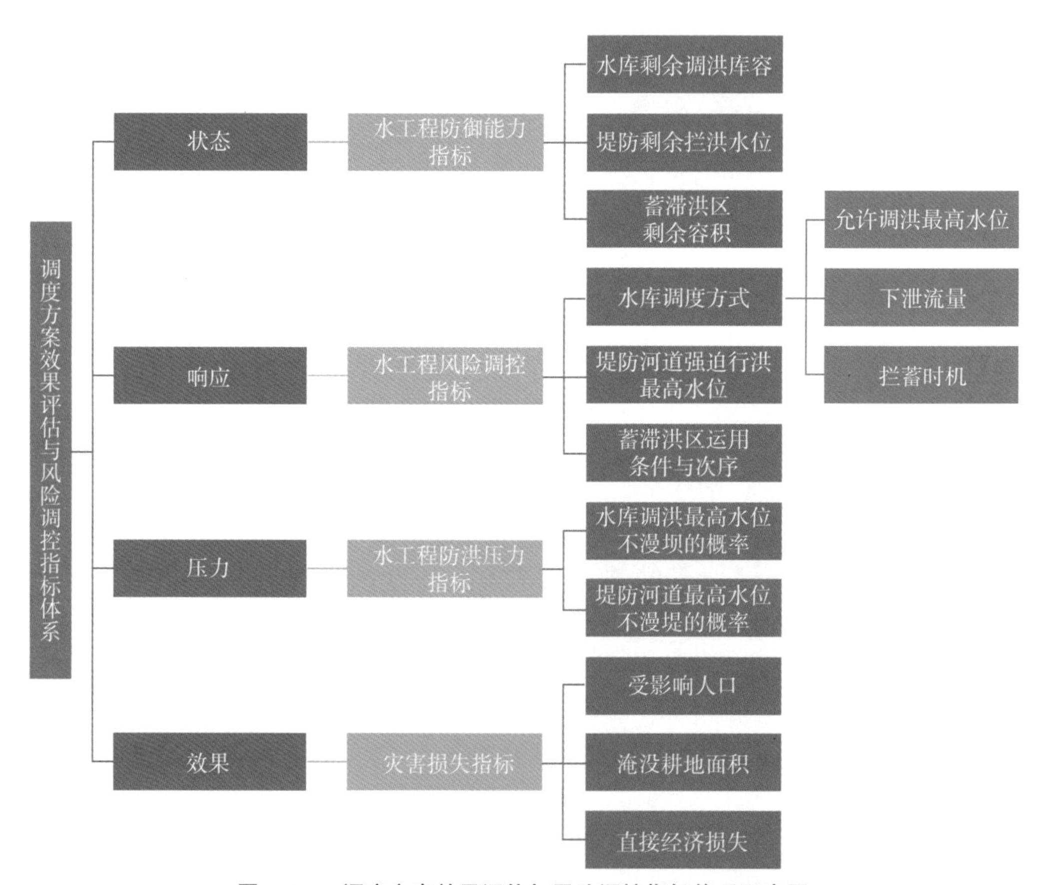

图6.3-1 调度方案效果评估与风险调控指标体系示意图

结合流域洪水风险传递结构特征,构建状态指标,目的是表征水库、堤防、蓄滞洪区的剩余防御能力；构建响应指标，目标是表征水库、堤防、蓄滞洪区对洪水风险的调控措施，即超标准调度运用具体方式；构建压力指标，用于表征水库、堤防进行超标准调度运用后，发生工程失事的可能性；构建效果指标，表征水工程超标准调度方案效果。

6.3.1 状态指标

(1)水库

状态指标用于表征水工程的剩余防御能力。水库的“剩余防御能力”指水库对目标河段洪水的调控能力，以当前库水位与校核洪水位之间库容表示。定义水库剩余防御能力(RDC，Reservoir Defense Capacity)为当前水位至校核洪水位之间库容，假设水库 k 校核洪水位对应库容为 V_k^{jh}，水库当前水位为 $RZ_{k,t}$，对应库容为 $V(RZ_{k,t})$，则水库 k 在 t 时刻剩余防御能力的数学表达如下：

$$RDC_{k,t} = V_k^{jh} - V(RZ_{k,t}) \tag{6.3-1}$$

(2)堤防

定义堤防剩余防御能力(EDC，Embankment Defense Capacity)为当前河道水位与堤顶高程的差值，假设某河段堤防控制断面(代表站)j 堤顶高程为 EZ_j^{dd}，河道当前水位 $EZ_{j,t}$，则堤防 j 在 t 时刻剩余防御能力的数学表达如下：

$$EDC_{j,t} = EZ_j^{dd} - EZ_{j,t} \tag{6.3-2}$$

(3)蓄滞洪区

按照长江流域防洪总体布局，长江中下游的荆江地区、城陵矶附近区、武汉附近区、湖口附近区等地区共安排了46处蓄滞洪区。将除荆江分洪区以外的长江中下游蓄滞洪区分为重要、一般和保留区三类。重要蓄滞洪区为使用几率较大的蓄滞洪区；一般蓄滞洪区为防御1954年洪水除重要蓄滞洪区外，还需启用的蓄滞洪区；蓄滞洪保留区为用于防御超标准洪水或特大洪水的蓄滞洪区。蓄滞洪区的剩余防御能力由剩余有效蓄洪容积表示：

对于蓄滞洪区 g，定义蓄滞洪区剩余防御能力(ADC，Flood Detention Area Defense Capacity)为当前剩余有效蓄洪容积，记为 $ADC_{g,t}$。

(4)流域整体

流域防洪工程体系涉及干支流多座水库，需要系统评估流域整体水库群的防御能力，可对每个水库设置一个防御能力权重。多座水库中，距离目标河段较近的水库其调洪作用的即时性更高、单位库容使用的拦洪效果更好。此外，当目标河段位于水库下游较远处时，对于承担多重防洪任务的水库而言，区间来水与其防洪库容的比值越小，说明该水库所处当地河段防洪风险越低，可优先使用该水库为目标河段拦蓄洪水。因此，综合考虑区间洪水、水库防洪设计特征水位、水库与目标河段之间距离等因素，定义水库 k 在 t 时刻的水库系数 $\alpha_{k,t}$ 如下：

$$\alpha_{k,t}=\frac{V_k^{des}}{Q_{k,\max}^{loc}\Delta t L_k} \tag{6.3-3}$$

式中：Δt——时段步长，s；

$Q_{k,\max}^{loc}$——水库 k 最大区间流量，m^3/s；

V_k^{des}——水库的设计防洪库容，等于汛限水位至防洪高水位之间库容，m^3；

L_k——水库 k 至下游目标河段的距离，m。

将各水库系数进行归一处理，得到无量纲的水库 k 在 t 时刻的防御能力权重 $w_{k,t}$，其数学表达如下：

$$w_{k,t}=\frac{\alpha_{k,t}}{\sum_{i=1}^{N}\alpha_{i,t}} \tag{6.3-4}$$

式中：$\alpha_{k,t}$——水库 k 在 t 时刻的水库系数；

N——参与计算的水库总数。

则水库 k 在 t 时刻的加权剩余防御能力数学表达如下：

$$wRDC_{k,t}=w_{k,t}(V_k^{jh}-V(RZ_{k,t})) \tag{6.3-5}$$

已知水库群最末一级水库 m 至目标河段堤防控制断面 j 的河段地形、水情，水库 m 增加下泄流量，则下游河道水位升高，堤防 j 防御能力减小。考虑河道演进，已知水库 m 在 t 时刻下泄流量和区间流量，可将堤防防御能力换算为等效的水库 m 的防洪库容，其数学表达如下：

$$EDC_{j,t}^{*}=\frac{(Q(EZ_j^{dd})-C_1Q_{m,t}^{out}-C_2Q(EZ_{j,t})-Q_t^{m,j})\Delta t}{C_0} \tag{6.3-6}$$

式中：$Q(EZ_j^{dd})$——堤防 j 堤顶高程对应河道流量，m^3/s；

$Q_{m,t}^{out}$——上游水库群最末一级水库 m 在 t 时刻的出库流量，m^3/s；

$Q(EZ_{j,t})$——堤防 j 在 t 时刻水位高程 $EZ_{j,t}$ 对应河道流量，m^3/s；

$Q_{mj\,t}$——t 时段水库 m 与堤防 j 的平均区间流量，m^3/s；

C_0、C_1、C_2——河段马斯京根模型参数。

综上，流域防洪工程体系在 t 时刻的整体防御能力可表示为：

$$RBDC_t=\sum_{i=1}^{N}w_{i,t}(V_i^{jh}-V(RZ_{i,t}))+\frac{w_{m,t}(Q(EZ_j^{dd})-C_1Q_{m,t}^{out}-C_2Q(EZ_{j,t})-Q_t^{m,j})\Delta t}{C_0} \tag{6.3-7}$$

6.3.2 响应指标

变化环境下，流域区域性大洪水事件频发，极易发生局部河段防洪形势紧张的情况。本章节超标准洪水指超过防洪工程体系为目标河段预留的常规防御能力的洪水。遭遇超标准洪水时，防洪工程按照调度规程运行方式投入后，目标河段河道行洪水位仍将超堤防保证水位，需要在不影响其他河段防洪安全的前提下，编制承担目标河段防洪任务的工程群组超标准调度运用方式。工程超标准调度运用方式主要指承担目标河段防洪任务的水库超蓄、目标河段堤防超高运行，承担目标河段分洪任务的蓄滞洪保留区运用。

(1)水库

水库超蓄一般分两类：一类是为目标河段预留防洪库容用完，当其他河段防洪不紧张时，可利用为其他河段预留防洪库容进一步拦蓄洪水，继续实施对目标河段防洪调度，重点关注超蓄所占用防洪库容对相应河段的防洪风险、库水位抬升可能导致的库区淹没风险；另一类是水库防洪库容已用完，考虑到目标河段防洪损失太大，在确保水库工程安全的前提下，进一步抬升库水位至防洪高水位以上，重点关注水库大坝安全。

因此，针对水库的响应指标，主要用于引导拟定水库超蓄调度运用方式，具体包含3个指标：

1)超蓄限制水位

超蓄限制水位，指允许水库 k 为目标河段防洪调度运用的最高库水位，记为 $RZ_{k,\max}$，根据水库规划设计时防洪特征水位拟定原则，一般建议超蓄运行限制水位不超过设计洪水位。

2)控泄流量

控泄流量，指水库 k 为目标河段防洪超蓄运用的下泄流量控制方式，在常规调度运用方式的基础上优化调整，可采用固定泄量或补偿泄量，记为 $Q_{k,\mathrm{sep}}$；

3)超蓄启动流量

超蓄启动流量，指水库 k 为目标河段防洪超蓄运用的启动时机，通常为目标河段控制断面 j 预报流量，记为 $Q_{j,\mathrm{sep}}$。

标准内与超标准洪水水库调度衔接方式：

①水库防洪任务单一，若目标河段发生超标准洪水，当水库防洪高水位以下库容用完时即转入超标准调度，视防洪需要继续拦蓄洪水，直至库水位达到超蓄运行限制水位，随后按保枢纽安全方式运行。

②水库承担多重防洪任务，假设水库为目标河段预留调洪库容为 V_1，若仅目标河段发生超标准洪水，当 V_1 用完时即转入超标准调度，视目标河段防洪需要继续拦蓄洪水，直至库水位达到超蓄运行限制水位，随后按保枢纽安全方式运行；若其他河段亦发生超标准洪水，则需拟定“弃”“守”次序，优先为前序河段开展超标准调度运用。

(2)堤防

堤防超标准调度主要指目标河段堤防超高运行，即抬高河道强迫行洪水位。因此堤防调度的风险调控指标为河道强迫行洪最高水位，记为 $EZ_{j,\max}$，指超标准调度时，允许河道强迫行洪的最高水位。应根据目标河段不同堤段防洪标准、河道行洪能力、防洪目标、洪灾损失等，合理确定堤防保证水位以上运行的强迫行洪最高水位。

(3)蓄滞洪区

蓄滞洪区超标准调度主要有两种情况:①堤防超标准调度运用后,蓄滞洪区启用条件相应调整;②视风险调控需要,择机启用承担目标河段分洪任务的蓄滞洪保留区。

6.3.3 压力指标

洪水情况下,水库、堤防当前运用状态与其漫顶失事临界点的距离,可视为一种“防洪压力”。通常情况下,对同一个防洪工程而言,防洪压力越大,其对河道洪水风险调控的作用就越可能发生突变。针对水库和堤防分别建立防洪压力指标,目的是表征水库、堤防在当前状态下对风险调控的作用发生突变的可能性。

(1)水库

已知水库 i 当前水位为 RZ_t,对于预见期 T 内的预报洪水过程 $Q_k(t)_t^{t+T}$,$RZ_{i,\max}$ 指水库按当前调度规则,以 RZ_t 为起调水位,对 $Q_k(t)_t^{t+T}$ 调洪计算后的最高库水位。则水库调度导致的失事风险 RP_i 可以用 $RZ_{i,\max}$ 超过坝顶高程 $RZ_{i,\mathrm{dmax}}$ 的概率来表示,其数学表达如下:

$$RP_i = P(RZ_{t,\max} > RZ_{t,d\max}), RZ_{i,\max} = f(RZ_t, Q_k(t)_t^{t+T} \tag{6.3-8}$$

水库防洪压力指标是为了表征水库在当前状态下采用拟定的调度方式后发生工程失事(漫坝)的可能性,理论上应考虑预报误差、闸门操作等的不确定性,计算 $RZ_{i,\max} > RZ_{i,d\max}$ 的累积概率作为水库防洪压力。实际应用中为节约计算时间成本,可根据预报水平将预报洪水过程放大一定比例,计算水库按给定调度规则以 RZ_t 为起调水位调洪的最高库水位,并以该水位与坝顶高程的距离衡量水库失事的可能性,此时水库防洪压力指标 RP_i 的数学表达如下:

$$RP_i = \frac{RZ_{i,\max}}{RZ_{i,d\max}} = \frac{f(RZ_t, (1+\delta)Q_k(t)_t^{t+T})}{RZ_{i,d\max}} \tag{6.3-9}$$

式中:,δ——预报误差,如落地雨、预见期降雨、趋势性降雨等的预报误差。为安全起见,RP_i 应小于 1。

(2)堤防

堤防控制断面 j 当前河道水位为 EZ_t,对于预见期 T 内的第 k 种预报洪水过程 $Q_k(t)_t^{t+T}$,$EZ_{j,\max}$ 指水库调洪后相应的堤防处河道最高水位,堤防防洪压力指标实际是表征控制断面 j 河道行洪最高水位达到 $EZ_{j,\max}$ 时堤防失事的可能性。堤防超标准调度运用主要是将河道强迫行洪最高水位抬升至堤防设计洪水位以上,考虑到可以通过水库、蓄滞洪区调度进一步调控河道水位避免漫堤,此处主要考虑对堤防渗透和抗滑稳定的影响。因此,堤防的防洪压力指标主要表征堤防发生渗透和结构破坏的可能性,用河道强迫行洪最高水位超过堤防设计洪水位引起的堤防渗透和抗滑安全系数变化来衡量,其数学表达如下:

$$EP_j = P(J_j > J_{\text{允}\max}) \times P(K_j < K_{\text{允}\min}) \tag{6.3-10}$$

式中：J_j——控制断面的渗流坡降；

$J_{允max}$——该断面允许的最大渗透迫降（主要由断面土壤情况决定）；

K_j——控制断面的安全系数；

$K_{允min}$——该断面允许的最小安全系数。

实际应用中，由于河道堤防绵延数百公里，计算量较大，建议事先开展堤防超标准运用条件下安全裕度评估，对目标河段选取多个代表断面，系统分析堤身高度、地形、堤基土层、险情现有防渗工程措施等因素，开展堤防渗透稳定和抗滑稳定分析计算。提出目标河段堤防河道强迫行洪最高水位上限值，记为 $EZ_{j,p\max}$，则目标河段堤防控制断面 j 防洪压力指标 EP_j 的数学表达如下：

$$EP_j=\frac{EZ_{j,\max}}{EZ_{j,p\max}} \tag{6.3-11}$$

式中：$EZ_{j,\max}$——预见期内河道水位最大高程，可根据河道当前水位高程、区间流量过程和上游水库群预见期内调度过程等计算得到。为安全起见，EP_j 应不超过 1。

6.3.4 效果指标

效果指标主要是用来表征水工程超标准调度方案效果，主要考虑水工程调度作用后的洪水影响和韧性。洪水影响包括社会影响、经济影响和生态环境影响。韧性应指承灾体能够及时有效地预测、吸收、适应洪灾并从洪灾影响中恢复过来的能力。

所建指标体系及确定方法见表 6.3-1，共包含 22 项指标。根据实际情况，可以采用数学模型模拟、基于遥感的监测手段、数据统计等方法进行评估。在具体应用过程中，部分指标可能会有更具体、更细致的分类。

考虑到效果指标主要用于引导调度方案优化，需要快速地、大体把握较大范围淹没区可能遭受的或者已经遭受的洪涝灾害损失，并不需要有很高的精度。而且受到基础信息完备性、计算量或者时间等因素的制约。

综上所述，效果指标应反映出超标准洪水灾害的特点，因此主要指标为：

①受影响人口，根据淹没水位高程和水位—面积关系，换算得到受影响面积，考虑人口均匀分布换算得出受影响人口数量；

②淹没耕地面积，根据淹没水位高程和水位—面积关系，换算得到受影响面积，根据耕地面积占比换算得出受影响耕地面积；

③直接经济损失，根据淹没水位高程和水位—容积关系，换算得到淹没容积，根据单位容积淹没直接经济损失计算直接经济损失；

④受影响重要基础设施，如受淹铁路长度；

⑤受淹重要城镇数量。

效益指标需依据面上综合损失指标进行设置，以实现从整体上对流域超标准洪水灾害损的快速评估。

表 6.3-1　　超标准洪水调控效果指标体系

序号	1级指标			2级指标	确定方法
1	洪水影响	社会影响		淹没区人口(人)	空间叠加,数据统计
2				伤亡人口(人)	空间叠加,数据统计
3		经济影响	受淹统计	淹没区 GDP(亿元)	空间叠加,数据统计
4				受淹房屋面积(km^2)	空间叠加,数据统计
5				受淹耕地面积(km^2)	空间叠加,数据统计
6				受淹工矿企业个数(个/座)	空间叠加,数据统计
7				受淹道路长度(km)	空间叠加,数据统计
8				水利工程设施损毁数量(个/座)	数据统计
9			经济损失	房屋损失(亿元)	承灾体损失率曲线
10				家庭财产损失(亿元)	承灾体损失率曲线
11				农业损失(亿元)	承灾体损失率曲线
12				工矿企业损失(亿元)	承灾体损失率曲线
13				交通道路损失(亿元)	承灾体损失率曲线
14				水利工程设施直接经济损失(亿元)	数据统计
15		生态环境影响		受影响自然保护区	洪水的生态环境影响评估法
16				受影响饮用水水源区	
17				其他受影响环境敏感区	
18	韧性			生命线工程防洪标准达标率 2(%)数据统计	
19				人均医疗床位数(张/万人)数据统计	
20				防洪减灾知识普及率(%)数据统计	
21				地均财政收入(亿元)	数据统计
22				钢混房屋比例(%)	数据统计

注:生命线工程防洪标准达标率:通信、供气、供电、供水系统、公路、铁路等防洪标准的达标率。

以蓄滞洪区为例,蓄滞洪区分洪运用损失主要包括洪水淹没导致的直接经济损失以及人员转移安置、经济社会建设等产生的间接经济损失。目前对分洪运用损失的计算主要采取损失率法。影响洪灾损失率的因素很多,如地形、地貌、淹没程度(水深、历时等)、财产类型、成灾季节、抢救措施等。由于抗灾能力和防洪措施不同,不同类型的财产的洪灾损失率也不同。研究资料表明,损失率与洪水要素的关联程度中,淹没水深对洪灾损失率的影响是最显著的。一般可以按不同地区、承灾体类别,分别建立洪灾损失率与淹没水深的关系曲线或关系表(表 6.3-2)。水深与损失率的关系一般为 S 曲线,开始阶段损失增加较缓,水深达到一定程度后损失幅度明显变大,最后当资产主要价值被损坏后,损失率增加的幅度逐渐变小,直至不再增加。为满足调度方案优化的时间成本要求,兼顾评估精度,建立水位—面积—容积—损失曲线法进行灾害损失评估。

根据水动力学计算得到调度方案可能造成的库区水面线或蓄滞洪区淹没面积，根据历史洪灾资料计算历史洪水的综合地均/人均损失值，考虑资产增长因素、损失率变化以及物价等因素进行修正调整得到现状综合人均/地均损失值，通过淹没面积或淹没深度和相应的综合地均损失或综合损失率计算得到总的洪灾经济损失，如下所示：

$$Lost = Value \times f(h) \tag{6.3-12}$$

$$Lost = Value \times f(S(h)) \tag{6.3-13}$$

表 6.3-2 荆江分洪区水深—损失率关系

淹没水深（m）	家庭财产（%）	住房（%）	农业（%）	工业（%）	商业（%）	铁路（%）	一级公路（%）	二级公路（%）
0.05～0.50	3	18	8.3	5.2	6.7	3	3	3
0.50～1.00	15	24	41.3	10.4	27.0	12	15	9
1.00～1.50	22	37	49.5	15.5	33.7	17	20	15
1.50～2.00	29	45	60.5	20.7	42.1	22	24	18
2.00～2.50	34	54	71.5	27.6	48.8	27	29	20
2.50～3.00	42	64	79.8	32.8	57.3	32	34	22
＞3.00	50	80	88.0	38.0	64.0	35	40	24

6.4 基于调控与效果互馈的超标准洪水风险调控方法

本次构建了一种基于调控与效果互馈的超标准洪水风险调控模型，在常规调度方式的基础上，根据调度方案灾害损失决策是否进行风险调控，根据水工程剩余防御能力状态选择合适的对象进行超标准调度运用，通过调整响应指标来拟定水库、堤防、蓄滞洪区超标准调度运用方式，并依据压力指标衡量超标准调度运用后工程失事风险，在工程失事风险可控的前提下调控洪水灾害损失。

6.4.1 调控与效果的互馈机制

基于“状态—响应—压力—效果”指标体系，建立调控与效果的互馈机制（图 6.4-1）。“调控”指水工程超标准调度运用方式，“效果”指相应的工程失事风险和淹没损失风险。根据状态指标衡量水工程是否具备超标准调度运用的能力，并对满足条件的水工程依据加权剩余防御能力进行排序，依次选取单一水工程设置响应指标，即拟定具体的超标准调度运用方式，随后开展调洪演算并判断水工程超标准调度运用后工程失事风险，若有失事风险，则反馈修正响应指标，直至工程失事风险可控，进而评估该调度方式对洪水淹没损失风险的调控效果。

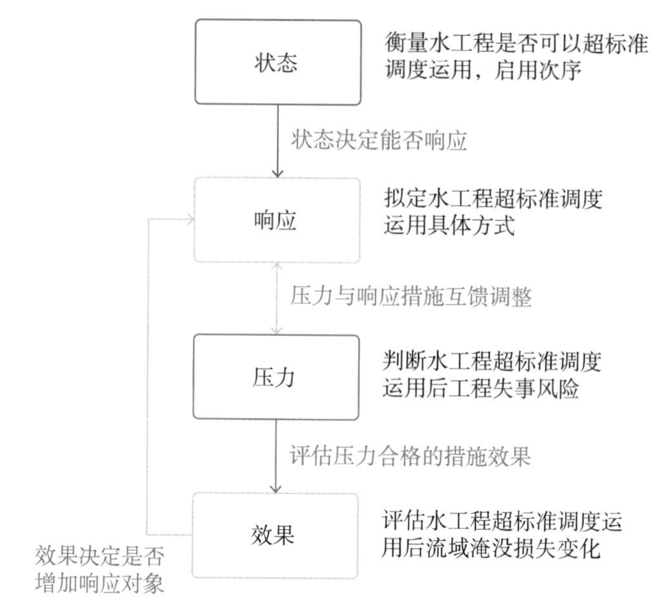

图 6.4-1 基于"状态—响应—压力—效果"指标体系的互馈逻辑框架

具体互馈机制见图 6.4-2,包括如下几个步骤:

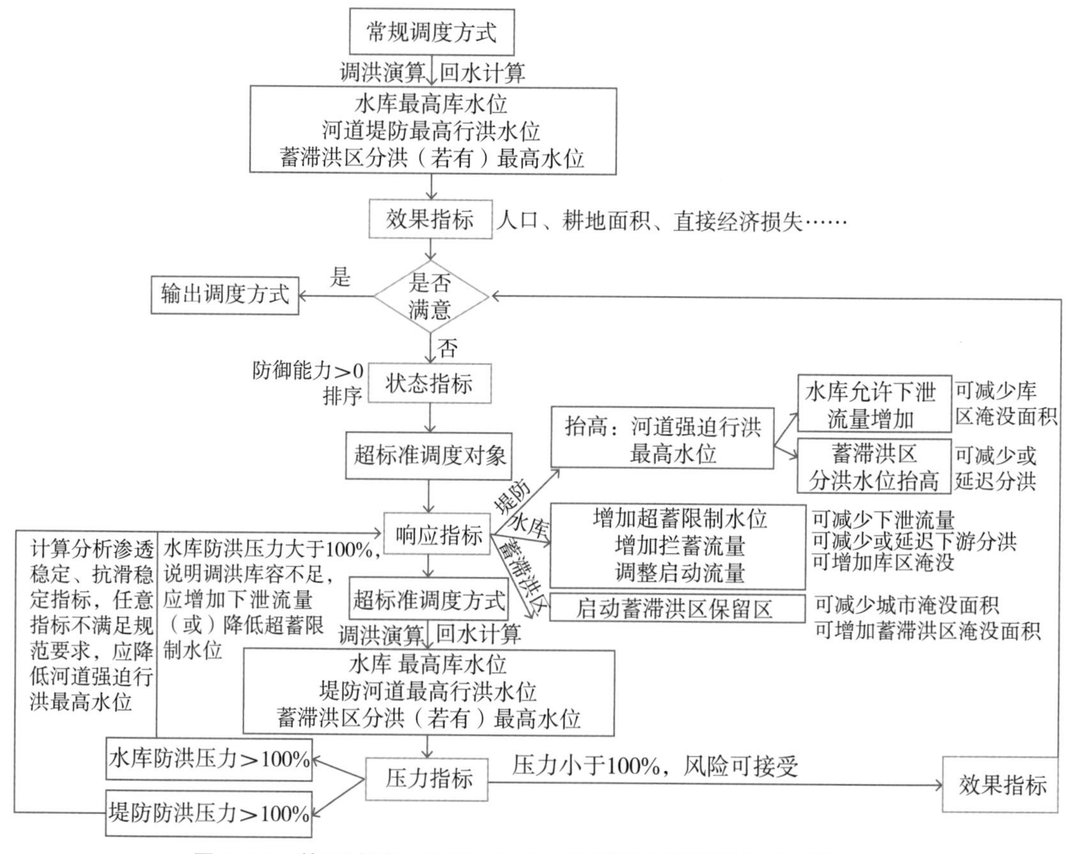

图 6.4-2 基于"状态—响应—压力—效果"指标的调控效果互馈机制

步骤1:构建水工程常规联合调度方案(即基准方案)。

步骤2:输入预报洪水过程和调度方案,进行调洪演算和回水计算,得到各水库最高库水位和库区水面线、堤防控制断面最高水位、蓄滞洪区分洪(若有)最高水位等。

步骤3:根据各水库最高库水位和库区水面线、堤防控制断面最高水位、蓄滞洪区分洪(若有)最高水位,计算灾害损失指标,判断损失是否满足预期,若不满足预期,转入步骤4;若损失已满足预期,转入步骤12。

步骤4:计算各水库、堤防、蓄滞洪区时段初的状态指标,筛选出剩余防御能力大于零的水工程,按照加权剩余防御能力从大到小依次排序,若水库在保证不发生淹没和工程安全的前提下,仍有一定防洪库容,则水库排序优于堤防,否则优先考虑堤防超标准调度运用;转入步骤5。

步骤5:按照步骤4排序结果,依次选择单一水工程设置响应指标,若所选工程为堤防,转入步骤6;若为水库,转入步骤7;若为蓄滞洪区,转入步骤8。

步骤6:选择目标河段堤防 j 进行风险调控,设置堤防 j 调度的响应指标,即河道强迫行洪最高水位,如果事先已评估堤防安全裕度,明确了堤防河道强迫行洪最高水位上限值($EZ_{j,p\max}$),则设置河道强迫行洪最高水位不应超过上限值;需注意,承担目标河段分洪任务的蓄滞洪区分洪水位也应调整(由堤防保证水位改为河道强迫行洪最高水位);转入步骤9。

步骤7:选择水库 k 进行风险调控,设置水库 k 调度的响应指标:①超蓄限制水位,②下泄流量,③超蓄启动流量;转入步骤9。

步骤8:选择蓄滞洪区保留区 g 进行风险调控,启用蓄滞洪区 g;转入步骤9。

步骤9:根据所选水工程的响应指标修改基准调度方式,生成流域新的水工程联合调度方式,开展调洪演算,得到各水库最高库水位和库区水面线、堤防控制断面最高水位、蓄滞洪区分洪(若有)最高水位等;计算各水库、堤防的压力指标,若压力均不超过100%,转入步骤10,否则转入步骤11。

步骤10:压力指标满足控制要求,说明当前水工程超标准调度运用方式的工程失事风险可以接受,转入步骤3。

步骤11:水工程压力超过100%,说明当前拟定的超标准调度运用方式会导致工程失事(如发生漫坝或溃堤事件),需要调整响应指标:①若为堤防,转入步骤6降低河道强迫行洪最高水位;②若为水库,转入步骤7,增加水库 k 下泄流量或降低水库 k 超蓄限制水位。

步骤12:输出当前调度方案和灾害损失指标。

6.4.2 洪水风险与减灾效益的协调策略

在对水工程进行风险调控过程中,水工程自身安全与流域整体防洪安全两者之间存在互馈协变的关系,即遭遇流域超标准洪水时,水工程超标准运用的程度越高,剩余防御能力越小,工程失事的风险越大;在保障工程自身安全的前提下,水工程超标准运用可以减少流域整体灾害损失,但若发生工程失事,则可能增加流域灾害损失。此外,流域防洪由水库、堤防、蓄滞洪区等多种类型水工程共同作用，存在多种工程群组合方案，不同工程群组的减灾效益可能存在较大差异。

以堤防为例，选取城陵矶站为对象，拟定河道强迫行洪水位（防洪控制水位）不同幅度抬升工况，分析控制水位变化对超额洪量变化的影响规律，遇 1954 年洪水，各工况城陵矶附近蓄滞洪区运用情况见图 6.4-3。从蓄滞洪区运用数量、分洪运用影响的人口数量、耕地面积、GDP 等方面来看，不同城陵矶控制水位工况结果存在较为明显的多阶段“拐点”，大致可以分为 5 个区间。当城陵矶控制水位为 34.4～34.6m 时，蓄滞洪区运用数量逐步下降至 11 个，分洪运用影响的人口数量、耕地面积、GDP 分别可减少 13 万～25 万人、18 万～39 万亩、32 亿～63 亿元；当城陵矶控制水位为 34.6～34.8m 时，由于洪湖中分块有效蓄洪容积较大，未减少蓄滞洪区运用数量；当城陵矶控制水位为 34.8～35.3m 时，蓄滞洪区运用数量逐步下降至 4 个，分洪运用影响的人口数量、耕地面积、GDP 分别可减少 72 万～98 万人、83 万～121 万亩、276 亿～328 亿元；当城陵矶控制水位为 35.3～35.6m 时，由于洪湖东分块有效蓄洪容积较大，未减少蓄滞洪区运用数量；当城陵矶控制水位为 35.6～35.8m 时，蓄滞洪区运用数量逐步下降至 2 个。

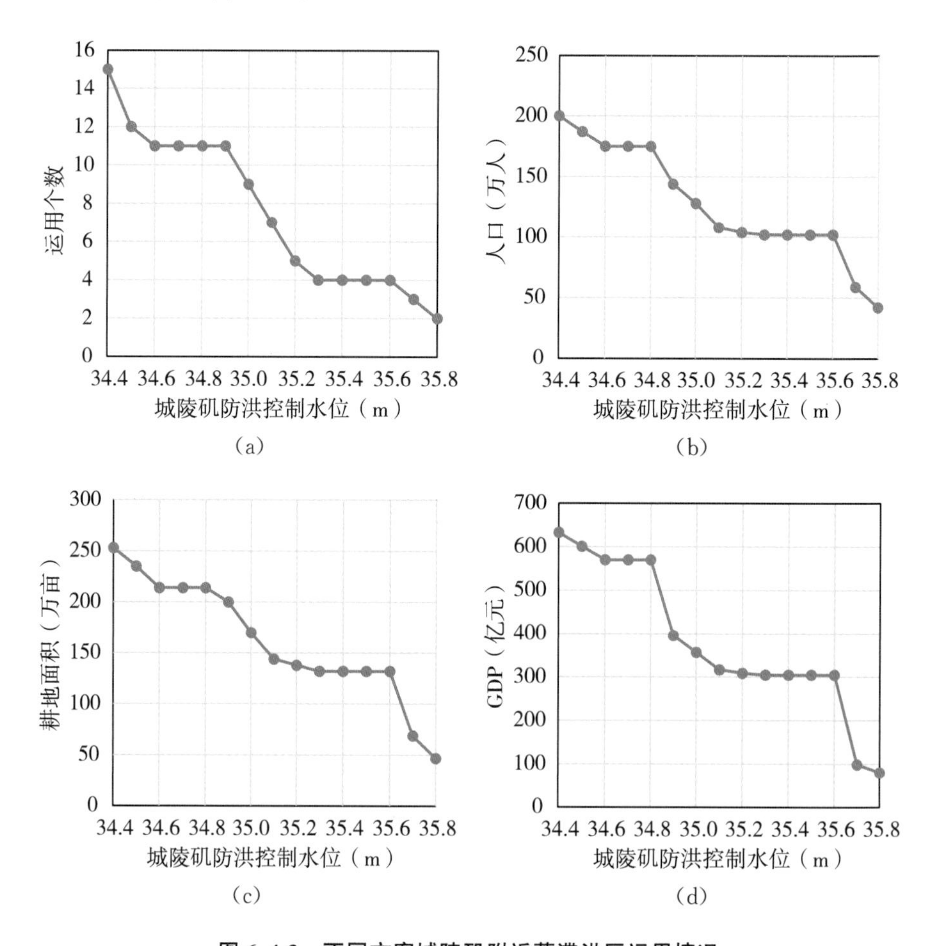

图 6.4-3　不同方案城陵矶附近蓄滞洪区运用情况

从经济社会效益的角度定性来看，防洪控制水位抬高，一方面可减少蓄滞洪区运用、降低分洪运用损失，另一方面需要加高堤防增加工程投资。因此，选择水位抬高而蓄滞洪区运用损失减少幅度降低的“拐点”水位作为防洪控制水位，经济效益相对较大。

因此，对于单一水工程而言，一定范围内继续抬升控制水位并不会额外显著增加减灾效益，甚至可能会增加灾害损失。因此，若能根据水工程单位防御能力的减灾效益拟定响应指标，即存在一种较优的控制水位组合可以投入更少的防御能力达到预期减灾目标，可在减小淹没损失风险的同时尽可能多地预留剩余防御能力，降低后续防洪风险(图 6.4-4)。

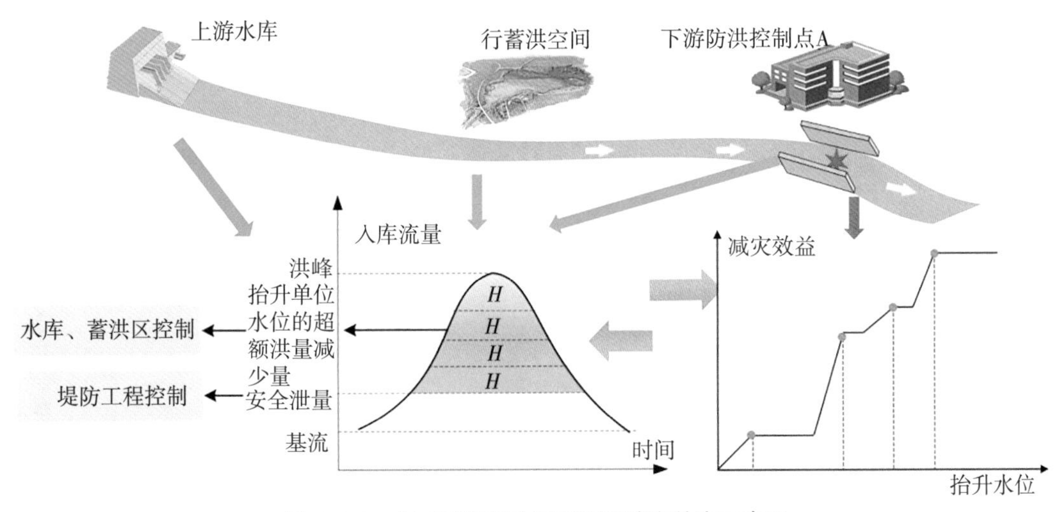

图 6.4-4 水工程超标准调度运用减灾效率示意图

在开展水工程超标准洪水联合调度运用时，首先需要根据加权剩余防御能力对各类工程参与调度的响应次序进行排序，依次选取单一水工程，设置其响应指标，核心指标是超标准调度运用的控制水位 H，计算控制水位抬升前后灾害损失减少量 L，生成水工程超标准运用防洪效益风险序列 S：

$$\{(H_1,L_1),(H_2,L_2),\cdots,(H_n,L_n)\} \tag{6.4-1}$$

设置水工程超标准运用下水位抬升的临界阈值 ε，以此作为水工程防洪效益风险的协调系数，其中水位抬升临界阈值 H'满足：

$$\frac{\partial L(H')}{\partial H'}=\varepsilon \tag{6.4-2}$$

若水工程超标准运行限制水位已达到临界阈值 H'，流域灾害损失仍不满足预期，继续抬升该工程的超标准运行限制水位，虽然可进一步降低流域灾害损失，但增量效果有限，本质是边际效益递减。为尽可能提高水工程防御能力使用效率(增加剩余防洪能力)，优先按照前述响应次序选择新的水工程进行超标准调度运用。若本轮全部水工程依次按临界阈值拟定超标准调度运用方式后，流域灾害损失仍不满足预期，则按前述原则再次轮转抬升各水工程超标准运行控制水位，直至流域灾害损失满足预期，考虑洪水风险与减灾效益协调策略的水工程调度方式修正流程见图 6.4-5。

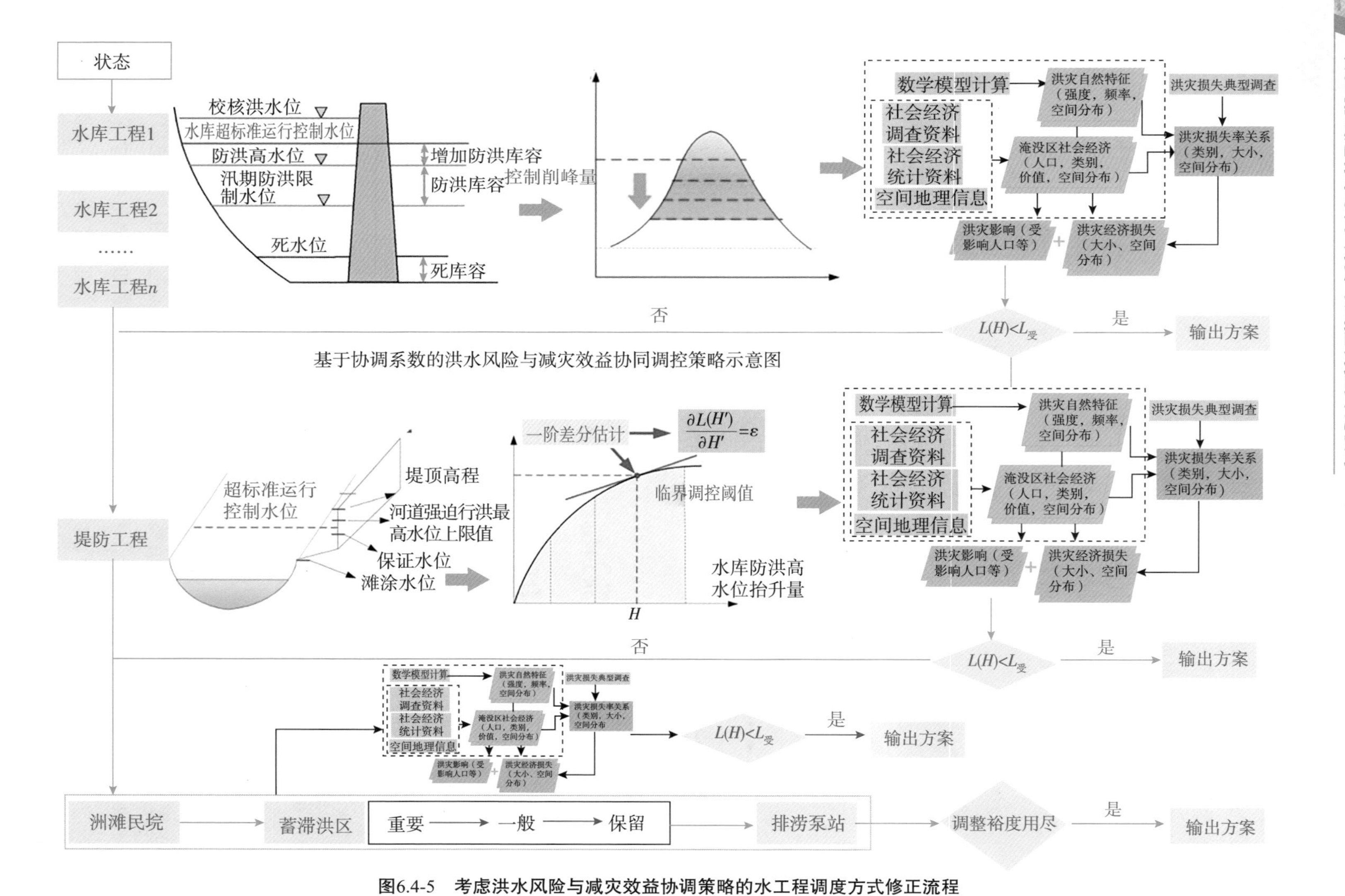

图6.4-5　考虑洪水风险与减灾效益协调策略的水工程调度方式修正流程

6.4.3 超标准洪水风险调控与效果互馈流程

6.4.3.1 调控策略

超标准洪水发生时,应综合分析上下游防洪情势、防洪工程当前实际防御能力,在确保防洪工程安全运行的前提下,提出适当抬高河道运行水位、加大水库拦蓄洪量等水工程联合调度运用方式,尽可能减少洪灾损失。

水库超标准防洪调度运用应明确目标河段的控制性防洪水库和其他配合性水库的防洪作用及其调度运用方式。水库超蓄运行限制水位不宜超过设计洪水位,针对水库防洪高水位与设计洪水位之间的调洪库容,必须在充分论证工程安全运用的前提下,根据洪水组成及防洪需求提出调度运用方式。风险调控体现在两个方面:①针对水库大坝安全失事风险,通过控制调洪最高水位不超过堤顶高程来实现;②库区回水淹没损失,通过降低调洪最高水位来实现。

堤防超标准调度运用应明确河道强迫行洪方式,根据目标河段不同堤段防洪标准、河道行洪能力、防洪目标、洪灾损失等,合理确定防洪控制节点和控制运用指标,统筹考虑历史行洪最高水位,明确堤防保证水位以上运行的强迫行洪最高水位。堤防超标准调度运用的风险调控主要是针对堤防工程渗透和抗滑失事的风险。通过对堤防工程开展安全裕度评估可以确定其允许的河道强迫行洪水位上限值。

蓄滞洪区超标准调度运用应根据洪量大小、河道水位、洪水遭遇及工程运用条件等情况,明确超标准洪水情况下蓄滞洪区(特别是蓄滞洪保留区)启用条件和投入次序等。风险调控主要是针对淹没灾害损失,通过控制是否启用蓄滞洪保留区来实现。

水工程超标准调度运用本质是对工程防御能力的深度挖掘,虽然可以降低灾害损失,但也增加了水工程自身安全失事的风险,在评判调度方案时需要权衡水工程防御能力使用量与灾害损失减少量。

6.4.3.2 目标函数

针对超标准洪水,水工程联合防洪调度主要考虑三个方面的防洪任务:①保障工程自身的安全;②保障目标河段的防洪安全;③尽可能降低流域灾害损失。将以上防洪任务定量化表达建立数学模型,在目标函数中考虑防洪任务③,在约束条件中考虑防洪任务①和②。

$$f=\min Loss\left(Q_k(t)_t^{t+T},R_i,E_j,A_g,\cdots\right)$$
$$\text{s. t.}\begin{cases}RZ_{i,\max}\leqslant RZ_{i,d\max}\\EZ_{j,\max}\leqslant EZ_{j,p\max}\\QE_{j,\max}\leqslant QE_{j,s\max}\end{cases}\tag{6.4-3}$$

式中:$RZ_{i,\max}$——水库 R_i 调洪最高库水位,按考虑预报误差后不超过坝顶高程 $RZ_{i,\mathrm{dmax}}$ 控制;

$EZ_{j,\max}$——目标河段控制断面 j 河道最高行洪水位,按考虑堤防安全裕度后不超过河道强迫行洪最高水位上限值 $EZ_{i,p\max}$ 控制；

i——水工程编号；

j——河段控制断面；

$QE_{j,\max}$——目标河段控制断面 j 最大下泄流量(如果考虑流量约束)，按不超过安全流量 $QE_{j,s\max}$ 控制。

调度优化目标是在水工程自身安全可控的前提下尽可能减小流域灾害损失。

当在预报洪水过程 $Q_{k(t)}{}_t^{t+T}$ 时，水工程(水库 R_i、堤防 E_j、蓄滞洪区 A_g 等)联合调度后灾害损失记为 $\mathrm{Loss}(Q_{k(t)}{}_t^{t+T}, R_i, E_{j,Ag}, \cdots)$。

6.4.3.3 约束条件

基于调控与效果互馈的超标准洪水风险调控的约束条件包括：水量平衡、水库库容限制、水库泄洪流量限制、水库日泄流变幅限制、河道洪水演进约束、防洪控制站安全过洪能力限制等。

6.4.3.4 调控流程

基于调控与效果互馈的超标准洪水风险调控模型流程见图 6.4-6，主要流程包括：

(1)基准灾害损失评估

将标准内洪水调度规则作为基准方案，根据基准方案和预报洪水过程开展调洪演算，计算流域关键性控制节点流量(水位)是否超过规划防洪标准对应的安全阈值，若超过，则启动超标准洪水调度。

(2)超标准调度方式拟定

计算各水工程状态指标，并根据加权剩余防御能力确定响应次序，依次选择水工程设置其响应指标：堤防设置河道强迫行洪最高水位，水库设置超蓄限制水位、下泄流量和超蓄启动流量，蓄滞洪区设置保留区可启用分洪，由此生成(水工程联合超标准调度)新调度方式。当水库与堤防加权剩余防御能力大小相当时，参考水库剩余防御能力等级进行排序：若时段初水库水位低于防洪高水位，则优先考虑水库参与响应；若时段初水库水位已达到防洪高水位，则优先考虑堤防参与响应。

(3)水工程超标准运用风险调控

对防洪工程联合运用调度模型输入新调度方式，结合预报洪水过程进行调洪演算，计算各水库、堤防的压力指标，若防洪压力未超过 100%，则工程失事风险可以接受，进入环节(4)；若有工程防洪压力超过 100%，说明工程失事风险不可接受，超标准调度运用规则需要修正，返回环节(2)修改响应指标。

(4)新调度方式效果评估

计算各水库、蓄滞洪区的淹没损失和流域防洪工程体系剩余防洪能力，判断灾害损失和剩余防洪能力是否满足预期，若满足则停止修正，否则返回②选取新的水工程设置响应指标。

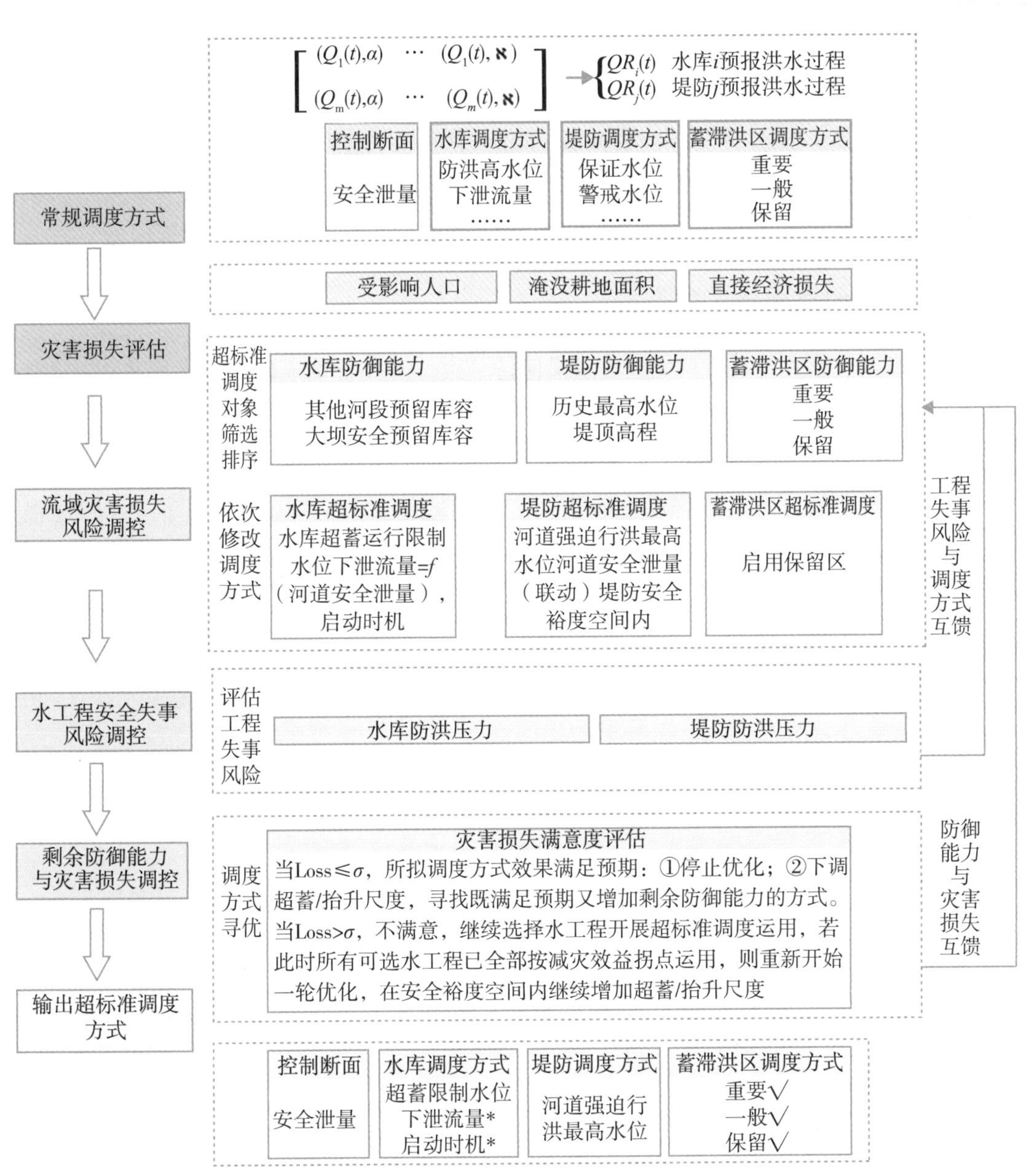

图 6.4-6　基于调控与效果互馈的超标准洪水风险调控流程示意图

6.5　应用案例

工程对象选取纳入《2021 年长江流域水工程联合调度运用计划》的梨园、阿海、金安桥、龙开口、鲁地拉、观音岩、锦屏一级、二滩、溪洛渡、向家坝、紫坪铺、瀑布沟、碧口、宝珠寺、亭子口、草街、构皮滩、思林、沙沱、彭水、三峡等长江上游 21 座控制性水库以及荆江分洪区。

洪水选取 1982 年典型代表，频率取 0.1%，进行超标准洪水调度与风险调控应用示范。

6.5.1 基础工作

收集水库特征水位、水位—库容曲线、水位—泄流能力曲线、防洪调度方式、库区水位—淹没损失关系曲线等信息，收集蓄滞洪区启用条件、有效容积、容积—淹没损失关系曲线等信息，收集下游防洪控制站水位—流量关系、保证水位、堤顶高程、安全泄量等信息。

6.5.2 面临时段雨水工险态势

各水库调度方式与现行调度规程成果保持一致。需要特别强调三峡水库水位在171～175m，控制补偿枝城站流量不超过80000m^3/s，在配合采取分蓄洪措施条件下控制沙市站水位不高于45.0m，荆江分洪区启用条件为沙市站水位达到45.0m。

将基准规则输入防洪工程联合运用调度模型进行调洪演算，三峡水库出入库过程见图6.5-1。8月2日时段初，三峡库水位171m，预见期内枝城流量未超过80000m^3/s，基准规则下三峡水库不再控泄，按出入库平衡调度，但沙市水位将高于45m，需要启用荆江分洪区分洪，荆江河段超额洪量18亿m^3，预计荆江分洪区最大淹没水深2.8m，经济损失56.48亿元；三峡库区移民迁移线淹没影响范围约189km，淹没影响历时10d，最大淹没水深8.99m，经济损失10.36亿元。

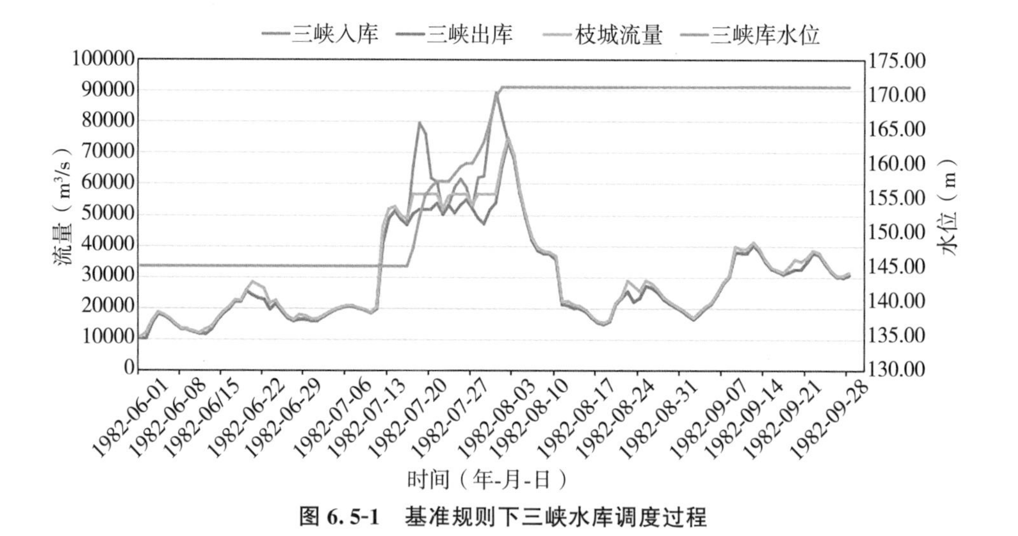

图6.5-1　基准规则下三峡水库调度过程

6.5.3 计算状态指标和响应次序

分析各水库剩余防洪库容可知，8月2日三峡水库仍有39.20亿m^3防洪库容尚未使用，其余20座控制性水库群共有36.68亿m^3防洪库容尚未使用，而中下游超额洪量为18亿m^3，判断水工程具备开展超标准调度运用的条件。

通过人机交互设置风险调控目标，即减小中下游淹没损失，计算各水工程在基准规则下的状态指标，首先将水库群按加权剩余防御能力进行排序（表 6.5-1）。由于水工程超标准调度运用需要保障工程自身安全，水库还需权衡抬升控制水位对库区淹没损失的影响，综合考虑坝型、防洪任务、空间位置分布等，观音岩、瀑布沟、紫坪铺、碧口、宝珠寺、思林、彭水、草街、梨园等水库暂不建议参与响应。

表 6.5-1　　基准规则下各水库状态指标

名称	剩余防洪库容（亿 m^3）	加权剩余防御能力（亿 m^3）
三峡	39.20	24.20
溪洛渡	14.60	0.86
宝珠寺	2.80	0.44
向家坝	0.00	0.34
思林	1.84	0.23
构皮滩	2.00	0.16
亭子口	4.51	0.16
观音岩	2.53	0.14
二滩	0.00	0.10
沙沱	2.09	0.09
鲁地拉	0.00	0.09
金安桥	0.00	0.06
龙开口	0.00	0.06
紫坪铺	1.67	0.06
瀑布沟	0.03	0.05
彭水	2.32	0.03
锦屏一级	0.00	0.02
碧口	1.03	0.01
阿海	0.00	0.01
草街	0.00	0.00
梨园	0.00	0.00

基准规则下抬升沙市站防洪控制水位对超额洪量的影响见图 6.5-2。按照前述排序原则，当水库与堤防加权剩余防御能力大小相当时，参考水库剩余防御能力等级进行排序：若时段初水库水位低于防洪高水位，则优先考虑水库参与响应；若时段初水库水位已达到防洪高水位，则优先考虑堤防参与响应。最终具备参与超标准调度运用的水工程响应优先次序为：三峡、沙市站、溪洛渡、构皮滩、亭子口、沙沱、向家坝、二滩、鲁地拉、金安桥、龙开口、锦屏一级、阿海。

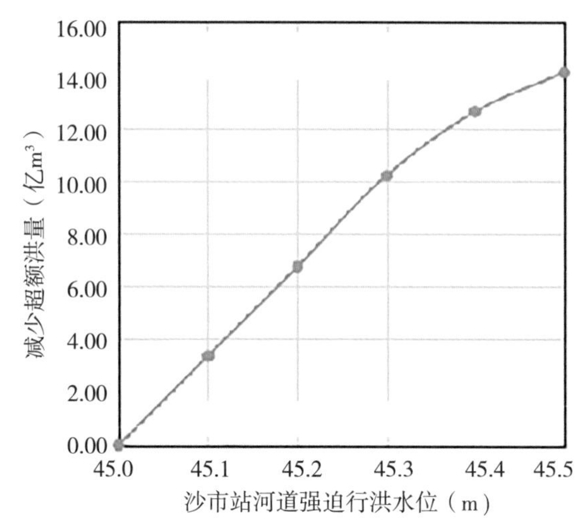

图 6.5-2　沙市站防洪控制水位抬升减灾效果

6.5.4　设置响应指标(第一次)

选取三峡水库，修改调度运行方式，将超蓄运用水位上限设置为 172m，将下泄流量改为按枝城流量不超过 70000m^3/s 补偿控制，启动时机改为当三峡库水位达到 171m 后且枝城预报流量超过 70000m^3/s，将上述调度规则记为优化方案 1，输入防洪工程联合运用调度模型进行调洪演算，得到三峡水库调度过程见图 6.5-3。

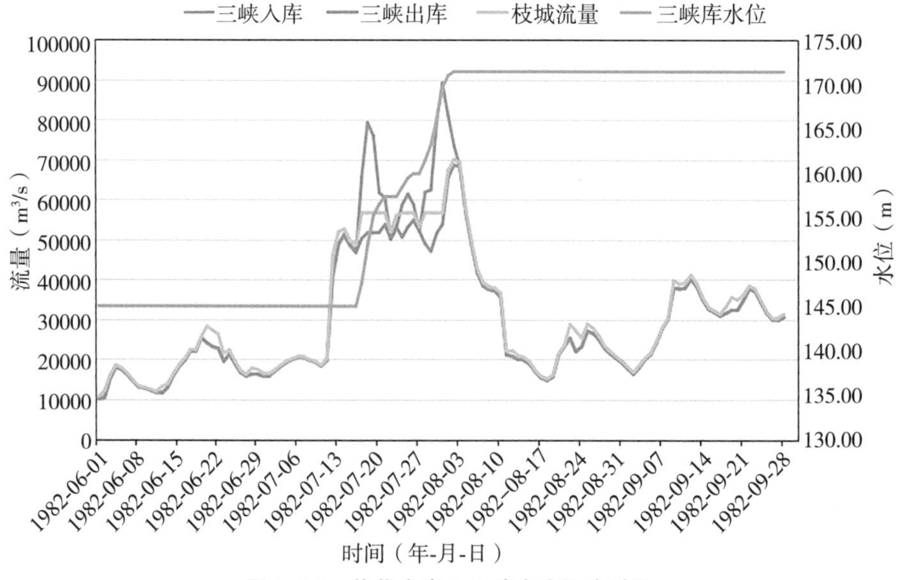

图 6.5-3　优化方案 1 三峡水库调度过程

6.5.5　计算压力指标(第一次)

考虑 5%的预报误差，按照优化方案 1 拟定的超标准洪水调度规则，采用防洪工程联合运用调度模型分析各水库最高调洪水位，均未超过其校核洪水位；考虑扒口分洪后，沙市站最高水位45.59m，未超过堤顶高程。因此，优化方案1的各水工程压力指标满足要求，工程失事风险可控。

6.5.6 计算效果指标(第一次)

8月2日初，三峡水库库水位171m，根据优化方案1的响应指标，预见未来3天枝城流量超过70000m^3/s，对枝城按70000m^3/s补偿控泄，三峡水库日均拦蓄流量4931m^3/s，最高调洪水位171.43m，但沙市站水位仍将超过45m，荆江河段超额洪量减小为13.7亿m^3，仍需启用荆江分洪区。预计荆江分洪区最大淹没水深2.3m，经济损失46.75亿元。三峡库区移民迁移线淹没影响范围约184km，淹没影响历时11天，最大淹没水深8.99m，经济损失10.36亿元。

通过人机交互判断仍不满足风险调控预期，继续减小中下游淹没损失。

6.5.7 设置响应指标(第二次)

根据5.3节中关于长江流域超标准洪水防御能力评估成果，长江干堤在设计水位基础上抬高1.5m运行时，大部分河段可安全挡水。测算基准规则下1982年千年一遇洪水下沙市站控制水位抬升减灾效益(图6.5-4)，当沙市站防洪控制水位超过45.5m时，虽然仍可减少超额洪量，但由于部分穿堤建筑物可能受到影响，减灾效益有所下降。因此，从效率的角度出发，荆江河段堤防强迫行洪水位可抬升至45.5m，若河道行洪水位继续上涨，再启用荆江分洪区分洪，将上述调度方式记为优化方案2。

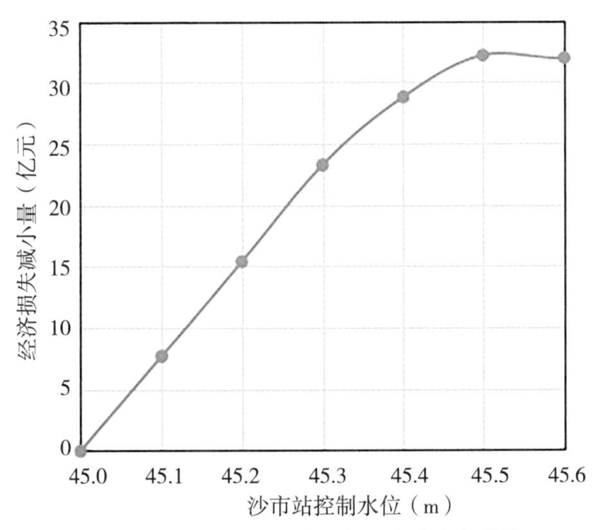

图6.5-4 沙市站防洪控制水位抬升减灾效益

6.5.8 计算压力指标(第二次)

考虑5%的预报误差,按照优化方案2拟定的超标准洪水调度规则,分析各水库最高调洪水位,均未超过其校核洪水位;水库拦蓄配合堤防适度抬升,沙市站最高水位45.47m,优化方案2的各水工程压力指标满足要求,工程无失事风险。

6.5.9 计算效果指标(第二次)

8月2日初,三峡水库库水位171m,沙市水位45.29m,预见未来3天枝城流量超过70000m³/s,三峡水库按70000m³/s补偿控泄,日均拦蓄流量4931m³/s,时段末三峡水库库水位171.43m,沙市站最高水位45.47m,无超额洪量,无须分洪。三峡库区移民迁移线淹没影响范围约184km,淹没影响历时11天,最大淹没水深8.99m,经济损失10.36亿元。

通过人机交互判断满足风险调控预期,结束风险调控。

6.5.10 风险调控效果分析

各方案效果见表6.5-2。在现行调度规则针对标准内洪水拟定的调度规则基础上,综合考虑流域防洪工程体系剩余防洪能力和减灾效益,在工程自身安全可控的前提下,适当修改水工程调度运用方案,如当枝城预报来水不足80000m³/s时,利用三峡水库运用171～175m的库容适当拦蓄,同时抬高沙市站堤防河道强迫行洪最高水位,从而避免启用荆江分洪区,可节省56.48亿元的分洪损失,但由于三峡水库水位抬升,库区淹没时长增加。

表6.5-2 超标准洪水不同调度方案效果对比

项目名称	基准规则	优化方案1	优化方案2
调度方式	三峡库水位171～175m,按控制枝城流量不超过80000m³/s补偿控泄;荆江分洪区启用条件:沙市站水位达到45m	三峡库水位171～175m,按控制枝城流量不超过70000m³/s补偿控泄;荆江分洪区启用条件:沙市站水位达到45m	三峡库水位171～175m,按控制枝城流量不超过70000m³/s补偿控泄;荆江分洪区启用条件:沙市站水位达到45.5m
库区经济损失(亿元)	10.36	10.36	10.36
库区淹没时长(天)	10	11	11
蓄滞洪区经济损失(亿元)	56.48	46.75	0
三峡水库最高库水位(m)	171.00	171.43	171.43

续表

项目名称	基准规则	优化方案 1	优化方案 2
沙市站 最高水位(m)	45.00	45.00	45.47
总经济损失 (亿元)	66.84	57.11	10.36

6.6 总结

①流域超标准洪水风险大小、传递方向与洪水过程、流动方向有关,可通过水工程调度调控。应注意,水工程对洪水风险的调控作用可能会发生突变,需合理控制水工程防洪压力。随着流域整体防洪工程体系建设的不断完善,洪水风险传递路径的薄弱环节是防洪能力较弱的河段,易形成区域性大洪水,洪水灾害易集中在局部区域。

②发生超标准洪水时,为减小流域灾害损失,可对水工程开展超标准调度运用,同时会将目标河段的洪水风险转移至其他防洪保护对象或工程自身,需要权衡所采用的调度方案效果与风险。根据状态指标衡量水工程是否具备超标准洪水调度运用的能力,并对满足条件的水工程依据加权剩余防御能力进行排序,拟定具体的超标准洪水调度运用方式,研判水工程超标准洪水调度运用后工程失事风险,若有失事风险,则反馈修正响应指标,直至工程失事风险可控,进而评估该调度方式对洪水淹没损失风险的调控效果。

③在对水工程进行超标准洪水调度运用时,水工程自身安全与流域整体防洪安全两者之间存在互馈协变的关系。对于单一水工程而言,一定范围内,继续投入超标准运用能力并不会显著增加减灾效益,甚至可能面临巨大风险,若能根据水工程单位防御能力的减灾效益拟定响应指标,优化工程组合,可在减小淹没损失风险的同时尽可能多地预留剩余防御能力,降低后续防洪风险,达到预期减灾目标。

第 7 章　流域超标准洪水风险调控方案智能优选技术

聚焦“智寻优”。流域超标准洪水风险调控方案涉及复杂且繁多的属性和要素，如决策者、防洪工程体系、防护对象等。因此，流域超标准洪水风险调控方案进行优选比较复杂，存在的主要问题有：每个属性如何对比，多个属性如何对比，如何综合多种方案的优劣。本章借助于数据挖掘与智能优化等技术，高效整合历史洪水调控过程中所产生大量的调度决策数据，并有效挖掘价值信息，以达到科学合理的优选方案，提升综合决策智能化水平。

主要内容包括建立评价指标体系、构建调控方案智能优选模型、智能决策实现三部分内容。

①针对流域超标准洪水调控方案多属性特点，从剩余防洪能力、实时工情状态、灾害损失等维度，构建超标准洪水调度方案评价指标体系，量化流域超标准洪水调控方案评价指标值。

②构建流域超标准洪水风险调控方案智能优选模型，实现调度场景和优选方案的关联，优选模型不断适应评价指标体系变化，动态选择调控方案的多属性优选对象，智能获取调控方案有效价值信息，实现实时优选。

③运用决策树技术挖掘优选调控方案集，根据决策树对应的属性与类为超标准洪水风险调控提供边界条件，实现智能决策。

7.1　评价指标体系构建

7.1.1　指标体系设计

为了优选方案，必须设定合理且可行的优选指标，这些指标一般要遵循以下几个原则：

(1)完整性原则

指标体系应该尽可能反映流域超标准洪水风险调控实时调度的真实状况。

(2)简明性原则

指标应当简明扼要，易操作且可行。

(3)重要性和独立性原则

尽量精简指标数量，保证每个指标具有较强的代表性且每个指标评价内容相互独立没有重复。

(4)科学性原则

所选指标必须具有明确的概念和科学内涵,且能够反映流域超标准洪水调控多属性多层次实时调度时的特性。

(5)层次性原则

所选指标能够反映流域超标准洪水风险调控实时调度的特性、防洪工程运用次序、防洪对象重要性等层次结构。

对于防洪工程联合调度主要考虑灾前、灾中、灾后评价分析。对于水库群而言,指标层主要考虑防洪剩余库容相对数、防洪剩余库容绝对数、受影响人口、洪灾经济损失(包括上游淹没损失、下游淹没损失等)、生态环境损失和救援损失等因素。防洪剩余库容相对数、防洪剩余库容绝对数、受影响人口、洪灾经济损失、生态环境损失和救援损失是指各模拟调度方案所引起的洪水灾害。比较通用的参数统计模型是以淹没水深等洪涝灾害特征为自变量、损失率为因变量的模型,因此受影响人口、洪灾经济损失(包括上游、下游淹没损失等)、生态环境损失和救援损失等指标的计算均可建立以水深等指标为自变量的函数关系。

一般来讲,综合目标往往是一种定性概念,为了建立与定量指标的联系,就必然将综合目标分解为较为具体的目标,称之为"准则",有时根据需要,还可将其再细分为次准则层。这些准则从侧面反映了被描述对象的系统结构特征和综合目标对它的要求。尽管它们仍是定性的,但相对而言,它们与定量指标间的相关关系较综合目标更为直接和简单,更便于进行研究和判断。目前,构建评价指标体系通常的做法是将其分为 3 层,即"目标层—准则层—指标层"。按照洪灾风险理论,风险评价是一个由自然、社会经济和技术等子系统组成的复合系统。

目标层 A:目标层是指评价所要达到的目的,因此该评价的目标层为洪灾风险性。

准则层 B:准则层是指在目标层框架下,为达到目标层所需的评价指标。

指标层 C:指标层是指准则层所包括的具体指标因子。

从洪灾损失出发,根据各因素相互关系的分析,参考前人研究成果,选择相应指标,设计能够以自然和经济为主要控制因素的洪灾风险综合评价指标体系。该指标体系是由总目标、准则层和指标层组成的层次体系。目标层由准则层加以反映,准则层由指标层及具体的因素层指标来反映。

7.1.2 指标体系构建

从超标准洪水调度方案特点出发,建立了以超标准洪水调度方案最优为总的评价目标,综合考虑防洪工程剩余防洪能力、防护对象断面工情状态、蓄滞洪区(或洲滩民垸)受影响人口数、经济损失等因素,构建超标准洪水调度方案评价指标体系,见表 7.1-1。

表 7.1-1 流域防洪调控方案评价指标体系

目标层	准则层	指标层
调控方案评价	防洪工程防洪能力	防洪剩余库容相对数
		蓄滞洪区剩余数相对值
		最大分洪流量相对值
		最大分洪量相对值
	保护断面及堤防状态	控制断面最大流量相对值
		控制断面最高水位相对值
		控制断面高水位历时相对值
	流域损失情况	受影响人口
		上游淹没损失
		下游淹没损失
		救援损失
		生态环境损失相对值

(1)防洪工程防洪能力评定方法

防洪剩余库容相对数：

$$C1=\frac{剩余防洪库容}{总防洪库容} \tag{7.1-1}$$

蓄滞洪区剩余数相对值：

$$C2=\frac{\text{sum}(未启用的蓄滞洪区)}{\text{sum}(流域蓄滞洪区)} \tag{7.1-2}$$

最大分洪流量相对值：

$$C3=\frac{\max(分洪流量)}{历史分洪流量最大值} \tag{7.1-3}$$

最大分洪量相对值：

$$C4=\frac{分洪历时 * 分洪流量}{蓄滞洪区总蓄量} \tag{7.1-4}$$

(2)保护断面及堤防状态

最大流量相对值：

$$E1=\frac{\max(过流流量过程)}{历史最大过流流量} \tag{7.1-5}$$

最高水位相对值：

$$E2=\frac{\max(水位变化过程)}{保证水位} \tag{7.1-6}$$

高水位历时相对值：

$$E3=\frac{\text{sum(水位高水位历时)}}{\text{洪水过程时长}} \tag{7.1-7}$$

(3)流域损失情况评价方法

受影响人口（ε 为权重系数）：

$$F1=\varepsilon\cdot\text{sum(受影响人口总数)} \tag{7.1-8}$$

上游淹没损失：主要包括淹没区经济指标，可以用 GDP 等指标进行评价；以防洪工程水位为自变量，进行淹没区经济损失评价。

$$F2=\text{sum(淹没损失)} \tag{7.1-9}$$

救援损失：

$$F3=\text{sum(救援耗资)} \tag{7.1-10}$$

生态环境损失相对值：主要包括淹没区经济指标，以河道内水位或流量为自变量，进行淹没区生态环境破坏评价。

$$F4=\frac{\text{sum(破坏生态环境时长)}}{\text{洪水过程总时长}} \tag{7.1-11}$$

(4)调度方案评价总指标

$$\begin{aligned}P=&w_1\cdot C1+w_2\cdot C2-w_3\cdot C3-w_4\cdot C4-w_5\cdot E1-w_6\cdot E2\\&-w_7\cdot E3-w_8\cdot F1-w_9\cdot F2-w_{10}\cdot F3-w_{11}\cdot F4\end{aligned} \tag{7.1-12}$$

式中：P——方案评价指标；

w_1—w_{11}——指标权重系数。

标准内洪水调控方案评价指标主要涉及常用的防洪工程体系防洪能力和保护对象，流域超标准洪水调控方案评价指标在标准内洪水的基础上，还需重点考虑流域灾害损失等。不同指标差异性对比情况见表 7.1-2。

表 7.1-2 流域标准内洪水与超标准洪水评价指标对比情况

指标	标准内洪水	超标准洪水
水库工程防洪能力	不超过校核洪水位	可能超校核洪水位
保护对象状态	不超过保证水位	可能超保证水位
流域损失	损失较少	淹没范围大、经济损失较多
受影响人口	相对较少	影响范围大、相对较多

7.2 超标准洪水应对方案优选

通过设定风险控制目标制定一系列超标准洪水调控方案集，建立智能优选模型并求解出优选方案，给出最终的优选方案供决策者参考。

针对超标准洪水调控方案多属性特点筛选评价指标，对评价指标进行标准化和归一化处理；建立决策矩阵，依据主观偏好和客观信息确定各属性的综合权重。决策者对于属性的重要性可能会有不同意见，因此需要依据决策者的偏好提出重要性差异矩阵的调整方式。这种调整主要是依据决策者对属性重要性认识的差异，建立基于可能度与赋权值的风险型多属性决策及评价优选模型，实现超标准洪水风险调控方案优选，推荐最优方案。

在候选方案集中定义两种极端方案，它们被称为正理想方案和负理想方案。所谓理想方案只是一种虚拟的极端最优方案，该方案各评价指标值均为各候选方案中该指标的最优值；接近正理想方案的备选方案不一定同时远离负理想方案，因此，在构造决策矩阵时应该综合考虑备选方案与正负理想方案的相对接近程度。利用决策树、信息熵等智能技术深度挖掘调控方案优劣程度，最终推荐单一方案的最优模式进行调度决策。

7.2.1 模糊优选模型

采用模糊智能优选进行研究，建模思路见图 7.2-1。

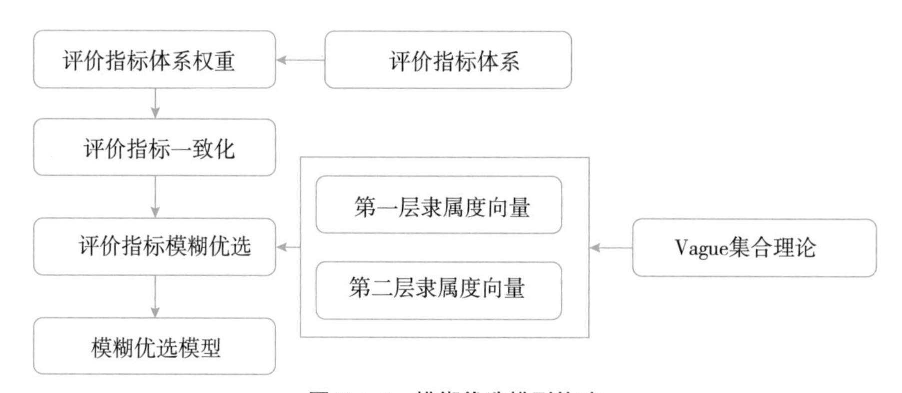

图 7.2-1 模糊优选模型构建

(1)评价指标体系权重计算

设水工程调度系统有 n 个决策组成的决策集 $D=\{d_1,d_2,\cdots,d_n\}$ ，式中，d_j 为系统决策集中第 j 个决策，$j=1,2,\cdots n$ 。决策集中 D 中的元素 d_k 和 d_l 就各定性指标的重要性作二元比较，如果 d_k 比 d_l 优越，记标度 $e_{kl}=1$，$e_{lk}=0$；如果 d_l 比 d_k 优越，记标度 $e_{kl}=0$，$e_{lk}=1$；如果 d_k 和 d_l 同样优越，记标度 $e_{kl}=0.5$，$e_{lk}=0.5(k=1,2,\cdots n;l=1,2,\cdots n)$ 。

由此可得 n 个指标之间的定性排序标度构成的二元对比矩阵：

$$E=\begin{bmatrix} e_{11} & e_{12} & \cdots & e_{1n} \\ e_{21} & e_{22} & \cdots & e_{2n} \\ \vdots & \vdots & \vdots & \vdots \\ e_{n1} & e_{n2} & \cdots & e_{nn} \end{bmatrix}=(e_{kl}) \tag{7.2-1}$$

上式满足：e_{kl} 仅在 0,0.5,1 中取值；$e_{kl}+e_{lk}=1,k\neq l$；$e_{kk}=e_{ll}=0.5$。E 为二元对比定

性排序标度矩阵。

如果 E 满足 $e_{hk}>e_{hl}$，那么有 $e_{kl}=0$；如果 E 满足 $e_{hk}<e_{hl}$，那么有 $e_{kl}=1$；如果 E 满足 $e_{hk}=e_{hl}=0.5$，那么有 $e_{kl}=0.5$；则决策集 D 中对应的矩阵 E 是指标对重要性作二元对比定性排序标度矩阵，且 E 是排序一致性(或传递性)标度矩阵。然后对目标进行排序：

$$S_i=\sum_{j=1}^{n}e_{ij} \tag{7.2-2}$$

式中，S_i——目标排序标度总值，根据上式计算出各个目标的目标排序标度总值，对同类目标由大到小进行排序。

为了便于在排序后对某一目标相对于最重要目标重要性(相对隶属度)的比较，可建立对应语气算子和定量标度之间的对应关系，0.5 和 1.0 称为定量标度的边界值，对应语气算子为“同样”和“无可比拟”，在定量标度 0.5 和 1.0 之间，以线性增值 0.05，插入 9 个语气算子，则对应有 9 个定量标度值(表 7.2-1)。

表 7.2-1　　语气算子与定量标度、相对隶属度关系

语气算子	同样		稍微		略微		较为		明显		显著
定量标度	0.500	0.525	0.550	0.575	0.600	0.625	0.650	0.675	0.700	0.725	0.750
相对隶属度	1.000	0.905	0.818	0.739	0.667	0.600	0.538	0.481	0.429	0.379	0.333
语气算子		十分		非常		极其		极端		无可比拟	
定量标度	0.775	0.800	0.825	0.850	0.875	0.900	0.925	0.950	0.975	1.000	
相对隶属度	0.290	0.250	0.212	0.176	0.143	0.111	0.081	0.053	0.026	0.000	

令 w_{1j} 表示排序后最重要目标与第 j 个目标的模糊重要性比较值(即相对隶属度)，且有：

$$1\geqslant w_{11}\geqslant w_{12}\geqslant\cdots\geqslant w_{1n}\geqslant 0 \tag{7.2-3}$$

根据表 7.2-1 中的语气算子选择相对隶属度 w_{1j} 的取值，构成模糊重要性比较值向量：

$$w=(w_{11},w_{12},\cdots,w_{1n}) \tag{7.2-4}$$

将向量 w 进行归一化处理，可得到 n 个目标的权重向量，记为：

$$w=(w'_1,w'_2,\cdots,w'_n)\text{，且满足}\sum_{i=1}^{n}w'_i=1 \tag{7.2-5}$$

式中，w'_i——目标 i 的权重。

(2)评价指标一致化处理

将水工程系统防洪调度评价指标体系利用指标相对优属度进行一致化处理，其计算公式如下：

越大越优指标：

$$_1r_{ij}=\frac{_1x_{ij}-{_1x_{i\min}}}{_1x_{i\max}-{_1x_{i\min}}} \tag{7.2-6}$$

越小越优指标

$$ {}_2r_{ij} = 1 - \frac{{}_2x_{ij} - {}_2x_{i\min}}{{}_2x_{i\max} - {}_2x_{i\min}} \tag{7.2-7} $$

式中,左下角标 1 和 2——越大越优和越小最优指标相关变量;

${}_1r_{ij}$、${}_2r_{ij}$——方案 j 指标 i 的相对优属度;

${}_1x_{ij}$、${}_2x_{ij}$——目标特征值;

${}_1x_{i\max}$、${}_2x_{i\min}$——调洪过程中相应指标可能出现的最大值;

${}_1x_{i\max}$、${}_2x_{i\min}$——调洪过程中相应指标可能出现的最小值。

(3)基于模糊决策的优选模型

根据超标准洪水应对防洪方案评价指标分析,在进行防洪调度评价时,将评价系统分为目标层和准则层两层。第一层只有目标层"调度方案优劣"。第二层分别对应防洪工程防洪能力、防洪工程实时状态、防洪体系中保护断面状态评价以及流域损失情况等多个并列的单元系统,同时每一个单元系统都有一个或者多个目标特征值输入,用公式对第二层第 i 单元系统计算各方案的相对优属度向量。

$$ r_i^1 = (r_{i1}^1, r_{i2}^1, \cdots, r_{in}^1) = (r_{ij}^1) \quad (j = 1, 2, \cdots, n) \tag{7.2-8} $$

式中,r_i^1——第二层第 i 单元输出的防洪调控方案相对优属度向量;

(r_{ij}^1)——第 j 个输入特征值对应的相对优属度。

则第二层第 i 单元的隶属度 u_i^1 计算公式为:

$$ u_i^1 = \sum_{i=1}^{n} r_1{}^1 w_i{}' \tag{7.2-9} $$

由于第一层只有一个单元系统,则第二层各单元输出相对优属度则为第一层优属度向量:

$$ u = (u_1^1, u_2^1, \cdots, u_n^1) \tag{7.2-10} $$

7.2.2 基于熵权法的优选模型

(1)Vague 集的基本理论

1)Fuzzy 集定义

在经典的集合理论当中,某个元素要么完全属于某一集合 A,要么就完全不属于,元素与集合之间的隶属关系具有截然分明的界限。然而,在现实生活中,很多事物的分类并非划分得如此清晰,因此,美国学者 Zadeh 于 1965 年提出了集(模糊集)的概念,他采用模糊隶属函数对处于中间过渡阶段事物的中介性及其对于差异双方的倾向程度进行刻画,并以此理论为基础发展出一门新学科——模糊数学:

定义:给定某一论域 X,对于任意元素 $x \in X$,都有唯一的确定的[0,1]闭区间映射 u_A 与之对应,并可由此确定 X 的一个模糊子集 A,记为:

$$A=\{x, u_A(x)) \mid x \in X\} \tag{7.2-11}$$

称 μA 为模糊集 A 的隶属函数，$\mu A(x)$ 为 A 的隶属度，这样就定义了模糊函数与隶属度函数等信息，以下讨论可根据此定义进行分析。由以上定义可知，模糊集主要构造与结构可采用隶属度函数进行描述，当 $\mu A(x)$ 的取值越接近1，则表明隶属于 A 的程度越高，反之，若 $\mu A(x)$ 的取值越接近，则说明隶属于 A 的程度越低。从以上分析可知，通过引入模糊集使得现实生活中界限不清或者其他模棱两可的模糊事物与事件及其相关概念可以通过数学的手段进行描述，将研究对象的确定属性推广至不确定的模糊现象，但其采用单一数值的方式表示隶属度，舍弃了研究对象变化范围这一信息，考虑到现实生活中隶属关系本身可能就具有模糊性，难以转化为单一数值进行表述，因此，Fuzzy 集的概念仍然缺乏对事物或事件不确定程度的客观表示，需要对其进一步推广。

2)Vague 集定义

作为模糊集理论与方法的一个推广形式，Vague 集相关理论与方法最初由 Gau 和 Buehre 于 1993 年提出。随着技术与理论的完善与成熟，相对传统模糊集，Vague 引入了真、假隶属度函数，并通过他们更加精确和灵活的处理不确定模糊信息。

Vague 集的定义为：假设 U 是一个论域(空间对象)，对于任意元素 $x \in X$，U 上的一个 Vague 集 A 是指 U 上的一对隶属度函数：真隶属度函数 $tA(x)$ 和假隶属度函数 $fA(x)$，即

$$t_A(x): U \to [0,1], f_A(A): U \to [0,1] \tag{7.2-12}$$

式中，$tA(x)$——支持 $x \in A$ 的证据并同时肯定隶属度的下界；

$tA(x)$——支持 $x \in A$ 的证据并同时否定隶属度的下界，它们满足 $tA(x)+fA(x) \leqslant 1$ 这一关系。

称 $\pi A(x)=1-tA(x)-fA(x) \leqslant 1$ 为元素 x 相对于论域 A 的属于或隶属程度，$\pi A(x)$ 越大，证明元素 x 与 A 之隶属关系存在的不确定信息越多。综上所述，Vague 集采用一对真、假隶属度函数将论域中的每个元素和区间[0,1]中的实数联系起来，对于每一个论域中的元素，有：

定义：假设 $x \in A$，称闭区间 $[tA(x), 1-fA(x)]$ 为 Vague 集 A 在点 x 的 Vague 值。为了对 Vague 集更加直观清楚地认识，假设元素 x 在上的 Vague 值为[0.4,0.8]，则依据定义有 $tA(x)=0.4$，$fA(x)=0.2$，$\pi A(x)=0.4$. 对于这组取值最直观的解释是元素 x 隶属于 A 的程度是 0.4，不隶属于 A 的程度是 0.2，而既可能隶属于 A 又可能不隶属于 A 的程度是 0.4，采用传统的投票模型解释即为 10 人进行投票，4 人赞成，2 人反对，4 人弃权。

定理：Vague 是模糊集的扩展，若 $\pi A(x)=0$，即 $tA(x)=1-fA(x)$，则 Vague 值转化为模糊隶属度，Vague 集转化为 Fuzzy 集。

依据论域 U 是否连续，Vague 集 A 可分别表示成连续 Vague 集和离散 Vague 集，分别如下式所示：

$$A=\int_U [t_A(u), 1-f_A(u)]/u \quad (u \in U) \tag{7.2-13}$$

$$A=\sum_{i=1}^{n}[t_A(u_i),1-f_A(u_i)]/u \quad (u_i \in U) \tag{7.2-14}$$

3)基于 Vague 集和主观偏好的多属性决策方法

通过对 Vague 集相关概念的论述,通过分析 Vague 集和主观偏好的多属性决策方法。该方法依据调度方案集构建决策矩阵,可通过评价者的主观偏好和客观事实来总体确定各属性的综合权重,最终依据 Vague 集最终的打分值确定各调度方案优劣排序,最后通过实际工况和调度人员经验偏好选出综合效益最大的调度方案。

为了进一步阐述常用的向量和矩阵的含义,通过假设分析来进一步细化和分析各种向量和矩阵含义。

假设:

$$P=\{P_1,P_2,\cdots,P_m\} \quad (m \geqslant 2) \tag{7.2-15}$$

为待决策优选的调度方案集合;

$$S=\{S_1,S_2,\cdots,S_n\} \quad (n \geqslant 2) \tag{7.2-16}$$

为调度方案多个属性的集合,其中,假设专家权重向量为:

$$\lambda=\{\lambda_1,\lambda_2,\cdots,\lambda_n\} \tag{7.2-17}$$

它们满足:

$$\sum_{i=1}^{h}\lambda_i=1,\text{且}\,\lambda_i>0,i=1,2,\cdots,h \tag{7.2-18}$$

假定各属性 $S_1,S_2,\cdots,S_n$ 之间是相互独立且互不关联的;对应各属性综合权重向量为:

$$\omega=(\omega_1,\omega_2,\cdots,\omega_n)^{\mathrm{T}} \tag{7.2-19}$$

在上述各属性权值确定的情况下,且满足:

$$\sum_{i=1}^{n}\omega_i=1,\text{且}\,\omega_i>0,i=1,2,\cdots,n \tag{7.2-20}$$

这时可以记 $X=[x_{ij}]m\times n$ 为决策矩阵,X 一般是由调度方案集 P 经过处理后得到,其中,x_{ij} 为调度方案 i 在属性 j 上经过处理后的取值。

具体多属性决策流程见图 7.2-2。

4)语言型变量规范化

专家对于各属性的重要性评价往往会采用语言赋权的方式,这里,考虑到三角模糊数具有直观、实用简便以及易于理解等优点,因此可将语言型属性转化为三角模糊数进行处理,假定专家对于属性重要性评价的标度表示为:

$$S(a)=\begin{Bmatrix}\text{极低,很低,低,较低,稍低,}\\ \text{一般,稍高,较高,高,很高,极高}\end{Bmatrix} \tag{7.2-21}$$

通过对应转化准则转化为对应的三角模糊数形式:极低=[0,0,0.1],很低=[0,0.1,0.2],低=[0.1,0.2,0.3],稍低=[0.2,0.3,0.4],较低=[0.3,0.4,0.5],一般=[0.4,0.5,

0.6],较高=[0.5,0.6,0.7],稍高=[0.6,0.7,0.8],高=[0.7,0.8,0.9],很高=[0.8,0.9,1.0],极高=[0.9,1.0,1.0]。

$$\sum_{i=1}^{m} p(x_i)=1 \tag{7.2-22}$$

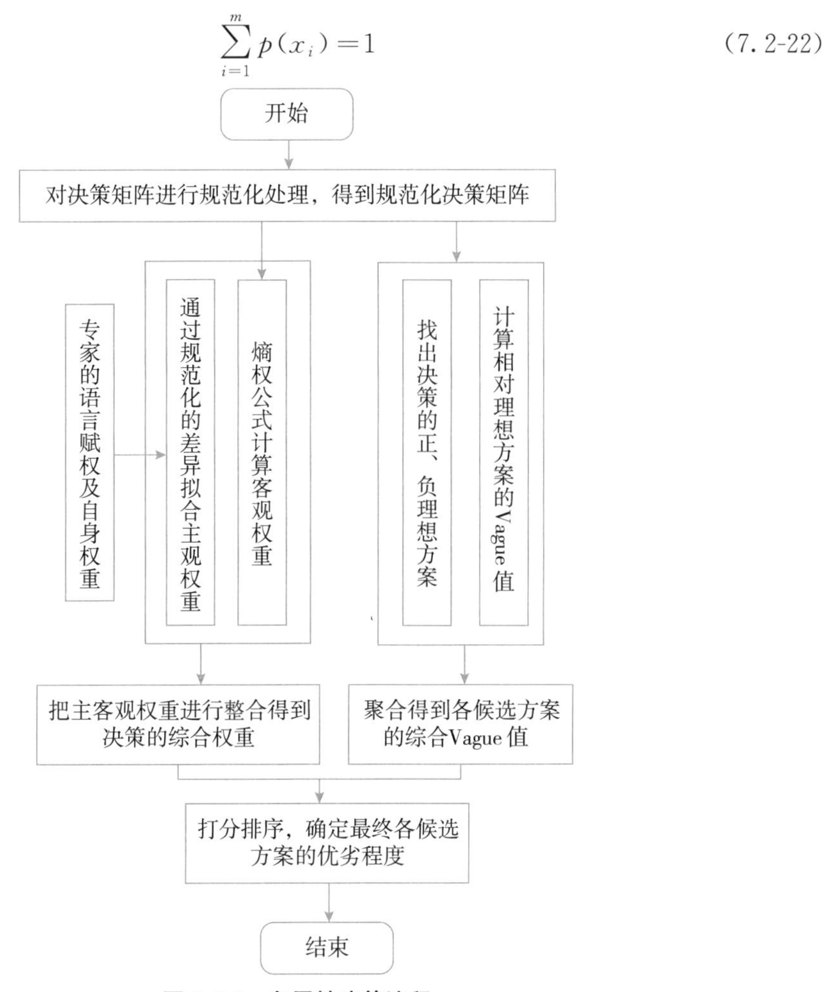

图 7.2-2 多属性决策流程

则在这种情况下,某一状态所具有的不确定性数量称为该状态 x_i 的自有信息量,记为 $I(x_i)$,即存在如下等式关系:

$$I(x_i)=-\log_a p(x_i) \quad (i=1,2,\cdots,m) \tag{7.2-23}$$

式中,a——对数的底数。

由于每一个状态 x_i 的概率 $p(x_i)$不尽相同,因此自有信息量 $I(x_i)$的数学期望,即为 $H(x_i)$,通过以上分析可以得到如下等式:

$$\begin{aligned} H(x_i) &= \sum_{i=1}^{m} p(x_i) I(x_i) \\ &= -\sum_{i=1}^{m} p(x_i) \log_a p(x_i) \end{aligned} \tag{7.2-24}$$

以上多个公式组成了与信息相关的统计热力学熵函数,故称 $H(x_i)$为信息熵。由于超标准洪水调控方案优选采用模糊信息熵处理更接近实际，多个水库实例应用中，总结了信息熵的利用条件以及适合条件等，通过一段时间的研究分析，模糊信息熵已在理论技术与实践中积累了一部分经验。

假设有 n 个事件，m 项指标，模糊时间 $x_{ji}(j=1,2,\cdots,n;\ i=1,2,\cdots,m)$ 的熵定义为：

$$H(x_{ji})=-\sum_{i=1}^{m}\mu(x_{ji})p(x_{ji})\log_a p(x_{ji}) \tag{7.2-25}$$

式中，$\mu(x_{ji})$——第 j 个事件第 i 项指标的隶属度。

a——自然对数，则上式可以变成如下等式表示：

$$H(x_{ji})=-\sum_{i=1}^{m}\mu(x_{ji})p(x_{ji})\ln_a p(x_{ji}) \tag{7.2-26}$$

这正是与模糊信息熵有关的统计热力学函数，故称 $H(x_{ji})$ 为模糊信息熵，即第 j 个事件的模糊信息熵，单位与信息熵相同，不同之处在于两者表达式之间只差一个隶属度，不同的表达式算出的隶属度有着不同本质区别。

(2)构造模糊信息熵物元

若用有序三元组“事物、特征、量值”来描述事物的基本元，则称为物元。如果其中量值具有模糊性，则称为模糊物元；如果其中事物为方案，特征为模糊信息熵，则称为模糊物元；如果其中事物为方案，特征为模糊信息熵，则称为模糊信息熵物元；如在模糊信息熵物元中有 n 种方案，则称为 n 种方案的复合模糊信息熵物元；如果 n 种方案用 m 项指标及其相应量来描述，则称为 n 种方案 m 维复合模糊物元，记为 R_{nm}，不同的方案对应不同符合模糊信息熵，主要表达式如下式：

$$R_{nm}=\begin{vmatrix} & M_1 & M_2 & \cdots & M_n \\ C_1 & x_{11} & x_{21} & \cdots & x_{n1} \\ C_2 & x_{12} & x_{22} & \cdots & x_{n2} \\ \vdots & \vdots & \vdots & \vdots & \vdots \\ C_m & x_{1m} & x_{2m} & \cdots & x_{nm} \end{vmatrix} \tag{7.2-27}$$

式中，M_j——第 j 种方案。

C_i——第 j 种方案第 i 项指标，与其相应量用 x_{ji} 表示。如果把式(7.2-27)按照具体条件设定，可以从最优的隶属度原则计算出隶属度来代替式中相应的各项量值，则上式中的 R_{nm} 变为 $\widetilde{R}_{nm}$。

μ_{ji}——第 j 种方案第 i 项指标相应的隶属度，则对应的隶属度如下式所示：

$$\widetilde{R}_{nm}=\begin{vmatrix} & M_1 & M_2 & \cdots & M_n \\ C_1 & \mu_{11} & \mu_{21} & \cdots & \mu_{n1} \\ C_2 & \mu_{12} & \mu_{22} & \cdots & \mu_{n2} \\ \vdots & \vdots & \vdots & \vdots & \vdots \\ C_m & \mu_{1m} & \mu_{2m} & \cdots & \mu_{nm} \end{vmatrix} \tag{7.2-28}$$

式中，μ_{ji}——采用最优隶属度原则进行计算并最终确定，最优隶属度原则则可采用隶属度越大或者越小越优。

越大越优的原则：

$$\mu_{ji} = \frac{x_{ji}}{\max\limits_{j} x_{ji}} \tag{7.2-29}$$

越小越优的原则：

$$\mu_{ji} = \frac{\min\limits_{j} x_{ji}}{x_{ji}} \tag{7.2-30}$$

式中，$\min\limits_{j} x_{ji}$ 和 $\max\limits_{j} x_{ji}$ ——方案集中指标 i 的最大特征值和最小特征值。

但是评定方案的时候，不同的指标对评价结果具有不同的影响程度，因此需要考虑各项指标的权重。设 W 表示权重向量，w_i 表示第 i 项指标的权重，则得

$$W = (w_1, w_2, \cdots, w_m) \tag{7.2-31}$$

其中满足以下等式要求

$$\sum_{i=1}^{m} w_i = 1 \tag{7.2-32}$$

其中评价模型中所需的第 j 种方案的概率复合模糊物元用 R_{jp} 表示，其对应的概率复合模糊物元可由下式来表示：

$$R_{jp} = \begin{vmatrix} & C_1 & C_1 & \cdots & C_1 \\ P_{ji}(w_i\mu_{ji}) & P_{j1}(w_1\mu_{j1}) & P_{j2}(w_2\mu_{j2}) & \cdots & P_{ji}(w_m\mu_{jm}) \end{vmatrix} \tag{7.2-33}$$

其中

$$P_{ji}(w_i\mu_{ji}) = \frac{w_i\mu_{ji}}{\sum\limits_{i=1}^{m} w_i\mu_{ji}} \tag{7.2-34}$$

(3)建立评价模型

综合以上各式内容，可构造出 n 种方案符合模糊信息熵物元 R_{nH}，即

$$R_{nH} = \begin{vmatrix} & M_1 & M_2 & \cdots & M_n \\ H_j & H_1 & H_2 & \cdots & H_n \end{vmatrix} \tag{7.2-35}$$

式中，H_j——第 j 种方案的的模糊信息熵，从而得到如下：

$$H_j = -\sum_{i=1}^{m} \mu(x_{ji}) P_{ji}(w_i\mu_{ji}) \ln P_{ji}(w_i\mu_{ji}) \tag{7.2-36}$$

上式就是所建立的评价模型，可作为选出满意方案的依据。

通过模糊信息熵大小排序选优，以最大模糊信息熵相应的方案当选，这就是所要求的满意方案，可付诸实施，同时选出次优方案备用。

此外，还有一个重要参数需要确定，即权重的确定。权重和指标值是影响决策结果的两大因素，在指标值已经确定的情况下，权重的变化将不可避免地导致评价结论的变化，权重

不仅体现了评价者对指标体系中指标重要性程度的认识，也体现了指标体系中指标评价能力的大小。因此，权重的合理与否是非常重要的。确定指标权重的方法大致分为三类，即经验赋权法、数学赋权法和组合赋权法。经验赋权法的各项指标权值都是由专家根据个人的经验和判断主观给出，实施简便易行但也易受到主观因素影响，具有较大的主观性、随意性。数学赋权法中主观性较小，但所有权值受参加评价的样本制约，并且不同的计算方法在同一组数据下得到的结果不尽相同。组合赋权法，其权重数据由经验、数学权重有机结合，既能体现人的经验判断，又能体现指标的客观特性。

(4)基于主观偏好的属性权重确定方法

各评价指标(即方案属性)的重要程度在决策过程中起着关键作用，而体现属性重要程度的常用方式是赋予决策属性相应的权重。不同属性赋权结果对于最终的决策结果可产生决定性影响，因此属性赋权是多属性决策研究中需要解决的一个核心问题。目前比较常用的属性权重确定方法主观赋权法主要包括层次分析法(AHP)、专家调查法(德尔菲法)、最小平方法等。客观赋权法方法主要有信息熵法、均方差法等。组合赋权法主要是主观赋权法和客观赋权法的一个折中，其采用线性拟合或乘法合成等方式将二者的计算结果进行重组计算。

其中主观属性权重的确定过程需要解决两个关键问题:其一是建立专家群体对于各属性偏好关系矩阵，其二是聚合所有属性下决策者的偏好关系。考虑到决策过程中各个专家对不同属性权重的语言评价习惯，可通过转化方式把语言型权值转化为三角模糊数，然后通过建立标准的属性的重要性差异矩阵来比较专家对于各属性权值的重要性偏好差异，紧接着依据决策者对于不同属性的主观偏好，通过定义偏好映射对所构建的重要性差异矩阵进行调整，然后结合专家权重对调整后的矩阵进行聚合，最终获得能综合反映专家群体和决策者主观偏好的主观权重向量。

基于主观偏好的属性权重确定方法的具体步骤如下：

步骤1:将语言型权值转化为三角模糊数

已知专家权重向量以及各专家对于不同属性所赋的语言型权重，将语言型权重转化为三角模糊数权重。

步骤2:获得各专家对于不同属性的重要差异规范化矩阵

首先计算出专家对属性权重赋值的标度，然后计算出各专家对不同属性的重要差异规范化矩阵。

步骤3:获得决策者映射后的标准判断矩阵

依据决策者对于属性重要性认识的偏好以及对于专家赋权的意见，确定重要性参数数值，并确定三角形式的偏好映射，并依据该映射对属性重要差异矩阵进行调整，得到调整后标准判断矩阵。

步骤4:获得最终的属性权重向量

聚合标准判断矩阵,得到各专家对不同属性的排序向量,第 k 个专家对不同属性的排序向量表示为 $\omega_z^k=(\omega_{z1}^k,\omega_{z2}^k,\cdots,\omega_{zn}^k)$,进而依据决策者给出的专家权重对排序向量进行聚合得到最终的权重向量。

(5)基于Vague集的多属性决策方法

由以上分析可知,Vague值由一对限定在[0,1]区间内的真、假隶属度函数[$tA(x)$,$1-fA(x)$]表征,其中,$tA(x)$是表示支持 $x\in A$ 证据的必要程度,$fA(x)$是反对 $x\in A$ 证据的必要程度。采用Vague集进行多目标评估的关键就在于合理地构造Vague值矩阵,然后依据打分函数对该Vague值矩阵进行集结排序以获得候选方案的优劣程度。因此,通过考虑综合各候选方案与理想方案在相对接近程度意义下的接近程度,构建Vague值矩阵,进而综合主客观权重对该矩阵进行聚合打分排序,获得各候选方案的相对优劣程度,实现对方案的决策优选。

在大多数决策情景中,决策者可在候选方案集中定义两种极端方案以供参考,它们被称为正理想方案和负理想方案。所谓理想方案只是一种虚拟的极端方案,其中,正理想方案是一种虚拟的最优方案,该方案各评价指标值均为各候选方案中该指标的最优值;同理,负理想方案各评价指标值均为各候选方案中该指标的最劣值。在某些决策问题中,接近正理想方案的备选方案不一定同时远离负理想方案,在构造决策矩阵时应该综合考虑备选方案与正负理想方案的相对接近程度。

7.2.3 超标准洪水调控方案优选

根据熵权相关概念和计算原理,可知具有如下性质:各决策属性的熵权均在[0,1]之间,且它们之和为1。

若某决策属性的熵值较小,表明各方案在该属性取值的差异程度较大,故而其权重值也应较大;反之则其客观权重值也应该较小。

若某一属性在各候选方案中的取值完全相同,则该属性熵权将为1,这种情况表明该决策属性不能向决策者提供任何有用的决策信息,其熵权值可取为0。

属性熵权实际上代表了各候选方案在该决策指标上的相互冲突程度,同时也代表了该属性在决策过程中为决策者提供有效信息量的多少情况。熵权法可以从候选方案中提取不同决策属性间的差异信息,从而进一步客观地提取出它们对于决策结果的影响程度。

(1)多层次优选

工程调控为流域超标准洪水灾害演变提供了缓冲区,但洪水风险依然存在。对应的超标准洪水应对方案优选要紧扣缓冲区这个概念,优选方法是一个循序渐进的过程,也应该分层次分阶段进行优选。标准洪水的防洪调度规则较为完善,衍生灾害相对可控。而流域超标准洪水的调度目标是追求流域洪灾影响程度的最小化。根据灾害实时评估结果开展风险调控，权衡“保与弃”的决策关系，是减少超标准洪水灾害影响的重要内容。由于超标准洪水风险调控方案影响范围大，影响因素多。在7.1节中已从流域层面构建综合评价指标体系，形成科学的调控与效果互馈关系，以改善流域超标准洪水风险调控方案评价的适应能力。本节主要根据超标准洪水演变规律，得到对应多层次优选方法，最后得到优选方案。根据超标准洪水特点，本研究主要分为3个层次优选，分为出现灾情、出现险情和防御能力可控3个层级。根据防洪工程、保护对象、受灾区损失多个目标的具体情况，进行分级评价调控方案时，首选没有险情和灾情的方案；其次选择没有险情的方案；最后选择可能会出现灾情的方案。具体指标选择见表7.2-3。

表7.2-3　分层级优选模型对应评价指标体系

调控方案	第一层			第二层			第三层		
	出现灾情	出现险情	防御能力评价	出现灾情	出现险情	防御能力评价	出现灾情	出现险情	防御能力评价
	—	—	●	—	●	●	●	●	●
防洪剩余库容相对数	●			—			—		
蓄滞洪区剩余数相对值	●			—			—		
最大分洪流量相对值	●			—			—		
最大分洪量相对值	●			—			—		
富余分洪量相对值	●			—			—		
淹没面积相对值	●			●			—		
最大流量相对值	●			●			—		
最高水位相对值	●			●			—		
高水位历时相对值	●			●			—		
受影响人口	—			●			●		
上游淹没损失	—			●			●		
下游淹没损失	—			●			●		
救援损失	—			●			●		
生态环境损失相对值	—			●			●		

1)第一层次优选

在分级评价调控方案时，首先剔除出现灾情和险情的方案，剩余的方案进行防御能力评价，对应的评价指标体系中，防洪工程防洪能力和保护断面和堤防评价指标，最后优选出最终方案。

第一层评价体系内，剩余的所有的调控方案未出现灾情和险情，这时采用熵权法评价防洪工程体系的防御能力。根据水库工程剩余防洪能力、蓄滞洪区开启状态评价流域防御能力;用控制断面的水位大小评价;流域在未遭受损失之前,保护断面水位目标和防御能力目标出现竞争,可能保护断面水位低,而水利工程剩余防洪能力小;保护断面水位高,而水利工程剩余防洪能力则大。

评价指标则为:

$$P = w_1 \cdot C_1 + w_2 \cdot C_2 - w_3 \cdot C_3 - w_4 \cdot C_4 + w_5 \cdot C_5 - w_6 \cdot C_6 - w_7 \cdot E_1 - w_8 \cdot E_2 - w_9 \cdot E_3 \tag{7.2-43}$$

根据熵权法得到 $w_1 \sim w_9$,代入上式中,得到对应 m 方案 9 个指标矩阵 Rm_9。

2)第二层次优选

第二层评价体系内,剔除出现灾情的方案;这时可认为剩余所有调控方案未出现灾情,且所有方案都出现险情,即防洪工程出现险情,或者出现部分防洪段的险情,这时主要评价影响范围以及影响程度。

$$P = w_7 \cdot E_1 - w_8 \cdot E_2 - w_9 \cdot E_3 - w_{10} \cdot F_1 - w_{11} \cdot F_2 - w_{12} \cdot F_3 - w_{13} \cdot F_4 - w_{14} \cdot F_5 \tag{7.2-44}$$

3)第三层次优选

第二层评价体系内,超标准洪水应对所有的调控方案都出现灾情,这时主要评价流域损失和影响。

$$P = w_{10} \cdot F_1 - w_{11} F_2 - w_{12} \cdot F_3 - w_{13} \cdot F_4 - w_{14} \cdot F_5 \tag{7.2-45}$$

针对第三层次超标准调控方案的评价比较复杂,首先影响人口在评价指标的权重比较大,这个权重与相对应的灾害损失即经济损失对应权重需根据实际情况来确定。针对经济损失,首先从第一层次来说,优选方案应该是民垸或蓄滞洪区分洪量小的方案,通过查找水位—灾害损失曲线,可计算所有民垸损失总量;而对应城市经济损失,同样也是选择城市分洪量小的方案,通过查找水位—灾害损失曲线计算损失总量,该损失曲线主要包括重要基础设施、文物保护以及社会影响相对应的损失值。

(2)优选

本次优选采用分层递进的优选方法,根据防洪工程、保护对象、受灾区损失多个目标特征,首选没有险情和灾情的方案;其次选择没有险情的方案;最后选择可能会出现灾情的方案。

(3)长江流域荆江河段实例应用

长江流域荆江河段地处长江中游,上起湖北省枝江,下至湖南省岳阳县城陵矶,全长约360km,其中藕池口以上称上荆江,以下称下荆江。荆江河段受流水侵蚀、泥沙堆积和上游控制型水库群调节等影响显著,河道弯曲,地势低平,水流不畅,防洪形势险峻。荆江河段属于亚热带季风气候,沙市以上控制流域面积 103 万 km^2,降雨时空分布严重不均,水量季节性特征分明，暴雨洪水频发，洪水峰高量大，河道泄洪能力与上游巨大而频繁的洪水很不相适应。

荆江河段已建成以三峡为骨干、堤防为基础、荆江分洪区等蓄滞洪区相配合的防洪体系，主要涵盖荆江大堤、荆江分洪区、涴市扩大分洪区、人民大垸及虎西备蓄区等重点防洪工程，是长江流域防洪体系的关键控制性对象。

荆江河段依靠自身堤防仅能防御 10 年一遇洪水；经三峡工程调蓄后，在不分洪条件下，防洪标准可达 100 年一遇；遭遇 1000 年一遇或类似 1870 年特大洪水时，充分利用河道下泄洪水，同时调度运用三峡和上游水库群联合拦蓄洪水，适时运用清江梯级水库错峰，相机运用荆江两岸干堤间洲滩民垸行蓄洪水，控制沙市水位不超过 45m，不发生毁灭性灾害。当沙市水位预报将超过 44.5m，相机扒开荆江两岸干堤间洲滩民垸，充分利用河道下泄洪水，利用三峡等水库联合拦蓄洪水，控制沙市水位不超过 44.5m。

当三峡水库水位高于 171m 之后，如上游来水仍然很大，水库下泄流量将逐步加大至控制枝城站流量不超过 80000m^3/s，为控制沙市站水位不超过 45m，需要荆江地区蓄滞洪区配合使用。沙市水位达到 44.67m，并预报继续上涨时，做好荆江分洪区进洪闸(北闸)防淤堤的爆破准备。沙市水位达到 45m，并预报继续上涨时，视实时洪水大小和荆江堤防工程措施安全状况决定是否开启荆江分洪区进洪闸(北闸)分洪，北闸分洪的同时，做好爆破腊林洲江堤分洪口门的准备，在国家防总下达荆江分洪区人员转移命令时，湖南省接管南线大堤。在运用北闸分洪已控制住沙市水位，并预报短期内来水不再增大，水位不再上涨时，应视水情状况适时调控直至关闭进洪闸，保留蓄洪容积，以备下次洪峰到来时分洪运用。

荆江分洪区进口闸全部开启，仍不能控制沙市水位上涨，则爆破腊林洲江堤口门分洪，同时做好涴市扩大区与荆江分洪区联合运用的准备。荆江分洪区进洪闸全部开启且腊林洲江堤按设定口门爆破分洪后，仍不能控制沙市水位上涨时，则爆破涴市扩大区江堤进口后门及虎渡河里甲口东、西堤，与荆江分洪区联合运用，运用虎渡河节制闸(南闸)兼顾上下游控制泄流，最大不超过 3800m^3/s，同时做好虎西备蓄区与荆江分洪区联合运用的准备。预报荆江分洪区内蓄洪水位(黄金口站)将超过 42m，爆破虎东堤、虎西堤，使虎西备蓄区与荆江分洪区联合运用。荆江分洪区、涴市扩大区、虎西备蓄区运用后，预报荆江分洪区内蓄洪水位仍将超过 42m，提前爆破无量庵江堤口门吐洪入江。预计长江干流不能安全承泄洪水，在爆破无量庵江堤口门的同时，在其对岸上游爆破人民大垸江堤分洪。并进一步落实长江监利河段主泓南侧青泥洲、北侧新洲垸扩大行洪，清除阻水障碍等措施，确保行洪畅通。

上述措施可解决枝城 1000 年一遇或 1870 年同大洪水，若遇再大洪水，视实时洪水水情和荆江堤防工程安全状况，爆破人民大垸中洲子江堤吐洪入江；若来水继续增大，爆破洪湖蓄滞洪区上车湾江堤进洪口门，分洪入洪湖蓄滞洪区。

1)第一层次优选

通过层层剔除以后,剩余的调控方案未出现灾情和险情,主要评价流域防洪工程防御能力,三峡水库为骨干水库,这时主要评价三峡水库的防御能力,剩余防御能力最大的为最优方案。

2)第二层次优选

经过剔除所有带有灾害的调控方案后,剩余的所有调控方案为有险情的调控方案,这时主要评价荆江对应控制断面的最高水位,且认为荆江大堤对应最高水位越低越好,对应的荆江分洪区、涴市扩大分洪区、人民大垸及虎西备蓄区等蓄滞洪区开启越少越好,分洪总量越小越好。

3)第三层次优选

经过所有的调控方案制定后,且所有的方案都出现了灾情,这时则评价受影响人口以及经济损失越小越好。蓄滞洪区对应分洪量值越小越好,根据最终的分洪水位,查找水位—灾害损失曲线,计算所有损失总量。根据控制断面的水位,统计湖南、湖北城市受灾损失量,耕地面积和受影响人口。

(4)1982 年洪水调控方案优选分析

针对长江流域 1982 年 1000 年一遇洪水,防洪工程体系调控方案设置如下:方案 1,按照常规调度规则运行;方案 2,保证沙市站不超过 45.5m 时,荆江分洪区进行分洪;方案 3,保证沙市站不超过 45.5m 时,荆江分洪区不分洪,三峡水库下泄流量按 70000m^3/s 流量进行补偿;方案 4,保证沙市站不超过 45.5m 时,荆江分洪区不分洪,三峡水库下泄流量按 66492m^3/s 流量进行补偿。具体各防洪工程指标值见表 7.2-4。

表 7.2-4　　1982 年洪水各调控方案防洪工程指标值

指标		方案 1	方案 2	方案 3	方案 4
水库工程	溪洛渡最大出库(m^3/s)	21176	21176	21176	21176
	溪洛渡最高水位(m)	588	588	588	588
	向家坝最大出库(m^3/s)	20992	20992	20992	20992
	向家坝最高水位(m)	380	380	380	380
	瀑布沟最大出库(m^3/s)	8898	8898	8898	8898
	瀑布沟最高水位(m)	850	850	850	850
	亭子口最大出库(m^3/s)	4430	4430	4430	4430
	亭子口最高水位(m)	457	457	457	457
	构皮滩最大出库(m^3/s)	6584	6584	6584	6584
	构皮滩最高水位(m)	628	628	628	628
	三峡最大出库(m^3/s)	73531	73531	68601	66492
	三峡最高水位(m)	171.0	171.0	171.4	171.8

续表

指标		方案 1	方案 2	方案 3	方案 4
荆江分洪区	最大分洪流量(m^3/s)	7700	4530	0	0
	分洪总量(亿 m^3)	18	3.9	0	0
	经济损失(亿元)	56.48	24.29	0	0
	受影响人口(万人)	60.55	60.55	0	0
三峡库区	经济损失(亿元)	10.36	10.36	10.36	10.36
	淹没时长(天)	10	10	11	12

根据构建的模糊优选模型,涉及优选要素有:受影响人口、防洪剩余能力、保护对象状态、灾害损失。由于受影响人口权重较大,可设置无限大。其他要素根据重要性程度:灾害损失重要性>保护对象状态重要性>防洪剩余能力重要性,三个指标权重分别为 0.5、0.34、0.16,各种方案模糊优选评价值见表 7.2-5。

表 7.2-5　　各个方案模糊优选评价值

方案	防洪剩余能力(亿 m^3)	保护对象状态(m)	受影响人口(万人)	灾害损失(亿元)	评价值
方案 1	39.5	45.5	60.55	76.84	$-\infty$
方案 2	39.5	45.5	60.55	34.65	$-\infty$
方案 3	36.0	45.5	0	10.36	−0.814
方案 4	32.0	45.3	0	10.36	−0.815

根据评价值,认为方案 3 为最优方案。根据前述分层优选思想,在保证安全的情况下,首先方案 3 和方案 4 受影响人口为 0 且荆江分洪区经济损失为 0,三峡经济损失与方案 1、2 相同,可以剔除方案 1 和方案 2,认为方案 3 和 4 较好。然后通过熵权法模糊优选模型评价方案 3 和方案 4 指标值,推荐方案 3 为最优方案。

与前两种方案相比,方案 3 防洪工程防御能力指标中,溪洛渡、向家坝、瀑布沟、亭子口、构皮滩指标完全相同,只有三峡水库防御能力即防洪库容少了 3.5 亿 m^3,且淹没时长多了 1 天。选择方案 3,用三峡水库 3.5 亿 m^3 防洪库容的防御能力以及多淹没一天,换取减少影响人口 60.55 万人、经济损失 24.29 亿元是值得的。

7.3 超标准洪水应对方案智能决策

7.3.1 数据挖掘与决策树

(1)数据挖掘

数据挖掘,顾名思义就是从大量的数据中挖掘出有用的信息,即从大量的、不完全的、有噪声、随机的实际应用数据中发现隐含的、规律性的、人们事先未知的,但又是潜在的有用的并且最终可以理解的信息和知识的非平凡的过程，被认为是解决当今时代所面临的数据爆炸而信息贫乏问题的一种有效方法。数据挖掘的主要方法和手段有聚类分析方法、判别分析方法、归纳学习方法、统计分析方法等。目前应用较多的方法是决策树算法，它属于归纳学习方法的一种。

(2)决策树

决策树技术是分类和预测的主要技术，因其形状像树且能用于决策而得名，其特点是学习过程不需要用户了解很多背景知识，只要训练样本能够用属性——值的方式表达，就可以应用该算法来学习。它根据预先分类的样本发展群体数据模型，在新的(未分类的)数据中应用该模型以预测这些数据记录产生的假定结果。决策树的生成主要包括树构造、树剪枝两个阶段，其应用可以抽象概括为一连串的 n (如果—那么)判断分类规则形式加以表示，决策树示意图见 7.3-1。

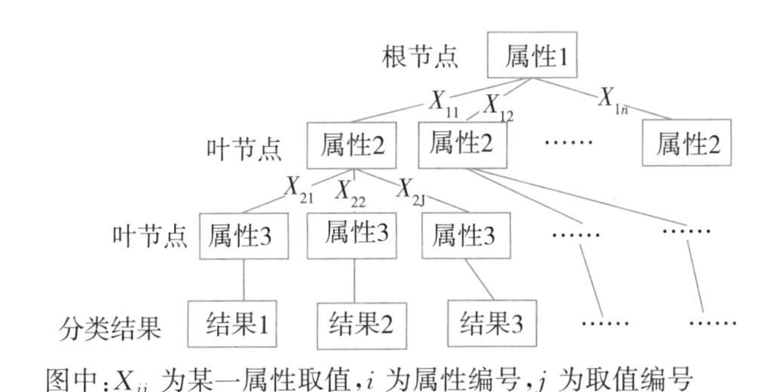

图 7.3-1 用于分类预测的决策树示意图

决策树的构造最为关键的操作是如何在树的节点上选择最佳测试属性，该属性可以将训练样本进行最好的划分。当前最有影响力的决策树算法是 ID3 算法。

假设 S 是 n 个数据样本的集合，将样本集划分为 c 个不同的类 $C_i(i=1,2,\cdots,c)$，每个类 C_i 含有的样本数目为 n_i。设 p_i 为 S 中的样本属于第 i 类 C_i 的概率，则 $P_i=n_i/n$。S 划分为 C 个类的信息熵或期望信息为：

$$E(S)=\sum_{i=1}^{c}p_i\log_2\frac{1}{p_i} \tag{7.3-1}$$

一个属性的信息增益，就是用这个属性对样本分类而导致熵的期望值下降。因此，在决策树的每一个节点需要选择取得最大信息增益的属性。

假设属性 A 的所有不同值的集合为 Values(A)，S_v 是 S 中属性 A 的值为 v 的样本子集，即 $S_v=\{s\in S|A(s)=v\}$，在选择属性 A 后的每一个分支节点上，对该节点的样本集 S_v 分类的熵为 $E(S_v)$。选择 A 导致的期望熵定义为每个子集 S_v 的熵的加权和，权值为属于 S_v 的样本站原始样本 S 的比例 $\frac{|S_v|}{|S|}$(其中　　表示样本个数)，即期望熵为：

$$E(S,A)=\sum_{v\in \text{Values}(A)}\frac{|S_v|}{|S|}E(S_v) \tag{7.3-2}$$

式中，$E(S_v)$——将 S_v 中的样本划分到 c 个类别的信息熵。

属性 A 相对样本集合 S 的信息增益 Gain (S,A) 定义为：

$$\text{Gain}(S,A)=E(S)-E(S,A) \tag{7.3-3}$$

Gain (S,A) 是指因为知道属性 A 的值后导致熵的期望压缩。Gain (S,A) 越大，说明选择测试属性 A 对分类提供的信息越多。ID3 算法就是在每个节点选择信息增益 Gain (S,A) 最大的属性作为测试属性。

7.3.2 构建决策树

在超标准洪水调控过程中，大量的数据资料和调度信息反馈积累起来形成了一个较为庞大的数据库，根据数据挖掘技术中决策树算法的特点，可以利用决策树算法充分挖掘这些数据之间潜在的关系或模式，用以指导水库调度。

超标准洪水调控方案智能优选优劣程度 P 变化规律分析实质是建立优劣程度 P 与其影响因子集 X 之间的关系，并利用 X 的实测值或预测值，预估优劣程度 P 的合理程度。从理论上讲优劣程度 P 可与上述建立的评价体系内影响因素有关，关系十分复杂。实际工作中，不可能去弄清所有影响因素间的关系，也没有必要这样做，如贪大求全，势必会给分析、计算带来困难，同时所建立的超标准洪水调控方案智能优选规则将失去了简明、便于计算的优点。因此，必须根据各因子的重要性、对规则贡献大小以及在实际应用中数据获取便利性等，科学合理地取舍，寻找主因子集。当主因子集确定后，可用下式描述超标准洪水调控方案的优劣程度。

$$P=f[X]=f(x_1,x_2,\cdots,x_n) \tag{7.3-4}$$

本书采用决策树算法 ID3 进行超标准洪水调控方案规律研究，为了应用该算法，首先做一些必要的数据说明。

样本集(Samples)：超标准洪水调控结果集合。当样本集容量过小时，可根据防洪工程与洪水类型实际情况，构建数学模型，模拟生成样本集。

属性(Attributes)：反映超标准洪水调控变化规律本质的特征属性，即最佳影响因子，样本集中的所有信息都必须以属性形式给出。

对应类(Class)：表示分类结果的特性，即评价值取值范围。样本集中每个样本必须对应于预先定义好的离散分类或者采用语气算子对应取值，且分类必须明确地定义，要么属于该类，要么不属于该类。

在超标准洪水调控中，水位、流量、洪水量、损失情况等因子是一个连续变量，为构建决策树，还需将连续变量在其可能的发生范围进行处理。获取最优方案的防洪工程体系组合、工程状态、成灾程度与分布等关键要素，通过决策者对于调控方案属性重要性差异程度性的不同意见，充分考虑了决策关注度和接受程度，并反映到智能优选模型中，以超标准洪水发生和实施风险调控措施为触发，自动推荐调度决策，在系统平台实现智能推荐，针对不同决策者群和示范区域特点，分析其实用性以及规律，凝练总结一套普适性的智能优选技术，具体流程见图7.3-2。

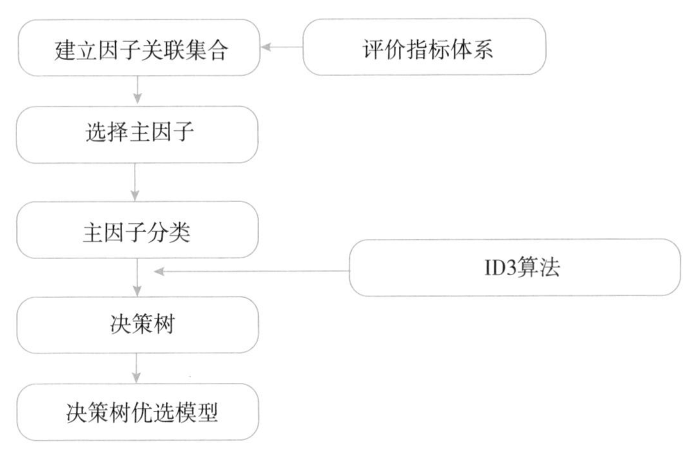

图7.3-2 深度挖掘技术优选模型构建

7.3.3 基于决策树的智能决策

(1)优选方案情景设置

超标准洪水不是一次降雨或固定一段时间形成的，它是一个逐渐形成的过程。在发生发展过程中，超标准洪水主要经历一般性洪水、设计标准洪水以及超标准洪水三个阶段。在超标准洪水的形成过程中，防洪调度决策是一个实时过程，与洪水级别形成对应的应对方案也分为三个情景。根据洪水预报成果，以及各个防护对象的防洪要求，制定一系列的调度应对方案，这些方案形成智能优选方案集，在支持决策系统中，以这些方案集作为智能优选的基础，在实时调度中，进行智能优选，为决策者提供技术支持。

(2)智能优选模型建立

建立智能优选模型时，决策树的类别对应超标准洪水的形成过程对应的洪水级别。决策树中的类与属性对应三个阶段要素，其类与属性也是根据不同的洪水形成阶段不同，主要分为三个阶段。预报的洪水级别对应决策树属性中预报洪水级别，不同洪水决策阶段对应不同决策类，具体模型建立主要是创建对应的属性与类。属性主要根据评价指标中涉及的评价对象来确定，这些对象包括水库当前水位，以及决策水位，保护对象及堤防当前水位及决策水位，蓄滞洪区的当前状态及是否要开启的决策状态等属性状态，决定未来防洪工程决策。

根据流域超标准洪水特性，超标准洪水量级变化是随时间不断变化的，将超标准洪水发展过程分为三个阶段，即对应洪水量级(Ⅰ、Ⅱ、Ⅲ)。步骤1，根据洪水量级对洪水进行分类，流域内所有水库工程在防御洪水时都未达到设计标准洪水位，这场洪水对应流域洪水量级

Ⅰ；流域内只要有一个水库工程在防御洪水时达到设计标准洪水位，这场洪水对应流域洪水量级Ⅱ；当流域任一水库工程防御洪水时水库水位超过设计标准洪水位，则这场洪水对应流域洪水量级Ⅲ；步骤2，筛选建立决策树的基础方案集合。根据与3个洪水量级的对应关系将洪水调度方案库中的调度方案进行分类，分为3个子方案集，每子方案集中包括不同类型洪水各自对应的多个调度方案；分别对每类洪水对应的多个调度方案进行评价筛选。

决策树最重要的两个条件就是属性和类。根据决策树属性的要求，主要有洪水特征属性、水库水位组合属性、流域蓄滞洪区开启组合属性以及流域灾害损失属性，最终形成三套洪水调度方案集合。

①流域超标准洪水形成各个阶段的要素属性（即洪水类型），见表7.3-1。

表7.3-1　决策树属性——洪水类型

序号	阶段	级别
1	类型1洪水/洪峰	1
2	类型2洪水/洪峰	2
3	类型3洪水/洪峰	3
4	类型4洪水/洪峰	4
5	类型5洪水/洪峰	5
6	类型6洪水/洪峰	6

②核心水库当前水位以及决策水位组合要素属性（以两个水库为例）。

核心水库当前水位以及决策水位组合（即调度期末的水位组合）要素属性，见表7.3-2。

表7.3-2　决策树属性——当前水位以及决策水位组合

序号	开启类型	级别
1	水位全部低于汛限水位	1
2	1低于汛限水位，2高于汛限水位	2
3	全部高于汛限水位低于防洪高水位	3
4	1高于汛限水位低于防洪高水位，2大于防洪高水位	4
5	1、2大于防洪高水位	5
6	1或2接近校核水位	6

③流域蓄滞洪区当前开启状态以及决策是否开启组合要素属性（以两个蓄滞洪区为例），见表7.3-3。

表 7.3-3　　决策树属性——蓄滞洪区开启状态

序号	开启	级别
1	未开启蓄滞洪区	1
2	开启蓄滞洪区 1	2
3	开启蓄滞洪区 2	3
4	同时开启蓄滞洪区 1 和 2	4

④流域灾害损失要素属性，见表 7.3-4。

表 7.3-4　　决策树属性——损失类型

序号	损失	级别
1	损失类型 A	1
2	损失类型 B	2
3	损失类型 C	3

决策树(Decision Tree)因其形状像树且能用于决策而得名。从技术层面讲，它是一个类似于流程图的树形结构，由一系列节点和分支组成，节点和节点之间形成分支，其中节点表示在一个属性上的测试，分支代表着测试的每个结果，而树的每个叶节点代表一个类别，树的最高层节点就是根节点，是整个决策树的开始。决策树采用自顶向下的递归方式，即从根节点开始在每个节点上按照给定标准选择测试属性，然后按照相应属性的所有可能取值向下建立分枝、划分训练样本，直到一个节点上的所有样本都被划分到同一个类，或者某一节点中的样本数量低于给定值时为止。

为了对每个分类规则的预测准确性进行评估，可以利用独立的测试数据集(没有参加归纳训练的数据集)对分类规则的预测准确性进行评估；也可以通过消去分类规则条件部分中的某个对该规则预测准确性影响不大的合取项，来达到优化分类知识的目的。由于独立测试数据集中的一些测试样本可能不会满足所获得的所有分类规则中的前提条件，因此还需要设立一条缺省规则，该缺省规则的前提条件为空(始终为真)，其结论则标记为训练样本中类别个数最多的类别。

用决策树技术分析超标准洪水应对方案，样本集、属性、类见表 7.3-5。

表 7.3-5　　超标准洪水调控决策树样本集、属性、类

序号	属性			类
	洪水类型要素	核心水库群水位组合	蓄滞洪区开启状态组合	决策水位及开启状态组合
	离散后对应数值	离散后对应数值	离散后对应数值	离散后对应数值
1	$P(1)$	$Z(1)$	$E(1)$	$D(1)$
2	$P(2)$	$Z(2)$	$E(2)$	$D(2)$
…	…	…		…

以场景设置为主导，在洪水形成过程中不断变换决策树模型中属性与类进行优选，依次对应决策树中属性与类。根据洪水量级选择不同的属性和类，综合分析 3 种量级洪水方案的特点，3 个量级选择的决策树属性与类见表 7.3-6 至表 7.3-8。

表 7.3-6　　一般洪水场景(量级Ⅰ)

序号	属性		类
	洪水类型要素	核心水库群当前水位组合	水库决策水位组合
	离散后对应数值	离散后对应数值	离散后对应数值
1	$P(1)$	$Z(1)$	$D(1)$
2	$P(2)$	$Z(2)$	$D(2)$
…	…	…	…

表 7.3-7　　标准洪水(量级Ⅱ)

序号	属性			类
	洪水类型要素	核心水库群当前水位组合	蓄滞洪区当前开启状态组合	决策水位及蓄滞洪区开启状态组合
	离散后对应数值	离散后对应数值	离散后对应数值	离散后对应数值
1	$P(1)$	$Z(1)$	$E(1)$	$D(1)$
2	$P(2)$	$Z(2)$	$E(2)$	$D(2)$
…	…	…		…

表 7.3-8　　超标准洪水(量级Ⅲ)

序号	属性			类
	洪水类型要素	核心水库群当前水位组合	蓄滞洪区当前开启状态组合	蓄滞洪区开启状态组合与灾害损失
	离散后对应数值	离散后对应数值	离散后对应数值	离散后对应数值
1	$P(1)$	$Z(1)$	$E(1)$	$D(1)$
2	$P(2)$	$Z(2)$	$E(2)$	$D(2)$
…	…	…		…

(3)智能优选

在完成智能优选前，首先建立一系列防洪调度方案作为基础数据库，防洪调度方案包括应对超标准洪水形成过程中各个洪水类别，进一步丰富数据库，在此基础上把各个评价指标分类，建立智能优选模型的属性和类。

建立超标准洪水应对的决策树的具体步骤如下：

步骤1:根据场景设置,建立相应数学模型,进行模拟计算,将调度结果按表属性与类所示形式进行整理。

步骤2:建立相应的决策树,并剪枝。

步骤3:对生成的决策树进行检验(可以进行样本检验,也可以按生成的规则,进行长系列模拟计算,将模拟结果的统计值与实际情况进行比较)。

步骤4:智能优选规律提取。

在应对超标准洪水时,具体步骤与操作如下:

步骤1:计算给定样本分类所期望的信息熵 $E(S)$。

步骤2:计算各属性的熵。假设属性洪水类型要素的信息增益最大,可选择属性洪水类型要素作为根节点测试属性,并对应每个值在根节点向下创建分支,形成见图7.3-3的部分决策树。

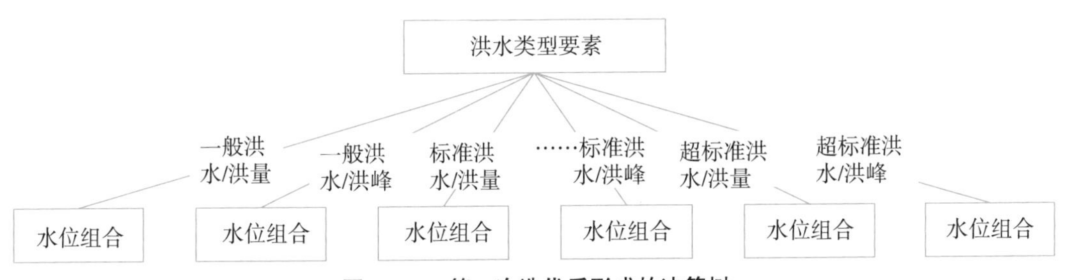

图7.3-3 第一次迭代后形成的决策树

步骤3:连续型属性分裂断点的选择。如前所述,本研究已对核心水库水位这个连续型属性按等库容法进行了离散化。记防洪高水位为 Z_{max},汛限水位为 Z_{min},第 i 等分点所对应水位为 Z_i,分别计算把 $[Z_{min},Z_i]$ 和 $[Z_i,Z_{max}]$($i=1,2,\cdots,10$)作为区间时的信息增益,并进行比较;选择信息增益最大所对应的 Z_i 作为水库水位分裂断点。逐层向下构建节点、分支,直到样本都被划分到同一个类或某一节点中的样本数量低于给定值时为止。

步骤4:树的剪枝。本研究采用后剪枝法进行剪枝。

步骤5:决策树的应用。在实际应用中,究竟采用区间中的哪一个值,由调度者综合考虑确定。沿着根节点到叶节点的每一条路径就对应一条规则,箭头所指示过程就是决策树的一次应用。

步骤6:决策树的检验。生成决策树质量的好坏,必须接受事实的检验。

根据上述步骤得到的决策树见图7.3-4至图7.3-6。

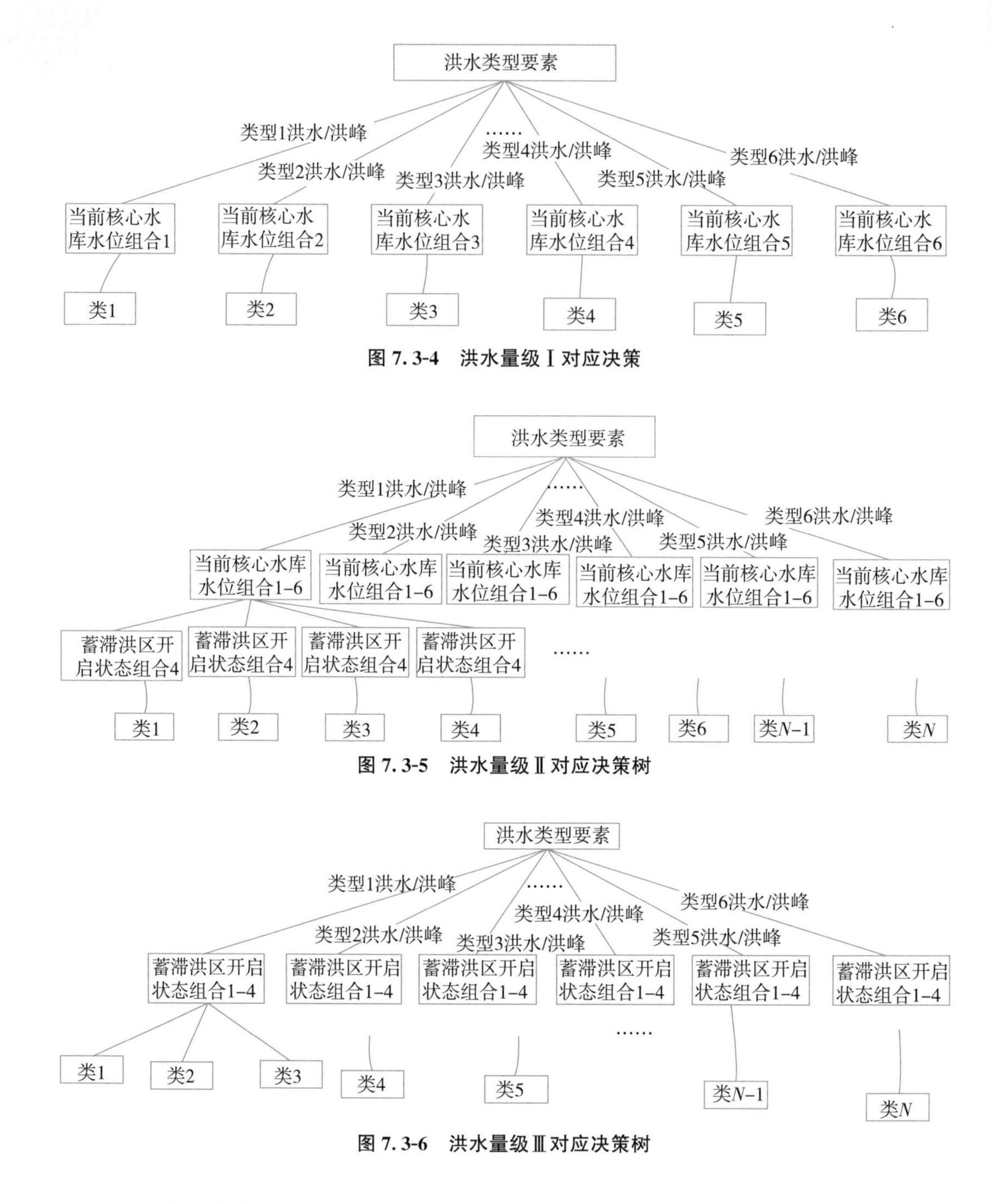

图 7.3-4　洪水量级Ⅰ对应决策

图 7.3-5　洪水量级Ⅱ对应决策树

图 7.3-6　洪水量级Ⅲ对应决策树

(4)优选方案案例

应用决策树进行实时防洪调度决策:根据预报洪水量级选取对应量级的决策树;根据预报洪水类型,选择决策树中对应分支;根据防洪工程体系中水库当前水位组合或蓄滞洪区开启状态组合,顺着分支找到叶节点所对应的决策类;完成一次洪水实时调度决策。应用决策树的具体流程见图 7.3-7。如果为洪水量级Ⅰ中某一类型洪水,下一个分支为水库当前水位组合,选择对应分支,从而最终找到决策树最终类为洪水调度时段末水库水位组合(水库工程调度期末的水位组合)，即为当前调度方案；如果预报为洪水量级Ⅱ，第二个分支为水库当前水位组合，第三个分支为蓄滞洪区的当前开启状态组合，第四个分支为决策树对应的类即为调度期末对应的水库水位组合以及蓄滞洪区开启状态组合；如果预报为洪水量级Ⅱ，第二个分支为水库当前水位组合，第三个分支为蓄滞洪区的开启状态组合；第四个分支为决策树对应的类即为调度期末对蓄滞洪区开启状态及灾害损失组合。

见图 7.3-8，实时调度时，根据预报洪水量级选取对应层级防洪工程体系联合调度模型，对应不同层级目标，其优化范围对应决策树决策范围，最后将优选方案放入优选方案集合内，作为数据挖掘的数据基础，最终形成预报洪水量级—决策树决策—优化模型计算—优选方案—完善决策树—最终决策的耦合及协调调度模式。随着防洪工程体系的不断调度，不断增加优选调度方案集合，从而不断完善决策树的决策准确度，为优选模型提供精细的优化方向，最终对防洪联合调度的复杂数据关系进行了特征抽取，得到了不同结构关系与防洪工程体系协作组合方式间的映射模式，最终实现精确优化调度。

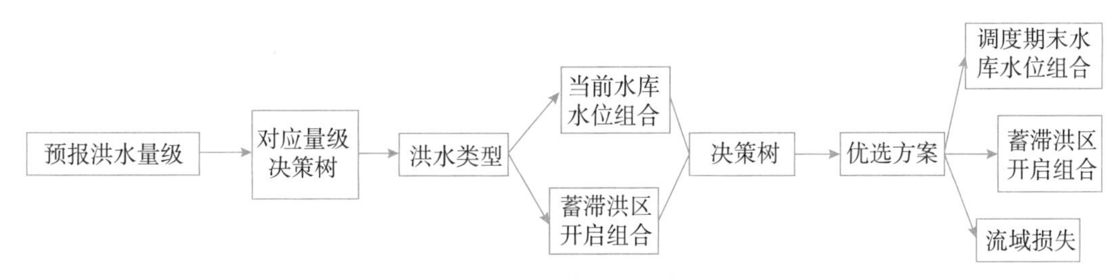

图 7.3-7　应用决策树的具体流程图

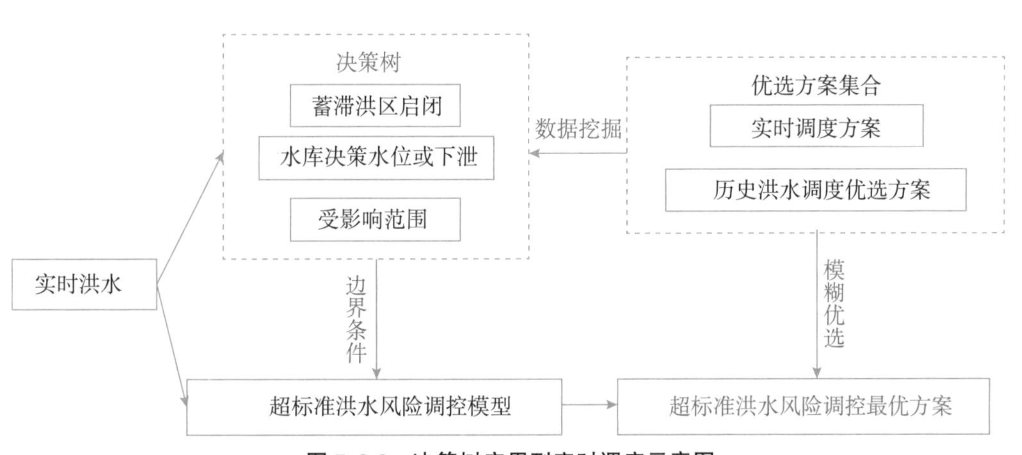

图 7.3-8　决策树应用到实时调度示意图

(5)以 1982 年洪水为例决策树构建与决策

分析了 1982 年洪水调控方案，对应属性为当前时刻水库群剩余防洪库容、荆江分洪区是否开启等，则对应类为三峡最大出库流量、是否开启荆江分洪区，构建决策树属性、类见表 7.3-9，构建决策树见图 7.3-9。

表 7.3-9　决策树样本集、属性、类

序号	属性		类
	洪水类型要素	水库群当前剩余防洪库容及荆江分洪区当前开启状态	三峡最大下泄流量及是否开启蓄滞洪区
	离散后对应数值	离散后对应数值	离散后对应数值
1	千年一遇洪水类型 1	剩余防洪库容超过 200 亿 m^3 开启	类 1:最大下泄不超过 70000m^3/s 且开启分洪区
2	千年一遇洪水类型 1	剩余防洪库容超过 200 亿 m^3 未开启	类 2:最大下泄不超过 70000m^3/s 且未开启分洪区
3	千年一遇洪水类型 1	剩余防洪库容超过 200 亿 m^3 开启	类 3:最大下泄超过 70000m^3/s 且开启分洪区
4	千年一遇洪水类型 1	剩余防洪库容超过 200 亿 m^3 未开启	类 4:最大下泄超过 70000m^3/s 且未开启分洪区
5	千年一遇洪水类型 1	剩余防洪库容低于 200 亿 m^3 开启	类 5:最大下泄超过 70000m^3/s 且开启分洪区
6	千年一遇洪水类型 1	剩余防洪库容低于 200 亿 m^3 未开启	类 6:最大下泄超过 70000m^3/s 且未开启分洪区
7	千年一遇洪水类型 1	剩余防洪库容低于 200 亿 m^3 开启	类 7:最大下泄不超过 70000m^3/s 且开启分洪区
8	千年一遇洪水类型 1	剩余防洪库容低于 200 亿 m^3 未开启	类 8:最大下泄不超过 70000m^3/s 且开启分洪区
…	千年一遇洪水类型 2	…	…

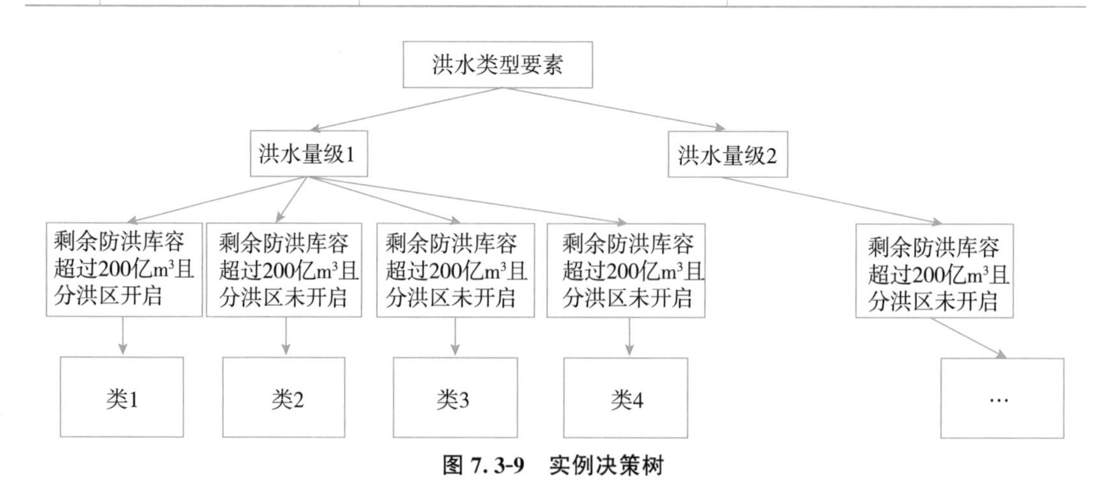

图 7.3-9　实例决策树

根据构建决策树进行决策，实时调度中，遭遇1982年类似洪水且当前状态为水库群剩余防洪库容超过200亿m^3且荆江分洪区未开启，根据决策树优选方案对应决策类2，决策者根据类2进行决策，即三峡水库最大下泄不超过70000m^3/s，且不开启荆江分洪区，可供决策者进行决策，或者作为边界条件输入联合调度模型制定具体调度决策方案或者从优选方案集里找类似历史调度方案。

第8章 防洪工程体系联合调度效益评估技术

防洪工程体系联合调度效益评估是检验工程体系防洪能力、挖掘调度潜力、修正超标运用方案的重要技术支撑。在防洪调度复盘中，往往将工程体系作为一个单元进行评估，评估理论及技术相对成熟，但忽略了单一工程作为一个体系组成单位的防洪作用的评价，导致对工程在联合调度体系中的作用和所面临的超标准洪水条件下的防洪风险评估不足，不利于进一步修正和完善超标准运用技术体系，因此从提升精准调度的角度出发，本章对防洪工程体系联合调度效益评估技术做一些初探，希望给广大读者一丝启发。

本章以2020年长江流域性大洪水为应用案例，开展洲滩民垸行蓄洪、水库群拦蓄洪水和堤防超标运用等3种情景的分析计算，评估防洪工程体系在防御洪水中发挥的综合效益。

8.1 联合调度效益评估技术

8.1.1 基础假定

(1)堤防溃决/漫堤标准

根据长江流域堤防尤其是干流堤防建设现状，假定水位在设计堤顶高程(设计水位＋设计超高)以下时堤防不会发生溃决，水位超过设计堤顶高程(设计水位＋设计超高)时将发生漫堤，对应的防洪保护区将产生洪灾损失。

(2)堤防防守/撤离标准

根据《长江超标洪水防御预案》，现状防洪工程体系按规则正常调度运用后，预报某河段防洪控制站水位将超过保证水位时，加强对本河段防洪保护区堤防的巡查防守；预报水位将超过设计堤顶高程以下1.0m时，采取临时加筑子堤的措施；预报水位将超过设计堤顶高程以下0.5m时，采取“撤”的措施，及时开展对堤防对应防洪保护区的人员转移。

8.1.2 调度效益评估

洪水还原及调度效益分析主要考虑长江中下游洲滩民垸行蓄洪、长江流域纳入联合调度的上中游水库群拦蓄以及长江中下游干流堤防超标运用的影响。重点分析以下几种情况：

①还原计算得到天然情况下中下游干流主要控制站水位过程 Z_1。

②在①的基础上，考虑运用长江中下游干流及洞庭湖、鄱阳湖区单退、双退及剩余洲滩民垸行蓄洪水，计算得到考虑洲滩民垸运用后的中下游干流主要控制站水位过程 Z_2。Z_1 和 Z_2 对应的防洪保护区的淹没损失、人员转移安置费用、巡堤投入费用等三项差值，再减去洲滩民垸运用损失值，即为洲滩民垸行蓄洪运用的效益 B_1。

③在②的基础上，考虑运用三峡等上中游水库群拦蓄洪水，计算得到考虑水库拦蓄量变化后的中下游干流主要控制站水位过程 Z_3。Z_2 和 Z_3 对应的防洪保护区的淹没损失、人员转移安置费用、巡堤投入费用等三项差值，再减去水库库区淹没损失（若产生），即为水库群拦蓄的效益 B_2。

④若 Z_3 超过保证水位，在③的基础上，不考虑干流堤防超标运用，长江中下游蓄滞洪区按分洪水位运用，投入数量为 M，计算得到考虑蓄滞洪区分洪后的中下游干流主要控制站水位过程 Z_4。Z_3 和 Z_4 对应的防洪保护区的淹没损失、人员转移安置费用、巡堤投入费用等三项差值，再减去蓄滞洪区运用损失（包括经济损失和人口转移安置费用），即为蓄滞洪区分洪的效益 B_3。

⑤若 Z_3 超过保证水位，在(3)的基础上，干流堤防超标运用（堤防超保运行，利用堤防超高挡水、加大河道泄量），适度控制长江中下游蓄滞洪区投入数量 N，控制河道最高行洪水位不超过设计堤顶高程以下 0.5m（保护区人员不需要撤离），计算得到堤防超标运用配合蓄滞洪区分洪后的中下游干流主要控制站水位过程 Z_5。Z_4 和 Z_5 对应的 $(M-N)$ 个蓄滞洪区运用损失扣除堤防超标运用增加的防汛投入（包括巡堤投入、临时加筑子堤投入等），即为堤防超标运用的防洪效益 B_4。实际投入运用的 N 个蓄滞洪区分洪的效益 $B_5=B_3-B_4$。

依据上述计算思路，绘制技术路线图（图 8.1-1）。

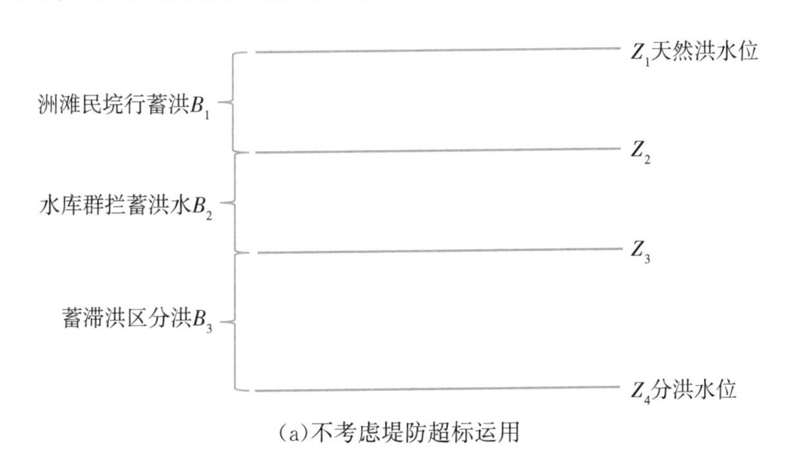

(a)不考虑堤防超标运用

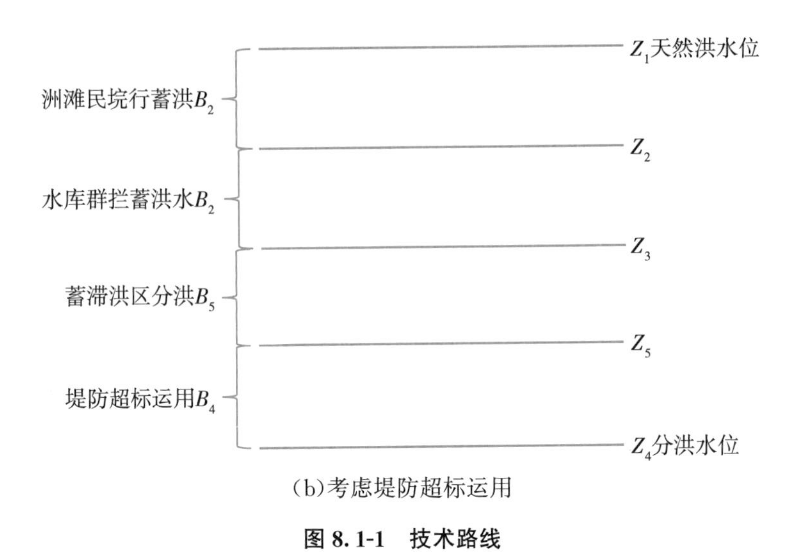

(b)考虑堤防超标运用

图 8.1-1 技术路线

8.2 应用分析

2020 年长江 5 次编号洪水实际防御过程中，通过调度上中游水库群拦蓄洪水、中下游洲滩民垸行蓄洪，配合农田涝片排涝泵站限排和城陵矶附近河段堤防超保证水位运行等，有效控制了干流水位上涨，避免了城陵矶和湖口附近蓄滞洪区以及荆江分洪区的运用，明显减轻了中下游防洪压力。受实际排涝过程资料限制，本次仅考虑洲滩民垸行蓄洪、水库群拦蓄洪水和堤防超标运用三种措施产生的防洪减灾效益计算。

8.2.1 计算方法

①确定计算基准：实际情况下，洲滩民垸和水库群发挥作用、堤防超标运用、蓄滞洪区未分洪运用，实测洪水位过程即对应图 8.1-1 中的 Z_3。

②在 Z_3 基础上，考虑长江上中游水库群拦蓄量还原，模型计算不考虑洲滩民垸行蓄洪运用，可计算得到 Z_1。具体计算方法为：①对上游水库群(不含三峡)根据水库蓄量变化量进行还原，演算获得寸滩、武隆站及三峡入库的还原流量过程，其中寸滩、武隆站还原流量过程为三峡水库坝址流量还原的计算边界。②对三峡水库坝址流量(宜昌)进行还原。假设水库建库不拦蓄，采用水动力学模型，将寸滩、武隆站还原流量及区间来水过程演算至坝前，按照入出库平衡调度，得到三峡水库不拦蓄坝址流量过程。③对中游水库群，同样根据水库蓄水变化量进行还原，演算获得各支流控制站还原流量过程。④基于上述方法推求的长江上游来水边界(三峡坝址还原流量)和中下游各支流来水边界(控制断面还原流量)，采用多模型(水动力学模型、大湖演算模型、时变多因子相关图模型)演算实现中下游干流来水还原计算，综合考虑干支流来水特性、洪水组成、涨落关系及多模型演算结果，确定中下游干流主要控制站水位还原计算成果。

③在 Z_1 基础上，考虑洲滩民垸实际分洪量，可计算得到 Z_2。Z_1 和 Z_2 对应的防洪保护

区的淹没损失、人员转移安置费用、巡堤投入费用等三项差值，即为洲滩民垸行蓄洪运用的效益。Z_2 和 Z_3 对应的防洪保护区的淹没损失、人员转移安置费用、巡堤投入费用等三项差值，再减去水库库区淹没损失（若产生），即为水库群拦蓄的效益。

④在 Z_3 基础上，考虑堤防不超标运用，改用蓄滞洪区分洪解决城陵矶附近实际水位（即 Z_3）与保证水位之间的超额洪量，需动用 M 个蓄滞洪区；实际堤防超标运用，长江中下游蓄滞洪区投入数量 $N=0$，因此堤防超标运用的防洪效益为减少的 $(M-N)$ 个蓄滞洪区运用损失扣除堤防超标运用增加的防汛投入（包括巡堤投入、临时加筑子堤投入等）。

8.2.2 计算结果

按照上述方法，对 2020 年 5 次编号洪水实测过程进行还原计算，得到考虑水库群拦蓄和洲滩民垸行蓄洪还原后的沙市、城陵矶（莲花塘）、汉口、湖口站水位过程见图 8.2-1 至图 8.2-4。

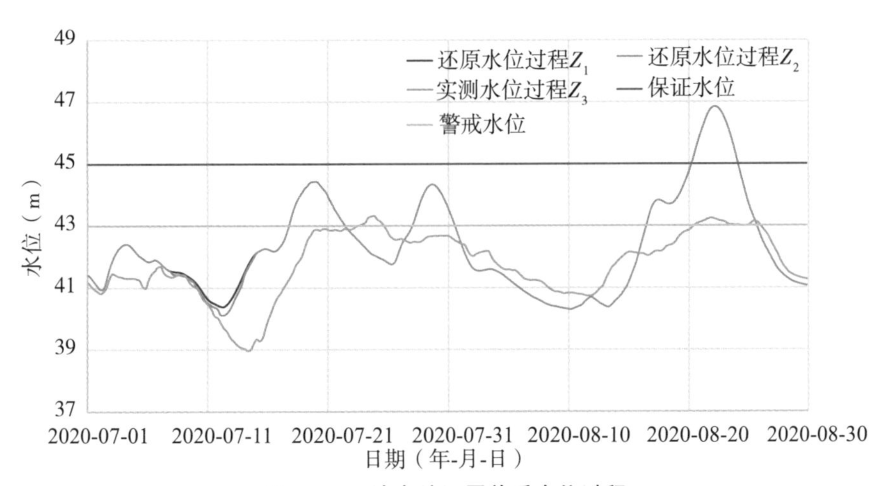

图 8.2-1 沙市站还原前后水位过程

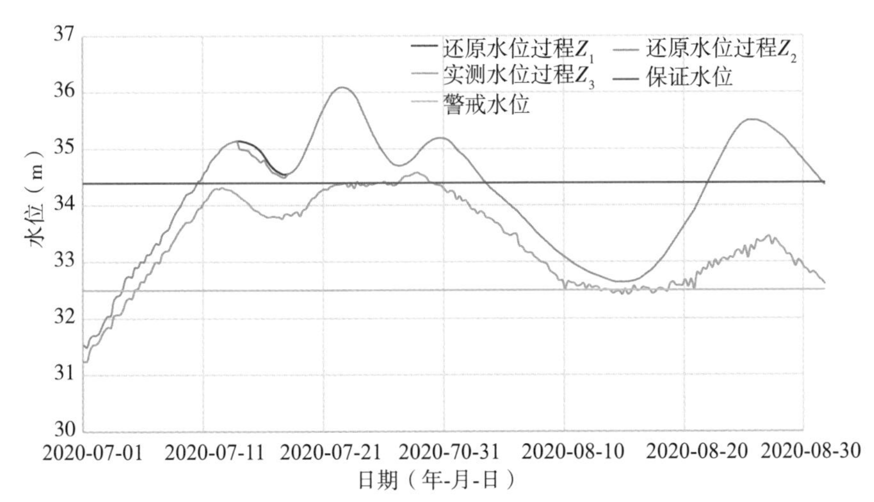

图 8.2-2 城陵矶（莲花塘）站还原前后水位过程

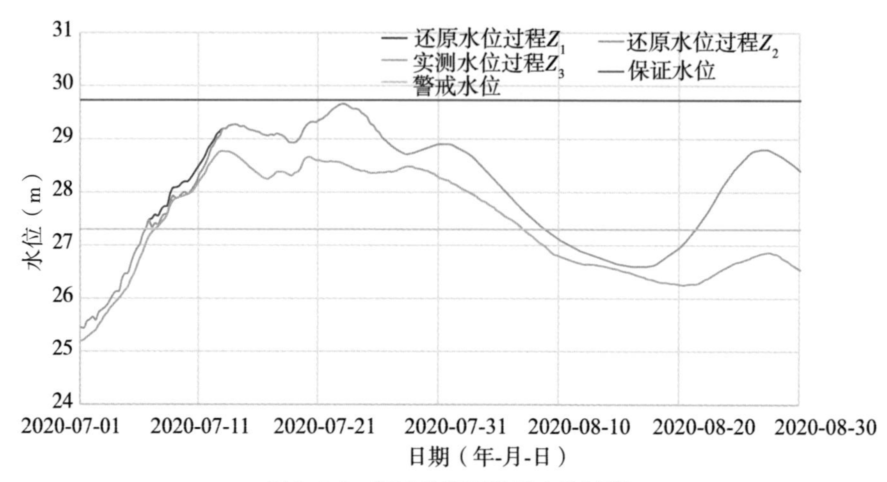

图 8.2-3　汉口站还原前后水位过程

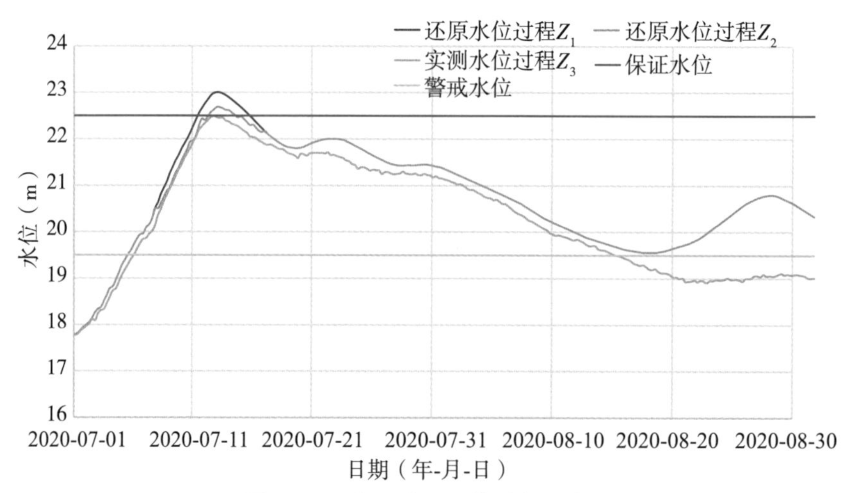

图 8.2-4　湖口站还原前后水位过程

(1)水库群拦蓄产生的效益分析

防御 2020 年长江 5 次编号洪水过程中，科学调度长江上中游水库群拦蓄洪水约 500 亿 m^3，其防洪减灾效益主要体现在以下 4 个方面：

1)显著降低长江中下游各河段洪峰水位

成功降低中下游干流沙市洪峰水位 0.7～3.6m、城陵矶(莲花塘)洪峰水位 0.8～2.0m、汉口洪峰水位 0.5～1.9m、湖口洪峰水位 0.2～1.7m。2020 年 7—8 月各防洪控制站考虑水库拦蓄还原前后最高水位见表 8.2-1。

表 8.2-1 水库拦蓄前后中下游干流控制站最高水位对比

洪水编号	沙市		莲花塘		汉口		湖口	
	实况洪峰(m)	还原洪峰(m)	实况洪峰(m)	还原洪峰(m)	实况洪峰(m)	还原洪峰(m)	实况洪峰(m)	还原洪峰(m)
1号洪水	41.72	42.40	34.34	35.10	28.77	29.30	22.49	23.00
2号洪水	42.92	44.40	34.39	36.10	28.66	29.70	—	—
3号洪水	43.38	44.30	34.59	35.20	28.50	28.90	—	—
4、5号洪水	43.24	46.80	33.47	35.50	26.86	28.80	19.11	20.80

2)减少防洪保护区的淹没损失

根据还原计算结果，考虑水库拦蓄还原后，沙市站最高水位超保证水位1.8m，将对下百里洲江堤(3级堤防，堤顶超高1.0m)、松滋江堤和荆南长江干堤石首段(2级堤防，堤顶超高1.5m)的防洪保护区产生淹没损失；城陵矶(莲花塘)站最高水位超保证水位1.7m，将对咸宁长江干堤赤壁嘉鱼段(3级堤防，堤顶超高1.5m)的防洪保护区产生淹没损失；汉口站最高水位低于保证水位，湖口站最高水位超保证水位0.5m，均不会产生淹没损失。2020年7—8月考虑水库拦蓄还原前后防洪保护区淹没情况见表8.2-2。由表8.2-2可知，通过水库群拦蓄可减少洪水淹没直接经济损失达235.5亿元。

表 8.2-2 水库拦蓄前后中下游干流防洪保护区淹没情况对比

站名	实况过程		还原过程		减少淹没损失(亿元)
	淹没范围	淹没损失	淹没范围	淹没损失(亿元)	
沙市	/	0	下百里洲江堤、松滋江堤、荆南长江干堤石首段	138.45	138.45
莲花塘	/	0	咸宁长江干堤(赤壁嘉鱼段)	97.05	97.05
汉口	/	0	/	0	/
湖口	/	0	/	0	/

3)减少人员转移安置费用

根据还原计算结果，考虑水库拦蓄还原后，沙市站最高水位超保证水位1.8m，需对荆江河段荆江大堤、荆南长江干堤石首段、松滋江堤和下百里洲江堤防洪保护区内人员进行提前转移安置；城陵矶(莲花塘)站最高水位超保证水位1.7m，需对城陵矶河段岳阳长江干堤(华容段、黄盖湖段)、咸宁长江干堤(赤壁嘉鱼段)防洪保护区和洞庭湖区重点垸内人员进行提前转移安置；汉口站最高水位低于保证水位，无须进行人口转移安置；湖口站最高水位超保证水位0.5m，需对湖口河段江西长江干堤(湖口段、彭泽段)防洪保护区内人员进行提前转移安置。2020年7—8月考虑水库拦蓄还原前后防洪保护区人口转移安置情况见表8.2-3。

由表 8.2-3 可知，通过水库群拦蓄可避免防洪保护区内约 1029 万人转移，按每人补偿 1000 元计算，可减少人员转移安置费用约 102.9 亿元。

表 8.2-3　水库拦蓄还原前后中下游干流和两湖防洪保护区人口转移安置情况对比

站名	实况过程		还原过程		减少转移人口(万人)
	转移范围	转移人口	转移范围	转移人口(万人)	
沙市	/	0	荆江大堤、荆南长江干堤石首段、松滋江堤、下百里洲江堤	513.21	513.21
莲花塘	/	0	岳阳长江干堤(华容段、黄盖湖段)、咸宁长江干堤(赤壁嘉鱼段)、洞庭湖区重点垸	474.30	474.30
汉口	/	0	/	0	/
湖口	/	0	江西长江干堤(湖口段、彭泽段)	41.90	41.90

4)减少巡堤投入费用

根据还原计算结果，考虑水库拦蓄还原后，沙市、城陵矶(莲花塘)、汉口、湖口站分别减少超警戒天数 11 天、8 天、17 天、22 天，分别减少超保证天数 5 天、29 天、0 天、2 天。由于各地出台的《国家防总巡堤查险工作规定》实施细则有所差异，本次估算汛期巡堤查险人力投入按警戒水位以上平均 20 人(天・km)、保证水位以上平均 30 人(天・km)计。2020 年 7—8 月考虑水库拦蓄还原前后主要控制站超警及超保历时统计情况见表 8.2-4。结合还原前后水位过程估算相应超警和超保堤防长度，综合分析可知：通过水库群拦蓄可减少汛期干流和两湖堤防巡堤查险投入约 227 万人次，按 200 元计算，可减少巡堤投入费用约 4.54 亿元。

表 8.2-4　水库拦蓄前后中下游干流主要控制站超警及超保历时统计

站名	实况过程		还原过程	
	超警戒水位	超保证水位	超警戒水位	超保证水位
沙市	9	0	20	5
莲花塘	59	6	67	35
汉口	32	0	49	0
湖口	41	0	63	2

(2)洲滩民垸行蓄洪产生的效益分析

暂不考虑支流洲滩民垸分洪，2020 年大洪水应对过程中，长江中下游干流及洞庭湖、鄱阳湖区洲滩民垸共运用 369 座，总分洪量 53.0 亿 m^3。其中，7 月 6—16 日分洪量 49.1 亿 m^3，占总分洪量的 92.7%。因此，长江中下游干流及两湖洲滩民垸行蓄洪主要在防御长江 1 号洪水期间发挥防洪作用。由图 8.2-1 至图 8.2-4 可知，洲滩分洪前后水位均不会对防洪保护区产生淹没损失，对洲滩民垸自身产生了一定淹没损失，因此洲滩民垸行蓄洪运用未产生直接经济效益；洲滩分洪前湖口站最高水位超保证水位 0.34m，无须对湖口河段干堤防洪保护区内人口进行转移安置。因此，其防洪减灾效益主要体现在以下两个方面：

1)降低洪水位

由图 8.2-1 至图 8.2-4 可知，2020 年 1 号洪水期间洲滩民垸行蓄洪对降低各控制站洪水位起到一定作用，其中城陵矶(莲花塘)、湖口站水位降低作用明显。对于城陵矶河段，干流及两湖洲滩民垸行蓄洪降低了城陵矶(莲花塘)洪峰水位约 0.14m；对于湖口河段，鄱阳湖区 185 座单退圩以及干流 11 座洲滩分洪，降低了湖口洪峰水位约 0.35m。

2)减少巡堤投入费用

根据还原计算结果，仅考虑洲滩不分洪，湖口站将增加超保证天数 4 天。同样，汛期巡堤查险人力投入按保证水位以上平均每天每公里 30 人计。可估算得到，通过洲滩民垸分洪可减少汛期干流和鄱阳湖区堤防巡堤查险投入约 6.7 万人次，按每人次 200 元计算，可减少巡堤投入费用约 0.13 亿元。

(3)堤防超标运用产生的风险效益

防御 2020 年长江 3 号洪水过程中，通过城陵矶河段干流堤防短期超保证水位运行，加大河道泄量，堤防承担一定风险的同时带来了更多防汛人力投入，但避免了蓄滞洪区分洪运用经济损失。其防洪减灾效益体现在减少的蓄滞洪区运用损失扣除堤防超标运用增加的防汛投入。

1)减少的蓄滞洪区运用损失

若堤防不超标运用，水位达 34.4m 后运用蓄滞洪区分洪，需解决的超额洪量为 9.87 亿 m^3，按照现有洪水调度方案将运用洞庭湖区钱粮湖蓄滞洪区分洪。根据《长江流域蓄滞洪区建设与管理规划》成果，分洪损失计算采用历史调查资料确定的综合损失率，城陵矶附近区综合损失率取 100%，结合蓄滞洪区经济发展现状，计算得到钱粮湖蓄滞洪区分洪运用经济损失为 44.86 亿元。

2)增加的防汛投入

城陵矶(莲花塘)实测最高水位 34.59m，超保证水位 0.19m，未达到城陵矶河段堤防临时加筑子堤条件。通过对干流城陵矶(莲花塘)、螺山站和东南洞庭湖区代表站实测水位过程分析，堤防超标运用时间为 6 天；同样，汛期巡堤查险人力投入按保证水位以上平均每天每公里 30 人计，累计增加的防汛人力投入约 7500 人次，按每人次 200 元计算，需增加巡堤投入费用约 0.015 亿元。

综上，2020 年长江 5 次编号洪水实际防御过程中，水库群拦蓄、洲滩民垸行蓄洪以及堤防超标运用等措施产生的综合防洪减灾效益估算约 388 亿元。

第9章 应用案例

在长江流域,1870年大洪水,据历史文献考证和实地调查,合川县几乎全城淹没,宜昌“郡城内外,概被淹没”,荆江南岸松滋口溃决成松滋河,公安全城淹没,斗湖堤决口,监利码头、引港、螺山等处溃堤,数百里洞庭湖与辽阔的荆北平原一片汪洋,宜昌至汉口的平原地区受灾范围3万余km^2,江西省的新建、湖口、彭泽三县,“江水陡涨,倒灌入湖,田禾尽淹”;1931年洪水导致约400万人死亡,湘、赣、皖、苏等地区桑田变沧海,影响了10个省,破坏了186个县和城市,影响了838万亩农田,导致饥荒、伤寒和痢疾肆虐;1935年大洪水,武汉受灾被淹90天,江汉平原一夜之间就淹死4万人,累计死亡10余万人,数百万人在长江手中受苦,疾病和饥荒紧随而至;1954年大洪水,荆江大堤共出现险情5000余处,平均每千米13处,长江干堤和汉江下游堤防溃口64处,且为保障重要防洪目标安全扒口13处,洞庭湖区溃垸356个,鄱阳湖滨湖圩堤几乎全部溃决,中下游地区实际分洪量、分洪溃口总水量高达1023亿m^3,曾3次启用荆江分洪区分洪,分洪总量l22.6亿m^3,湘、鄂、赣、皖、苏5省受灾县(市)123个,共淹农田4755万余亩,被淹房屋428万间,受灾人口1888万人,死亡3.3万余人,灾后疾病流行,直接经济损失81.3亿元(当年价);1998年大洪水导致长江中下游干流和洞庭湖、鄱阳湖因洪水共溃决圩垸1975个,淹没面积3502km^2,分洪水量约180亿m^3,受灾范围遍及334个县(市、区)5271个乡镇,倒塌房屋212.85万间,死亡人口1562人;2020年长江干流、洞庭湖区及支流共发生崩岸险情339处,湖北、湖南、江西、安徽、江苏等5省共运用(或溃决)861处洲滩民垸行蓄洪,淹没耕地211.55万亩,影响人口60.12万人。

本书基于防洪工程调度规则库和规则驱动引擎建立的防洪工程体系联合调度模型,集成至水工程防灾联合调度系统平台,在长江2020年汛期防洪调度中进行了试运行,利用实际洪水对模型进行检验。

9.1 水—工—险数据关系模型库

在梳理长江流域水库、堤防、蓄滞洪区、洲滩民垸、排涝泵站等水工程资料和洪水灾害、社会经济等基础资料的基础上,运用GIS技术和可视化方法,面向长江中下游,分别对防洪保护区、蓄滞洪区、洪泛区(重点是洲滩民垸)构建了长江流域灾损数据库,见图9.1-1至图9.1-3。

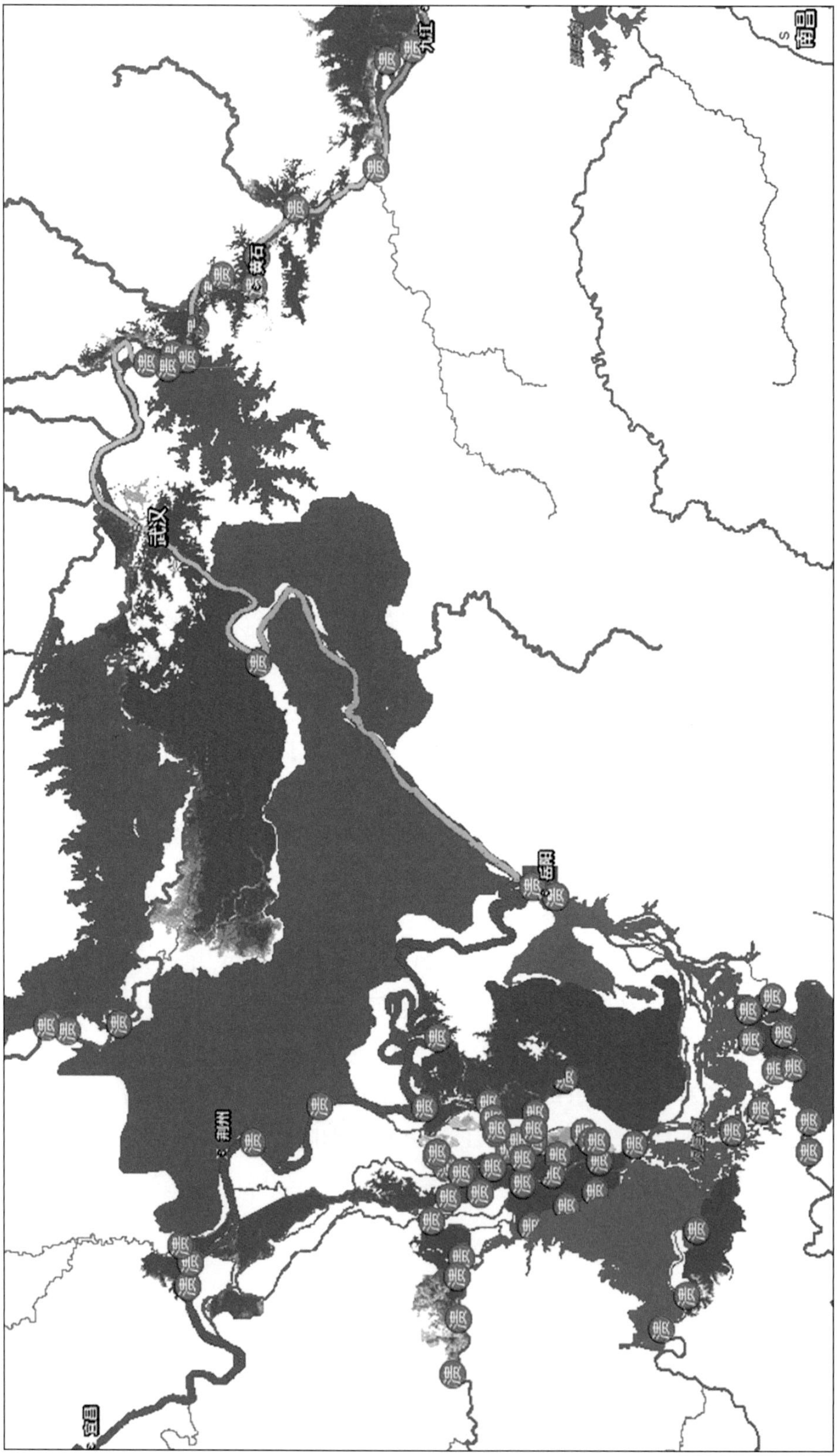

图9.1-1 防洪保护区溃漫堤灾损数据库

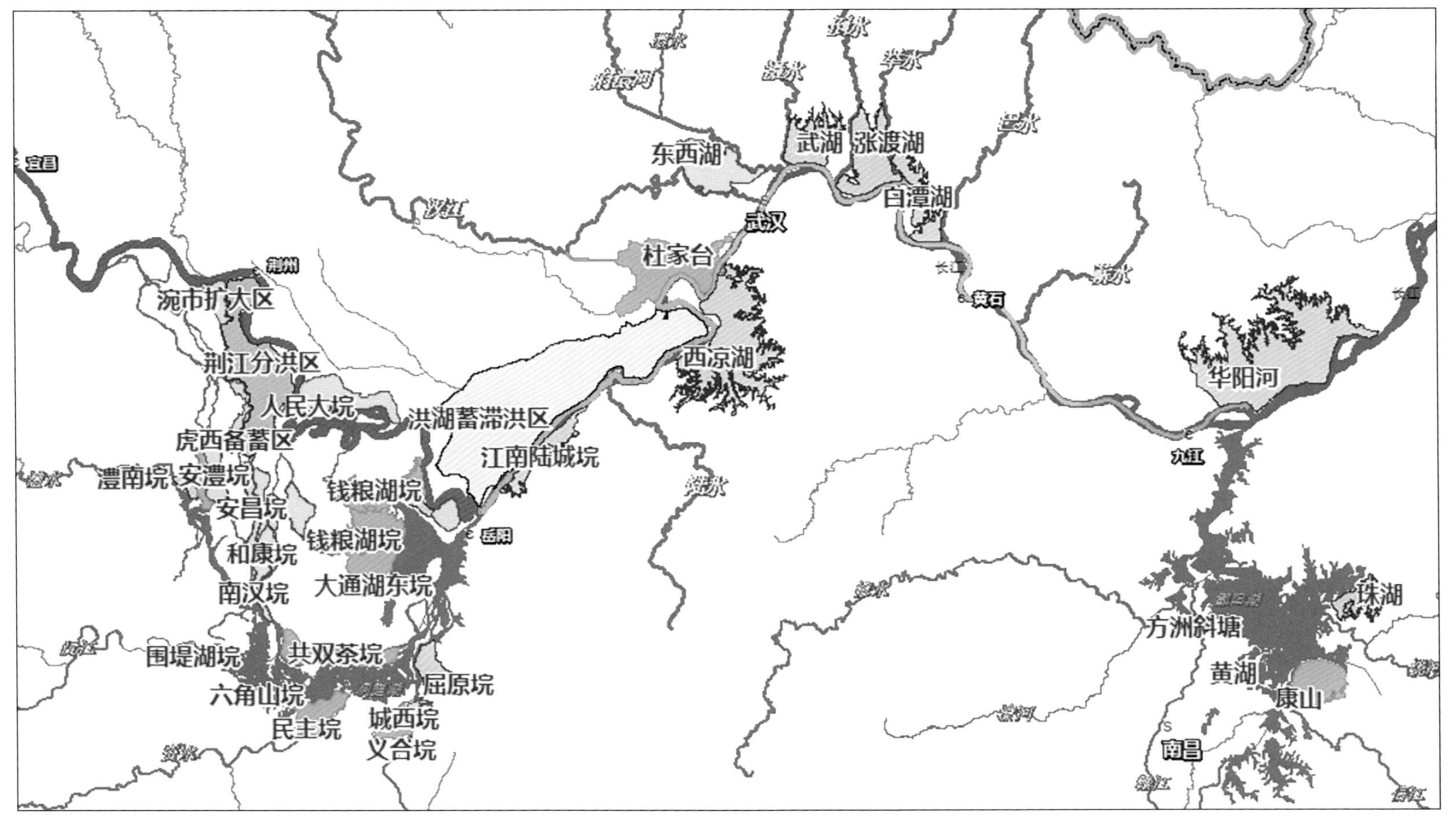

图9.1-2 蓄滞洪区分洪运用灾损数据库

图9.1-3　洲滩民垸分洪运用灾损数据库

实时调度中受预报预见期不够长(通常提供3～5天水文预报,7～10天预测分析)影响,加之受限安全建设未达标、堤防大部分为无闸控制等蓄滞洪区运用难,实时调度时,除了按照预见期进行自上而下全流域调度模拟分析计算外,还需要快速分析各工程调度运用对防洪形势的影响,为调度决策特别是策略确定,回答是用上游水库还是下游水库、是启用蓄滞洪区还是让堤防超安全泄量短历时行洪运用等问题,充分利用历史洪水或者人造洪水,将工程调度运用对既定防洪保护对象或控制站的影响分析界定为一定的响应关系,形成水—工—险数据关系模型(图9.1-4)。在此基础上,叠加灾损数据,构建了蓄滞洪区不同时空尺度的分洪损失数据库(图9.1-5)。

9.2 1870年超标准洪水调度

9.2.1 调度目标和策略

(1)调度目标

控制沙市水位不超过45.0m,若预报后期来水不大,可适当抬高行洪水位,但不得超过历史最高水位45.22m,尽可能减少洪灾损失,增强对洪水出路的可控性。

(2)调度策略

充分利用三峡及上游水库防洪库容,最大限度地减少荆江河段蓄滞洪区运用个数,合理控制水库下泄配合蓄滞洪区闸控相机运用,控制河段水位上涨;若来水较大,无法控制河段水位上涨,则尽可能在较高水位或预报后续过程分洪量较大时启用扒口分洪措施,以提高分洪效率。

9.2.2 调度规则

①上游水库:除为本流域防洪预留的防洪库容不投入外,剩余防洪库容全部用于配合三峡水库进行防洪拦蓄。

②三峡水库171m以下依据现有已批复调度方案和规程开展调度。

③三峡水库在171m以上,配合分蓄洪措施运用,荆江河段按照不超过45m控制。

9.2.3 调度过程

现有防洪工程体系在防御1870年洪水时调度过程见图9.2-1,具体可分为6个阶段:

(1)第1阶段(6月初至7月13日)

由于该阶段无设计水文过程,根据文献资料,6月起长江中下游底水丰厚,防洪形势紧张。从保守角度考虑,至该阶段末,三峡水库对城陵矶补偿调度拦洪运用至155m,运用防洪库容56.5亿m^3,其间上游水库群配合三峡水库拦洪采用有实测水文资料以来洪水发生期较早的1954年洪水考虑,运用防洪库容23.3亿m^3。

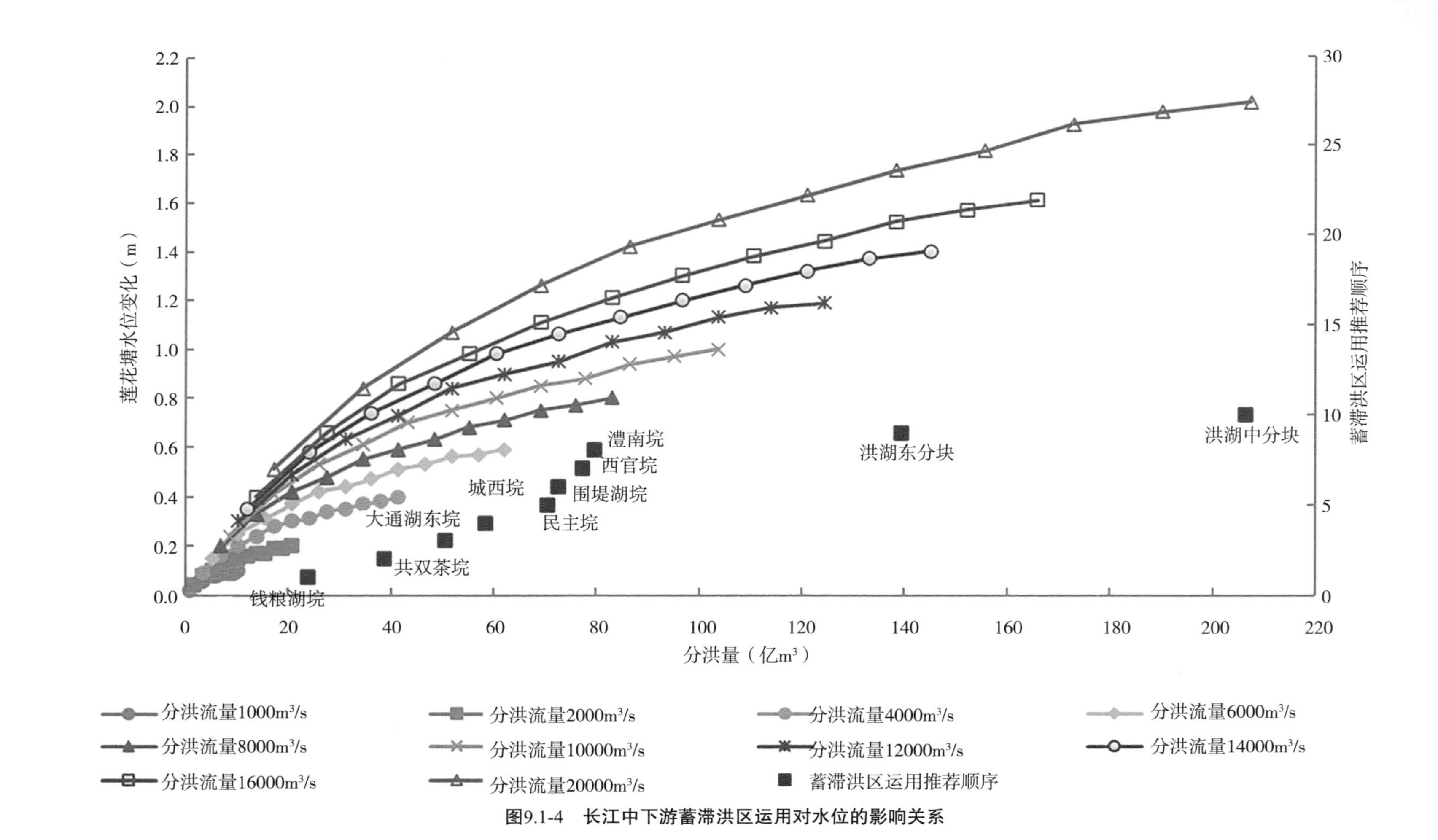

图9.1-4　长江中下游蓄滞洪区运用对水位的影响关系

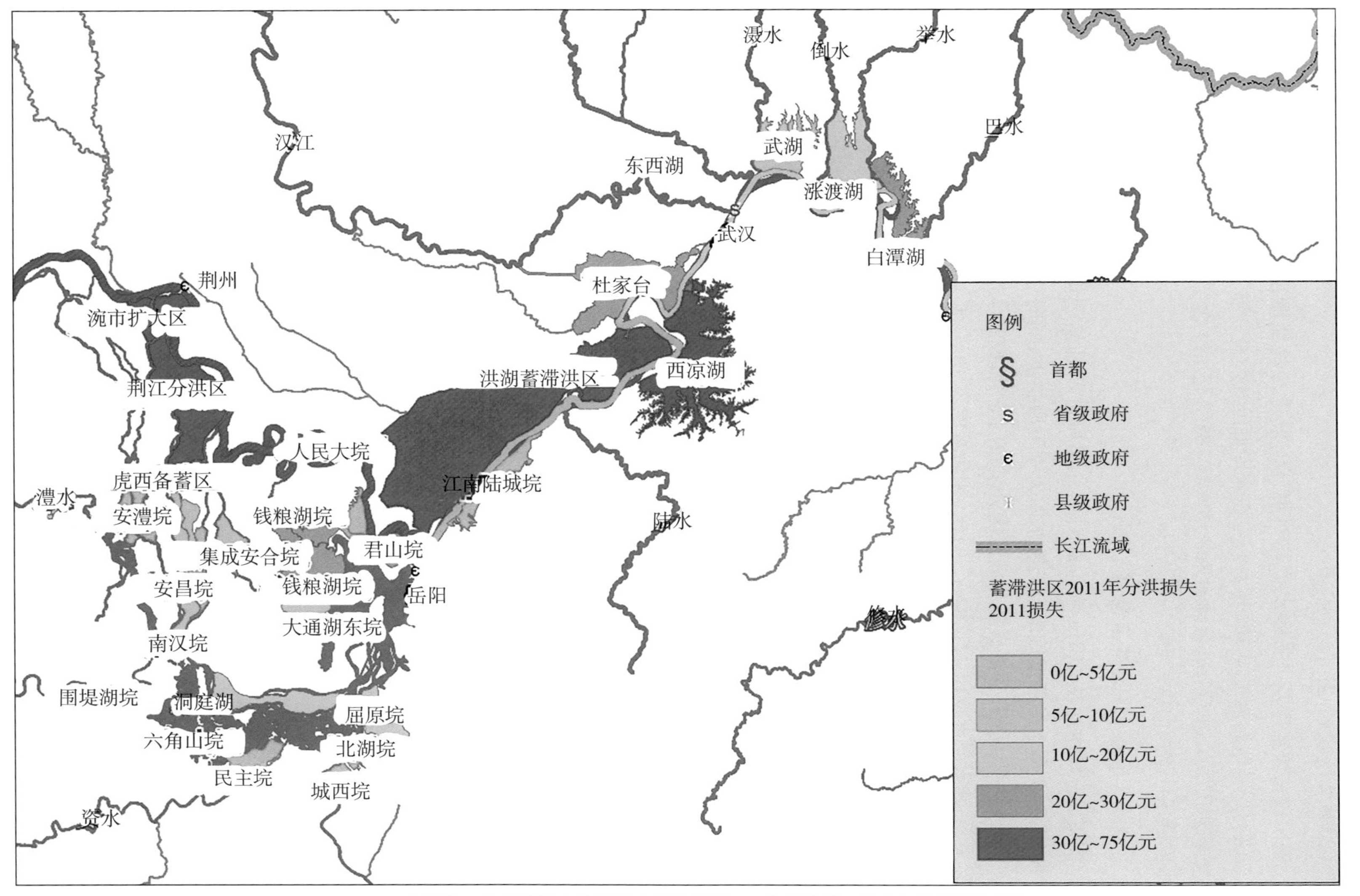

图9.1-5 蓄滞洪区的分洪损失数据图（数据来源2011年蓄滞洪区社会经济数据资料）

(2)第 2 阶段(7 月 14—19 日)

该阶段三峡水库从 155m 水位起对荆江河段进行补偿调度，控制沙市站水位不超过 44.5m(对应枝城站流量 56700m^3/s)，上游水库群继续配合三峡水库为中下游拦洪。至阶段末，三峡水库水位达 171m，累计运用防洪库容 182.3 亿 m^3(含 7 月 13 日前 56.5 亿 m^3)，上游水库群累计运用防洪库容 51.99 亿 m^3。

(3)第 3 阶段(决策焦点阶段，7 月 20 日)

该阶段三峡水库从 171m 水位起对荆江河段进行补偿调度，控制枝城站流量不超过 80000m^3/s，上游水库群继续配合三峡水库为中下游拦洪，同时启用重点蓄滞洪区荆江分洪区，开启进洪闸(北闸)和爆破腊林洲江堤分洪口门分洪，控制沙市站水位不超过 45.0m。至阶段末，三峡水库水位达 171.63m，累计运用防洪库容 188.5 亿 m^3。

(4)第 4 阶段(7 月 21 日至 8 月 1 日)

该阶段在上游水库群配合拦洪作用下，三峡水库未达到启用条件，按出入库平衡方式调度，维持库水位 171.63m。荆江分洪区继续通过分蓄河道超额洪水控制沙市站水位不超过 45.0m。至阶段末，荆江蓄滞洪区蓄满，累计分洪 54.09 亿 m^3。

(5)第 5 阶段(8 月 2 日)

在上一阶段的基础上，启用保留蓄滞洪区涴市扩大区分洪，爆破涴市扩大区江堤进洪口门及虎渡河里甲口东、西堤，与荆江分洪区联合运用，控制沙市站水位不超过 45.0m。至阶段末，涴市扩大区分洪 2.11 亿 m^3。

(6)第 6 阶段(8 月 3 日至洪水结束)

该阶段洪水逐步消退，干流水位逐步降低。

9.2.4 模型应用

(1)触发超标准决策

三峡库水位超过 166.7m 百年一遇调洪水位。

(2)防洪态势分析

7 月 20 日水位为 168.8m，且来水 93100m^3/s(上游拦蓄后)，按照规程来，下游必须分洪，按照目前预见期水平，预见期 3 天内精度较高，预见期 3～5 天在实际调度中可作为趋势参考，3 日超额洪量约 21 亿 m^3，5 日预计超额洪量近 30 亿 m^3。

(3)防洪能力分析

根据延伸期预报，5 日后流量维持在 60000m^3/s 左右，降雨持续且有增大趋势，预见期内不采取分洪，则三峡水库库水位逼近 175m；若采取分洪，需启用荆江分蓄洪区，通过(水—工—险关系模型)查得所需削减洪峰为 15000m^3/s，已超过蓄滞洪区闸控的最大分洪流量 7700m^3/s，因此需要分洪闸与扒口同时运用。

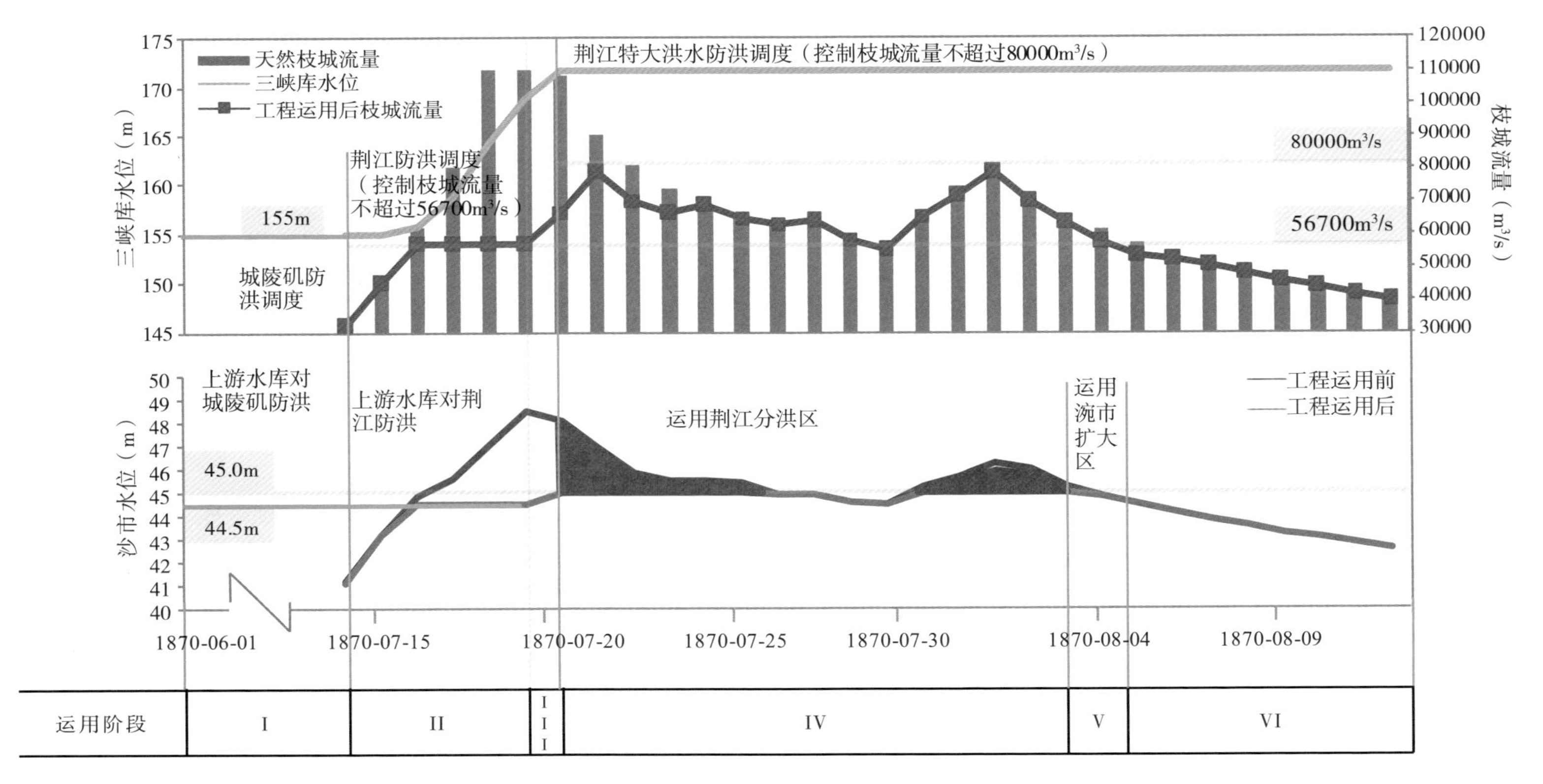

图9.2-1　遇1870年洪水防洪工程体系调度过程（分段图）

(4)决策目标

主要包括:全部用三峡水库拦蓄;启用荆江分蓄洪区;水库与蓄滞洪区组合运用;加大上游水库防洪库容投入;适度抬高堤防运行水位。

(5)防御能力分析

三峡水库蓄水至 175m,后续无调节能力,延伸期预报有大洪水过程,下游河段有风险,启用分蓄洪区是无法避免的;荆江分蓄洪区一旦运用,如果开启进洪闸(北闸)和爆破腊林洲江堤分洪口门分洪,后续洪水回落阶段仍有大量洪水分流至蓄滞洪区,分洪效率低,且不受控。

根据调度响应关系曲线,水库拦蓄不同量级与闸门分洪相机运用,评估灾损和风险,经模型迭代后,提出水库与蓄滞洪区分洪闸相机运用方式,三峡水库控泄 71300m^3/s,仅启用北闸分洪(即荆江河段河道安全泄量 63600m^3/s+北闸设计过流能力 7700m^3/s)。

9.2.5 调度方案推荐

(1)方案一

水库配合蓄滞洪区分洪设施,实现分洪可控。

调控结果:三峡水库调洪最高水位至 172.96m,拦蓄洪量 201.52 亿 m^3;上游水库群拦蓄洪量 89.18 亿 m^3,运用荆江分洪区北闸进洪分蓄超额洪量 43.1 亿 m^3。

(2)方案二

充分发挥三峡及支流水库拦蓄作用,尽量减少超额洪量。

上游水库为本流域防洪预留库容用来配合三峡水库对中下游进行防洪拦蓄;充分运用三峡水库 171~175m 防御荆江特大洪水库容。

调控结果:三峡水库调洪最高水位至 175m,拦蓄洪量 221.5 亿 m^3,增加拦洪量 33 亿 m^3;上游水库群拦蓄洪量 103.58 亿 m^3;荆江分洪区分蓄超额洪水约 8.7 亿 m^3。

(3)方案三

充分发挥三峡及支流水库拦蓄作用,适度允许河段抬高水位运行。

上游水库为本流域防洪库容投入配合三峡水库对中下游进行防洪拦蓄;充分运用三峡水库 171~175m 防御荆江特大洪水库容;控制沙市站不超过历史最高水位 45.22m。

调控结果:三峡水库调洪最高水位至 175m,拦蓄洪量 221.5 亿 m^3,增加拦洪量 33 亿 m^3;上游水库群拦蓄洪量 103.58 亿 m^3;启用荆江分洪区;沙市站最高水位 45.22m,见表 9.2-1。

表 9.2-1　　1870 年洪水调度规划基础方案与超标准洪水优化调度方案对比

工程体系运用状态		规划基础方案	防洪工程体系超标准运用方案		
			方案一（水库与蓄滞洪区配合运用）	方案二（充分挖掘水库防洪库容）	方案三（充分挖掘水库防洪库容和河道泄流能力）
工程调度方式	三峡水库	库水位 171～175m 控制枝城流量不超过 80000m³/s	按控制枝城流量不超过 71300m³/s 控制（荆江河段河道安全泄量 63600m³/s＋北闸设计过流能力 7700m³/s）	利用 171～175m 库容控制枝城流量不超过 63600m³/s	同方案二
	上游水库群	扣除为本流域预留防洪库容，其余库容配合三峡拦洪	同规划基础方案	充分利用上游水库为本流域防洪预留库容	同方案二
	河道堤防	控制沙市站不超过 45m	控制沙市站不超过 45m	控制沙市站不超过 45m	控制沙市站不超过历史最高水位 45.22m
三峡及上游水库群拦蓄情况	三峡最高调洪水位(m)	171.63	172.96	175.00	175.00
	枝城最大流量(m^3/s)	78800	71300	73800	73800
	三峡拦蓄库容(亿 m^3)	188.50	201.52	221.50	221.50
	上游水库群拦蓄库容(亿 m^3)	89.18	89.18	103.58	103.58

续表

工程体系运用状态			规划基础方案	防洪工程体系超标准运用方案		
				方案一（水库与蓄滞洪区配合运用）	方案二（充分挖掘水库防洪库容）	方案三（充分挖掘水库防洪库容和河道泄流能力）
荆江地区	超额洪量（亿 m^3）		56.2	43.1	8.7	5.3
	蓄滞洪区运用情况		荆江分洪区开启北闸和扒开腊林洲口门分洪、涴市扩大区扒口分洪	荆江分洪区开启北闸分洪	荆江分洪区开启北闸分洪＋扒开腊林洲口门分洪	荆江分洪区开启北闸分洪
		转移人口（万人）	66.44	60.55	60.55	60.55
		淹没面积（km^2）	1014.94	920.6	920.6	920.6
	堤防最高运行水位（沙市站，m）		45.0	45.0	45.0	45.22
	堤防达保证水位及以上总天数（超保证水位天数）		10	10	10	10(0)

综上，实时调度中，无论哪一种方案，都无法避免启用荆江分洪区，但在何时启用、如何启用，需要与水库拦蓄能力相机运用，实现“蓄、泄、分”三者最佳组合，科学决策洪水出路，最大限度地启用蓄滞洪区启用个数，减少洪灾损失，在综合分析后续风险应对能力分析后，提出调度方案，辅助决策参考。

9.3 长江超标洪水防御作战图

结合本书研发技术及成果，制作了长江流域、宜宾、泸州、重庆、荆江、城陵矶、武汉、湖口、长江中下游等 9 张超标洪水防御作战图（附图 1 至附图 9），明确了洪水分级指标、防洪保护区分类、应对措施等，为防御 2020 年长江流域性大洪水提供了决策参考，成果得到水利部领导肯定（图 9.2-2）。

图 9. 2-2　长江委组织讨论超标洪水防御预案和“作战图”

第10章 结论与展望

10.1 结论

本书聚焦流域超标准洪水下防洪工程调度与风险调控问题，面对超标准洪水样本稀少、大规模防洪工程组合难、调度运用与效果互馈性差、方案比选无法适应群决策模式等技术难点，提出了如何丰富超标准洪水样本、提高防洪工程体系联合调度能力、强化调度效果与风险方案反馈优化以及实现调度方案智能推荐等技术方法的探讨。

(1)关键技术一:流域大洪水模拟发生器构建技术

基于历史相似信息的迁移学习机制，建立了一种基于逐层嵌套结构的流域超标准洪水模拟发生器的建模思路及技术方法，克服了已有技术难以处理时空关联性概率组合问题的不足，以及纯随机模拟造成的结果失真问题。实现了流域大洪水地区组成物理成因机制和数值模拟有机耦合，为解决点多面广、组成复杂的流域超标准洪水模拟提供了一种新途径，能为防洪减灾中预报、预警、预演、预案“四预”能力建设提供丰富的洪水数据样本。

(2)关键技术二:基于知识图谱的流域防洪工程体系联合调度模型构建技术

以长江流域为样本，基于已有的调度研究成果和经验知识体系，构建了防洪工程调度知识图谱，提出了调度规则和案例学习的数字化解析技术，实现了防洪工程联合调度规则逻辑化、结构化、数字化和构建了防洪工程体系超标准联合调度模型。为应对流域超标准洪水快速确定工程群组和提升联合防洪调度的智能化提供了有效手段，成果为2020年长江流域水工程联合调度防灾减灾提供了有力的技术支撑。

(3)关键技术三:基于调控与效果互馈机制的洪水风险调控技术

建立了基于“源—途径—受体—后果”链条的超标准洪水风险传递结构特征分析方法，揭示了流域超标准洪水风险转移的新特征，灾损具有递阶上升、突变的演变特点，以及与工程调控紧耦合的灾害链传递结构特征，并基于水工程自身安全与流域整体防洪安全两者存在的互馈协变关系，建立了水工程调度与风险调控模型，强化了调控与效果的实时互馈性，大幅提高了超标准洪水调度决策效率。

(4)关键技术四:流域超标准洪水调控方案智能优选模型

从防洪工程剩余防洪能力、防护对象断面工情状态、经济损失等方面，构建了超标准洪水调度方案评价指标体系，提出了耦合主观偏好和客观信息确定各指标综合权重的计算方法，建立了覆盖洪水量级要素、防洪工程控制要素和流域损失要素的多层次决策树智能优选模型，为快速识别和优选调控方案提供了有力的技术支撑。

10.2 展望

流域超标准洪水调度与风险调控是一个复杂的系统工程问题，面临着多因素影响、多区域协调、多技术融合等挑战。需要在已取得成果的基础上，持续进行深化研究、应用检验和迭代完善，不断促进研究成果在理论探索和实践应用中的新发展。

①建议深入分析不同流域大洪水地区组成物理成因及防洪工程体系特征，优化洪水模拟发生器、调度规则库驱动引擎等构建技术，拓展技术成果的普适性。

②建议结合大洪水防御实践工作不断累积调度经验知识，持续升级建设流域防洪调度知识图谱，提升技术成果在防洪智能调度领域的效用性。

③建议进一步考虑流域超标准洪水调度中的不确定因素，强化风险调控模型在多层级、多区域、多维度不确定性环境中的适应能力。

参考文献

[1] 程晓陶．防御超标准洪水需有全局思考[J]．中国水利，2020(13)：8-10.

[2] Susan L R，Christopher J M. Forecasts of seasonal streamflow in West-Central Florida using multiple climate predictors[J]. Journal of Hydrology，2014，519：1130-1140.

[3] Sanchez-Rubio G，Perry H M，Biesiot P M，et al. Oceanic-atmospheric modes of variability and their influence on riverine input to coastal Louisiana and Mississippi[J]. Journal of Hydrology，2011，396(1)：72-81.

[4] Johnson N T，Martinez C J，Kiker G A，et al. Pacific and Atlantic sea surface temperature influences on streamflow in the Apalachicola-Chattahoochee-Flint river basin [J]. Journal of Hydrology，2013，489(3)：160-179.

[5] Hidalgo H G，Dracup J A. ENSO and PDO effects on hydroclimatic variations of the upper Colorado river basin[J]. Journal of Hydrometeorology，2003，4(1)：5-23.

[6] 范新岗．长江中、下游暴雨与下垫面加热场的关系[J]．高原气象，1993，12(3)：322-327.

[7] 章淹．致洪暴雨中期预报进展[J]．水科学进展，1995，6(2)：162-168.

[8] 彭卓越，张丽丽，殷峻暹，等．基于天文指标法的大渡河流域长期径流预测研究[J]．中国农村水利水电，2016(11)：97-100.

[9] 邢兰辉，吕惠萍，张锦辉．周期叠加方差分析法预报河川径流量[J]．水文，2007，27(4)：41-44.

[10] 甘新远．利用历史演变法探寻奎屯河流域水情规律[J]．黑龙江科技信息，2009(10)：21+20.

[11] 韩敏，李德才．基于 EOF-SVD 模型的多元时间序列相关性研究及预测[J]．系统仿真学报，2008，20(7)：1669-1672+1676.

[12] 阎晓冉，王丽萍，张验科，等．考虑峰型及其频率的洪水随机模拟方法研究[J]．水力发电学报，2019，38(12)：61-72.

[13] Chowdhary H，Escobar L A，Singh V P. Identification of suitable copulas for bivariate frequency analysis of flood peakand flood volume data[J]. Hydrology Research，

2011,42(2) : 193-216.

[14] 肖义，郭生练，熊立华，等．一种新的洪水过程随机模拟方法研究[J]. 四川大学学报(工程科学版)，2007(2):55-60.

[15] Grimaldi S, Serinaldi F. Asymmetric copula in multivariate flood frequency analysis [J]. Advances in Water Resources, 2006, 29(8):1155-1167.

[16] 张新明．水电站水库群中长期径流预报及短期优化调度研究[D]. 北京:华北电力大学，2014.

[17] 王富强，霍风霖．中长期水文预报方法研究综述[J]. 人民黄河,2010,32(3): 25-28.

[18] 纪昌明,李荣波,刘丹,等梯级水电站负荷调整方案评价指标体系及决策模型[J]. 水利学报,2017,48(3):261-269.

[19] 王铮．基于承灾体的区域灾害风险及其评估研究[D]. 大连:大连理工大学，2015.

[20] Lowrance W W. Of Acceptable Risk[M]. Los Altos, CA: WilliamKaufmann, 1976.

[21] UN DHA. Internationally Agreed Glossary of Basic Terms Related to Disaster Management[R]. UN DHA (United Nations Department of Humanitarian Affairs), Geneva, December 1992.

[22] Sayers P, Hall J, Meadowcroft I. Towards Risk-Based Flood Hazard Management in the U. K. [J]. Proceedings of the Institution of Civil Engineers,2002,150:36-42.

[23] Kundzewicz Z, Samuels P G. Conclusions of the Worksop and Expert Meeting, RIBAMOD River basin modelling management and flood mitigation Concerted Action [A]. Proceedings of the Workshop and Second Expert Meeting on Integrated Systems for Real Time Flood forecasting and Warning[C]. Luxembourg: DG XII, 1998.

[24] 梅亚东，谈广鸣．大坝防洪安全的风险分析[J]. 武汉大学学报(工学版)，2002(6): 12-16.

[25] 陈艳．防洪工程系统建模研究及可靠性分析[D]. 南京:河海大学,2005.

[26] 邹强，丁毅，何小聪,等．基于随机模拟和并行计算的水库防洪调度风险分析[J]. 人民长江，2018,638(13):88-93.

[27] 荣莉莉，张继永．突发事件的不同演化模式研究[J]. 自然灾害学报，2012(3):3-8.

[28] Andretta, Massimo. Some Considerations on the Definition of Risk Based on Concepts of Systems Theory and Probability[J]. Risk Analysis, 2014, 34(7):1184-1195.

[29] 黄崇福，刘安林，王野．灾害风险基本定义的探讨[J]. 自然灾害学报，2010，19(6): 8-16.

[30] 杜懿,王大洋,阮俞理,等．中国地区近 40 年降水结构时空变化特征研究[J]. 水力发电,2020,46(8):19-23.

[31] 程诗悦,秦伟,郭乾坤,等. 近50年我国极端降水时空变化特征综述[J]. 中国水土保持科学,2019,17(03):155-161.

[32] 乔苏杰. 世界大坝安全管理现状与发展思考[J]. 电力设备管理,2019(12):95-96.

[33] 郑守仁. 我国水库大坝安全问题探讨[J]. 人民长江, 2012, 43(21):1-5.

[34] 谷艳昌,王士军,庞琼,等. 基于风险管理的混凝土坝变形预警指标拟定研究[J]. 水利学报,2017,48(4):480-487.

[35] 高超,朱聪,泮苏莉,等. 不同类型洪水过程线的随机模拟[J]. 应用基础与工程科学学报,2018,26(4):767-779.